中国旱作节水农业典型技术模式

ZHONGGUO HANZUO JIESHUI NONGYE
DIANXING JISHU MOSHI

全国农业技术推广服务中心　编著

中国农业出版社

北　京

编 委 会

前　言

水是生命之源，生产之要，生态之基，农业因水而生、因水而兴。深入分析百年来水与粮食生产的历史演变，我们深刻认识到，水资源禀赋及农田水利建设决定了我国粮食种植的面积大小和空间格局，是我国粮食安全的基础保障；在水资源有限的条件下，粮食单产的增长取决于用水效率的提升；干旱是最大的农业灾害，抗旱减损主要得益于灌溉保障和雨水利用。在干旱缺水背景下，以上"水粮关系"的基本逻辑，是我国农业发展的宝贵历史经验。

粮食安全是国之大者。随着我国人口增长和生活水平的不断提高，抓粮食生产的劲头只能紧不能松。2022年中央农村工作会议提出要实施新一轮千亿斤粮食产能提升行动，加快农业强国建设。我国水土资源先天不足，缺地的本质是缺水，确保粮食和重要农产品有效供给，必须牢牢抓住水这个核心要素。旱作节水农业是立足我国国情实际，落实"藏粮于地、藏粮于技"战略，破解粮食增产和水资源短缺矛盾，保障口粮稳定安全供给，促进农业绿色高质量发展的重要战略举措。国家高度重视旱作节水农业发展，出台了一系列扶持政策，加大资金投入，大规模实施旱作节水农业技术推广项目。21世纪以来，连续多个中央一号文件都强调要大力推进旱作（节水）农业发展，旱作技术发展迅猛。2012年，农业部财政部在甘肃兰州联合召开全国旱作农业工作座谈会，每年安排10亿元资金用于旱作节水农业技术推广，促进了我国旱作节水农业的全面加速发展。党的十八大以来，农业农村部把发展旱作节水农业作为实现"一控两减三基本"目标、促进农业增产和绿色发展的一项重要战略任务来抓，覆膜保墒、水肥一体化、集雨补灌、测墒灌溉、抗旱抗逆等技术每年应用面积约4.5亿亩次。各地土肥水技术推广部门、科研院校、农业企业等结合实际，积极探索，研发集成并示范推广了一批节水增产技术模式，取得明显成效。

为推进旱作节水农业技术集成和推广，支撑新一轮千亿斤粮食产能提升，全方位夯实粮食安全根基，践行大食物观，我们在总结各地试验示范的基础上，编写了《中国旱作节水农业典型技术模式》，各地可参考执行，也可结合生产实际进一步优化完善。

由于时间仓促和水平有限，不足和疏漏之处敬请广大读者批评指正。

编　者

2023 年 4 月

目 录

第三部分　水稻及其他粮食作物

目 录

第四部分 蔬菜及水果

第五部分 其他作物和相关技术

第一部分 DIYIBUFEN

玉 米

华北夏玉米滴灌水肥一体化技术

一、概述

夏玉米滴灌节水减肥技术是通过滴灌系统的滴头将灌溉水供应到作物根部进行局部灌溉，同时将肥料溶解在水中，借助滴灌带进行灌溉与施肥，将水分、养分均匀持续地输送到作物根部附近的土壤，实现夏玉米不同生育期按需灌水与施肥，适时适量地满足作物对水分和养分的需求，提高水肥利用效率，达到节水减肥、提质增效、增产增效的目的。

二、技术要点

（一）水源

灌溉水源应选择水量充足、无污染的地表水或地下水，灌溉水质应符合 GB 5084—2005 的规定。

（二）田间工程

1. **首部枢纽** 根据水源情况，选择离心泵或潜水泵。按照系统设计扬程和流量，选择相应的水泵型号，超过系统正常工作所需最大扬程和最大流量的 5%～10%。井水宜选用离心过滤器加筛网过滤器或叠片过滤器；库水、塘水及河水根据泥沙状况、有机物状况配备离心式过滤器或沙介质过滤器加筛网过滤器或叠片过滤器。肥液储存罐宜选择塑料等耐腐蚀性强的；施肥器可选择压差式施肥罐、文丘里施肥器、比例式施肥泵、注肥泵等。进排气阀和逆止阀的选用依据首部管径大小而定。控制设备主要包括闸阀、碟阀、球阀等，根据首部管径大小和用户需求选择适宜的控制阀门。水泵流量超过灌溉区实际水量的10%，应安装变频控制柜，变频控制柜的功率应大于水泵的额定功率。根据系统流量和管径选择相应水表型号，通过计量实现定量灌溉。在过滤器前后分别安装压力表，应选择比系统最大水压高 15% 的压力表，压力表的精度为 0.01MPa。

2. **输配水工程** 干管宜采用聚氯乙烯（PVC）硬管，管径 90～125mm，管壁厚 2.0～3.0mm，承压 0.6MPa。支管宜采用聚乙烯（PE）软管，管径 63～90mm，管壁厚 1.0～1.5mm。毛管根据土壤类型沿作物种植平行方向铺设，与支管垂直。铺设长度不超过 50m，夏玉米等行距（60cm）种植，每行铺设一条滴灌带，滴灌带采用聚乙烯（PE）软管，管径 16mm，管壁厚 0.2～0.4mm，出水口间距为 20～30cm，流量为 2～3L/h。

3. **灌溉施肥系统** 每次工作前先用清水灌溉 3～5min，可通过调整阀门的开启度进行调压，使系统各支管进口的压力大致相等，待压力稳定后再开始向管道加肥。施肥结束后，继续滴清水不少于 25min。系统应在正常工作压力下运行。支管压力保持在 0.08～0.12MPa。系统运行一段时间后，应根据管道系统堵塞情况进行清洗。清洗时，依次打开毛管末端堵头，使用高压水流冲洗干、支管道。当过滤器出口压力表压力低于进口压力 0.03～0.05MPa 时应及时清洗过滤器，使用的离心过滤器需要及时进行排沙处理。

（三）土壤水分测定

1. 土壤容重和田间持水率测定 夏玉米播种前，按 NY/T 1121.1—2006 和 NY/T 1121.4—2006 规定的方法，每 20cm 为一层，测定 0～100cm 各土层土壤容重和田间持水率。土壤容重和田间持水率的测定每 3～5 年进行一次。

2. 土壤含水率测定 播种前 1～2d，用烘干法测定 0～20cm 土层的土壤含水率，测定方法按 SL 13—2015 的规定。夏玉米生育期内的土壤含水率测定，拔节前每 10d 测定一次，拔节后每 7d 测定一次，具体测定方法按 SL 13—2015 的规定。不同生育时期土壤含水率的测定深度按照表 1 中的计划湿润层深度进行。每次测定完成后，计算计划湿润层深度内平均土壤相对含水率，计算方法按 SL 13—2015 的规定。

表 1　夏玉米不同生育时期土壤水分下限和计划湿润层深度

生育时期	播种	苗期	拔节	抽雄	灌浆
土壤水分下限（%）	70～75	60～65	65～70	70～75	60～65
土壤计划湿润层深度（cm）	20	40	60	60	60

（四）灌水时间和灌水量

灌水时间依据作物根层土壤水分确定。当作物不同生育时期土壤计划湿润层内的平均相对含水率降到作物正常生长发育所允许的土壤水分下限时进行灌溉。每次每亩[①]灌水量 20～25m³。夏玉米生长发育进程确定按 SL13—2015 的规定。

（五）施肥时间及施肥量

肥料每亩推荐用量为：纯氮（N）12～16kg、磷（P_2O_5）6～7kg、钾（K_2O）5～7kg，适量补充中、微量元素肥料。施肥原则：以氮肥为主，配施微肥，氮肥遵循前控、中促、后补的原则。氮肥基追比例为 4∶6；其中 40% 的氮肥作为种肥播种时施用，60% 的氮肥在拔节、大喇叭口、抽雄吐丝期或灌浆初期随水追施。全部磷肥作为基肥施用。钾肥基追比例为 6∶4，追施钾肥在大喇叭口、抽雄吐丝期或灌浆初期随水追施。

三、应用效果

比传统灌溉可节水 30% 以上，提高化肥利用率 20% 以上，增产 20%，每亩纯效益提高 100 元以上，节省用工 30% 以上。

---

① 亩为非法定计量单位，1 亩＝1/15hm²≈667m²。——编者注

四、适用范围

适用于华北地区夏玉米滴灌水肥一体化生产。

五、技术模式

滴灌水肥一体化技术示意

首部过滤系统

施肥罐

玉米拔节期施肥

玉米喇叭口期

比例施肥系统

（刘战东，王 凯，储小军）

华北夏玉米微喷灌水肥一体化技术

一、概述

夏玉米微喷灌水肥一体化技术是将肥料溶解在水中，借助水泵和压力管道系统，以低压小流量喷洒出流的方式将灌溉水及肥料供应到作物根区土壤的一种灌溉方式，实现玉米按需灌水、施肥，适时适量地满足作物对水分和养分的需求，提高水肥利用效率，达到节本增效、提质增效、增产增效的目的。

二、技术要点

（一）田间工程

1. 首部枢纽　根据水源情况，选择离心泵或潜水泵。按照系统设计扬程和流量，选择相应的水泵型号，超过系统正常工作所需最大扬程和最大流量的 5%～10%。井水宜选用离心过滤器；库水、塘水及河水根据泥沙状况、有机物状况配备沙介质过滤器。肥液储存罐宜选择塑料等耐腐蚀性强的；施肥器可选择压差式施肥罐、文丘里施肥器、比例式施肥泵、注肥泵等。根据系统流量和管径选择相应水表型号，通过计量实现定量灌溉。在过滤器前后分别安装压力表，应选择比系统最大水压高 15% 的压力表，压力表的精度为 0.01MPa。

2. 输配水工程　干管可埋入地下也可放在地面。干管宜采用聚氯乙烯（PVC）硬管，管径 90～125mm，管壁厚 2.0～3.0mm，承压 0.6MPa。支管宜采用聚乙烯（PE）软管，管径 63～90mm，管壁厚 1.0～1.5mm。毛管根据土壤类型沿作物种植平行方向铺设，与支管垂直。铺设长度不超过 80m，根据喷幅每 1.8～2.4m（沙土地选择 1.8m，黏土地选择 2.4m）铺设一条直径为 40～63mm 的微喷带。微喷带宜采用聚乙烯（PE）软管，管径 40～60mm，管壁厚 0.4～0.5mm，每米流量≥60L/h。

3. 灌溉施肥系统　支管压力保持在 0.15～0.25MPa。系统运行一段时间后，应根据管道系统堵塞情况进行清洗。清洗时，依次打开毛管末端堵头，使用高压水流冲洗干、支管道。当过滤器出口压力表压力低于进口压力 0.03～0.05MPa 时应及时清洗过滤器，使用的离心过滤器需要及时进行排沙处理。

（二）土壤水分测定

1. 土壤容重和田间持水率测定　玉米播种前，按 NY/T 1121.1—2006 和 NY/T

1121.4—2006 规定的方法，每 20cm 为一层，测定 0～100cm 各土层土壤容重和田间持水率。土壤容重和田间持水率的测定每 3～5 年进行一次。

2. 土壤含水率测定　播种前 1～2d，用烘干法测定 0～20cm 土层的土壤含水率，测定方法按 SL 13—2015 的规定。夏玉米生育期内的土壤含水率测定，拔节前每 10d 测定一次，拔节后每 7d 测定一次，具体测定方法按 SL 13—2015 的规定。不同生育时期土壤含水率的测定深度按照表 1 中的计划湿润层深度进行。每次测定完成后，计算计划湿润层深度内平均土壤相对含水率，计算方法按 SL 13—2015 的规定。

表 1　夏玉米不同生育时期土壤水分下限和计划湿润层深度

生育时期	播种	苗期	拔节	抽雄	灌浆
土壤水分下限（%）	70～75	60～65	65～70	70～75	60～65
土壤计划湿润层深度（cm）	20	40	60	60	60

（三）灌水时间和灌水量

灌水时间依据作物根层土壤水分确定。当作物不同生育时期土壤计划湿润层内的平均相对含水率降到作物正常生长发育所允许的土壤水分下限时进行灌溉。每次每亩灌水量 30～40m³。冬小麦和夏玉米生长发育进程确定按 SL13—2015 的规定。

（四）施肥时间及施肥量

肥料每亩推荐用量为：纯氮（N）12～16kg、磷（P_2O_5）6～7kg、钾（K_2O）5～7kg，适量补充中、微量元素肥料。施肥原则：以氮肥为主，配施微肥，氮肥遵循前控、中促、后补的原则。氮肥基追比例为 4∶6，其中 40% 的氮肥作为种肥播种时施用，60% 的氮肥在拔节、大喇叭口、抽雄吐丝期或灌浆初期随水追施。全部磷肥作为基肥施用。钾肥基追比例为 6∶4，追施钾肥在大喇叭口、抽雄吐丝期或灌浆初期随水追施。

三、应用效果

微喷灌具有很好的节水增产增效效果，比传统地面灌溉可节水 30% 以上，提高化肥利用率 30% 以上，增产 10%～20%，节省用工 35% 以上。

四、适用范围

适用于华北地区夏玉米微喷灌水肥一体化生产。

五、技术模式

首部过滤系统

玉米播种及微喷带铺设

玉米苗期微喷灌溉

玉米拔节期

玉米拔节期微喷灌溉

玉米喇叭口期

（刘战东，刘　戈，宁东峰，赵　犇）

黄淮海地区夏玉米土壤墒情监测与预警技术

一、概述

土壤墒情监测与预警技术是对所监测地区农田多深度土壤含水量的高精度测量和预报技术，通过结合传感器、无线通信、云计算、人工智能等前沿技术，构建土壤墒情数据"采集—传输—存储—分析—应用"一体化技术模式。夏玉米是黄淮海地区的主要种植作物，旱作模式下精准的土壤墒情监测，能够帮助准确了解作物根区的实时及历史土壤水分状况，结合夏玉米根区土壤墒情预报模型能够帮助农户提前了解土壤含水量变化趋势，实现农业节水适墒灌溉、测墒补灌，有效提升防灾减灾的应对能力。

二、技术要点

（一）土壤墒情监测技术

土壤墒情监测技术主要用于开展黄淮海地区的大田作物根区土壤墒情监测，通过结合农业物联网、土壤传感器、4G/5G无线通信等技术，实现作物根区土壤水分高精度测定。

该技术需要气象与墒情监测设备。以地块为单位，每个目标监测地块配置一套墒情监测设备。固定式土壤墒情自动监测站、管式土壤墒情自动监测仪需满足相关参数，各地区根据不同气候区域和土壤类型建立土壤墒情评价指标。墒情监测设备和指标体系关键参数见表1、表2，相关参数的采集标注需满足《农田土壤墒情监测技术规范》（NY/T 1782—2009）要求。

表1　固定式土壤墒情自动监测站技术参数

监测指标	测量范围	分辨率	最大允许误差
土壤含水量（4层）	0~60%（体积含水量）	≤0.1%	±2.5%（室内），±5%（室外）
土壤温度（4层）	−20~80℃	≤0.1℃	±0.5℃
空气温度	−40~50℃	≤0.1℃	±0.3℃
空气相对湿度	0~100%	≤0.1%	±3%
总辐射	0~1 400W/m²	≤5W/m²	±1%（日累计）
风向	0~360°	≤3°	±5°

（续）

监测指标	测量范围	分辨率	最大允许误差
风速	0～60m/s	≤0.1m/s	±（0.5＋0.03×风速）m/s
降雨量	0～4mm/min	≤0.1mm	翻斗式雨量传感器： ±0.4mm（降雨量小于10mm） ±4%（降雨量大于10mm） 冲击势能式雨量传感器： ±5%（日累计）
大气压	300～1 100hPa	≤0.1hPa	±0.5hPa

注：①固定式土壤墒情自动监测站是指配备固定式土壤墒情自动监测设备，长期固定在农田内，实时进行土壤墒情数据自动采集、存储，定时将采集的信息自动上传到全国土壤墒情监测系统。②技术参数是最低要求，不得低于此范围。图片传感器不得低于200万像素。

表2　管式土壤墒情自动监测仪技术参数

监测指标	测量范围	分辨率	最大允许误差
土壤墒情（4层）	0～60%（体积含水量）	≤0.1%	±2.5%（室内），±5%（室外）
土壤温度（4层）	−40～80℃	≤0.1℃	±0.5℃

注：①管式土壤墒情自动监测仪是指管式一体化设计的土壤墒情自动监测仪器。②技术参数是最低要求，不得低于此范围。

该技术适用于在黄淮海地区夏玉米测墒节灌中应用。根据夏玉米作物主要生育期的需水量差异，实时监测0～100cm土壤含水量变化，根据夏玉米墒情状况指标值，确定灌水时间和灌水量。在实现节水的前提下，确保作物在关键生长期的水分供应。一般高效灌溉如使用自动墒情监测设备，控制面积可适当扩大。

（二）土壤墒情预报技术

1. 基础数据整理　该技术基础数据种类包含气象数据与土壤含水量数据，土壤含水量为不同深度的日均土壤体积含水量。气象数据包括日均气温（℃）、日最低气温（℃）、日最高气温（℃）、日均地表温度（℃）、日最低地表温度（℃）、日最高地表温度（℃）、日照时数（h）、降雨量（mm）、2m平均风速（m/s）、日均空气湿度（%）。所获取数据的格式及传输协议需满足《土壤墒情监测数据采集规范》（NY/T 3180—2018）要求。

2. 模型构建方法　该技术所构建的ResBiLSTM土壤墒情预报模型，采用并联的方式对模型分支进行集成来提取数据的时空特征，图1展示了ResBiLSTM模型的网络结构。网格化后的土壤含水量与气象时间序列数据分别输入至ResNet分支和BiLSTM分支，通过元学习器进行整合学习，模型训练的迭代优化算法采用Adam，损失函数采用MSE。

模型的训练过程采用Adam作为优化器。采用早停法来决定模型训练的终止点，选择早停法的阈值为50，即当模型训练的验证集loss连续50次未进一步降低时终止模型训练，采用训练过程中表现最佳的模型权重并将训练好的模型保存为.h5格式。

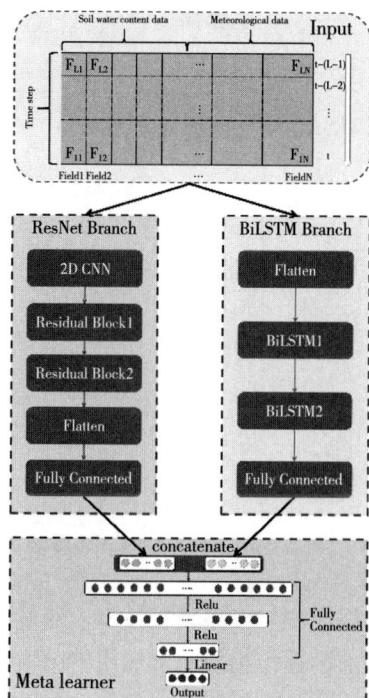

图 1 ResBiLSTM 模型网络结构

3. 模型输入项构建方法 土壤墒情预报模型的输入项，通过组合连续的土壤含水量与气象数据，将连续数条时间序列数据转化为二维矩阵形式。式 1 为时间序列数据网格化后的数据矩阵形式，从左至右依次为土壤含水量变量和气象变量，由上至下为时间序列由远至近。

$$X_{s,\,t} = \begin{cases} x_{1,\,t-n} & x_{2,\,t-n} & x_{3,\,t-n} & \cdots & x_{s,\,t-n} \\ x_{1,\,t-n+1} & x_{2,\,t-n+1} & x_{3,\,t-n+1} & \cdots & x_{s,\,t-n+1} \\ x_{1,\,t-n+2} & x_{2,\,t-n+2} & x_{3,\,t-n+2} & \cdots & x_{s,\,t-n+2} \\ \vdots & \vdots & \vdots & \ddots & \vdots \\ x_{1,\,t} & x_{2,\,t} & x_{3,\,t} & \cdots & x_{s,\,t} \end{cases} \tag{1}$$

式中：$X_{s,\,t}$——输入项矩阵；

s——输入变量数量；

t——历史时间。

4. 模型预报精度评定方法 该技术的模型预报精度采用 4 个评价函数进行评估，分别为：

均方误差（MSE）：

$$MSE = \frac{1}{m} \sum_{i=1}^{m} (y_i - \hat{y}_i)^2 \tag{2}$$

平均绝对误差（MAE）：

$$MAE = \frac{1}{m} \sum_{i=1}^{m} | (y_i - \hat{y_i}) | \tag{3}$$

均方根误差（RMSE）：

$$RMSE = \sqrt{\frac{1}{m} \sum_{i=1}^{m} (y_i - \hat{y_i})^2} \tag{4}$$

决定系数（R²）：

$$R^2 = 1 - \frac{\sum_i (\hat{y_i} - y_i)^2}{\sum_i (\overline{y_i} - y_i)^2} \tag{5}$$

式中：$\hat{y_i}$——预测值；

y_i——真实值；

$\overline{y_i}$——平均值。

三、应用效果

黄淮海地区夏玉米土壤墒情监测与模型预警技术，通过多深度土壤墒情实时监测与智能模型土壤墒情预报，帮助提前掌握作物灌溉湿润层的土壤含水量，制定更加合理的灌溉计划，进而提高农业灌溉水利用率。在河北与山东等地夏玉米种植的应用中，模型根区预报误差指标 MSE、MAE 和 RMSE 均小于 4％，决定系数 R² 均在 0.92 以上。

四、适用范围

适用于我国黄淮海地区的夏玉米种植区。

五、技术模式

气象土壤墒情监测　　　　　　　采集长时序气象、土壤墒情数据

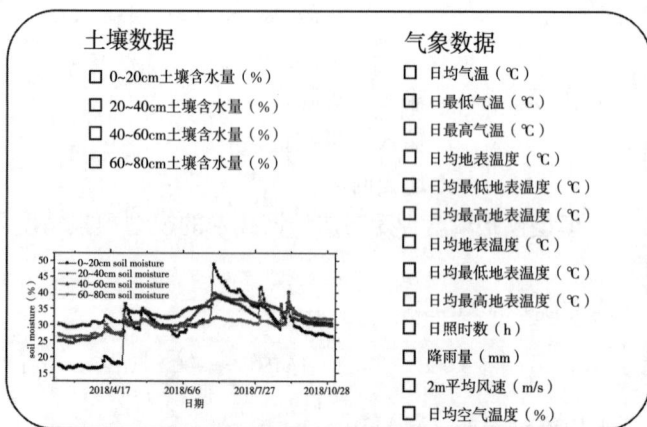

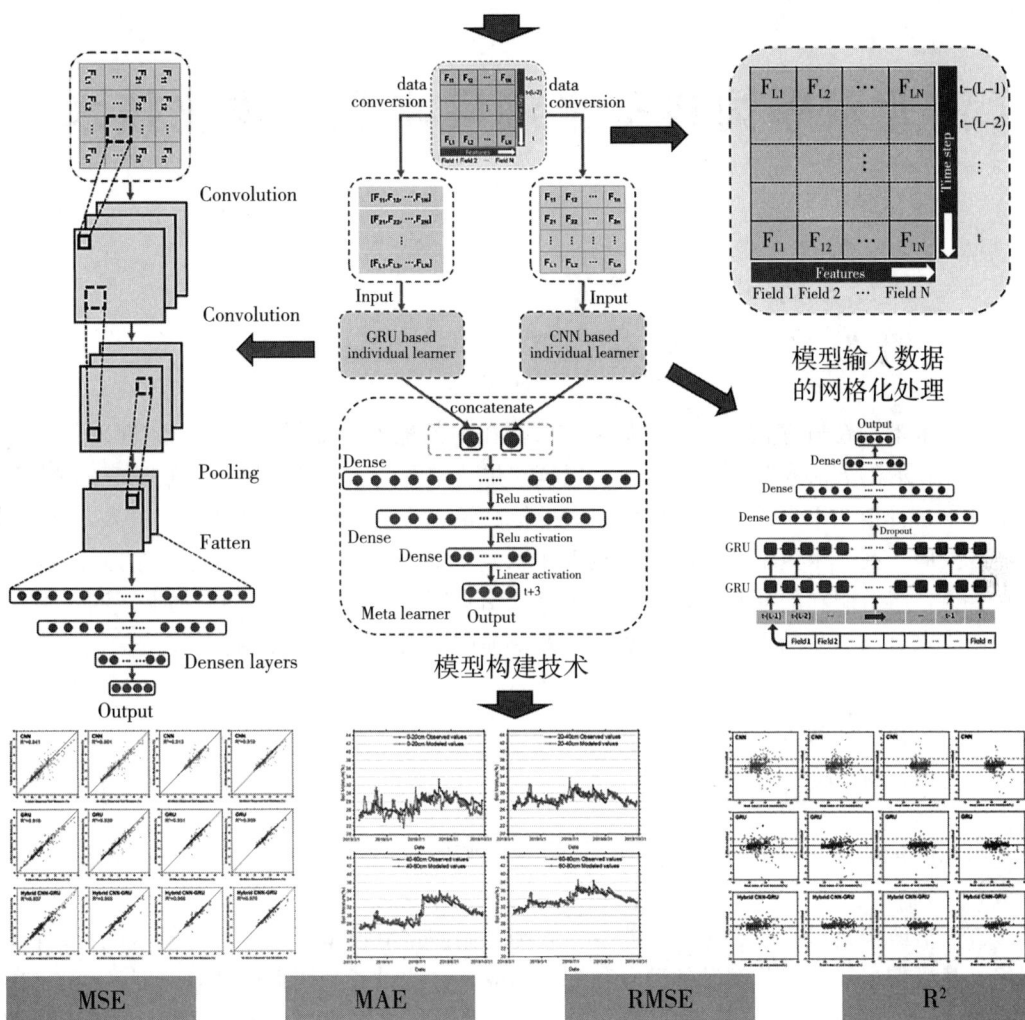

模型输入数据的网格化处理

模型构建技术

模型精度评定

MSE　　MAE　　RMSE　　R^2

（郑文刚，张钟莉莉）

河北双季饲料玉米滴灌水肥一体化技术

一、概述

青贮玉米是在适宜收获期内收获包括果穗在内的地上全部绿色植株，经切碎、加工，采用青贮发酵的方法来制作青贮饲料，以饲喂牛、羊等为主的草食牲畜。在适宜的光温水热条件下，种植双季青贮玉米不仅可以大幅提高粮食产量，还可以增加农户收入，促进地方经济发展。在玉米生长期，灌溉与施肥在压力作用下可同时进行，将肥料溶液注入灌溉输水管道，溶有肥料的灌溉水，通过灌水器（滴头等），将肥液喷洒到作物上或滴入根区，满足作物水分与养分的需求，达到节本增效、提质增效、增产增效的目的。

二、技术要点

（一）水源准备

水源可以为水井、河流、塘坝、渠道、蓄水窖池等，灌溉水水质应符合有关标准要求。

首部枢纽包括提水、加压、过滤、施肥和控制测量等设备。根据水源供水能力、耕地面积、灌溉需求等确定首部设备型号和配件组成；过滤设备采用离心加叠片或者离心加网式两级过滤；施肥设备宜采用注肥泵等控量精准的施肥器。水泵型号的选择应满足设计流量、扬程要求，如供水压力不足，需安装加压泵。

（二）滴灌带

根据不同土壤类型设计滴灌带数量，黏土或壤土地块每行作物铺设1条滴灌带，沙土地块每行作物铺设2条滴灌带。滴灌带管径15～20mm，管壁厚0.4～0.6mm，出水口间距20～30cm，流量1～3L/h。滴灌灌水量是地面灌溉的63%。产品质量应符合《农业灌溉设备滴灌管技术规范和试验方法》（GB/T 17188—1997）标准要求。

（三）田间布设

1. **覆膜铺管**　两茬青贮玉米均采取膜下滴灌栽培模式，膜厚大于0.01mm，膜宽1.50m。铺膜平展，压膜严实，做到七面八线，透光面达80%。

2. **滴灌带及铺设要求**　在田间干管或分干管阀门后连接支管、控制阀等配件，滴灌带安装在支管上。滴灌带可以选用一次性内镶贴片式滴灌带，也可以选用单翼边缝式滴灌带。两种滴灌带的技术参数有所不同。

内镶贴片滴灌带：内径16mm，额定工作压力0.1MPa，壁厚0.15～0.2mm，滴头流量1.0～2.0L/h，砂质土选择流量1.5～2.0L/h，壤质土选择流量1～1.5L/h，滴头间距30cm。

单翼边缝式滴灌带：内径16mm，额定工作压力0.1～0.15MPa，壁厚0.2mm，滴头流量1.5～2.5L/h，砂质土选择流量2.0～2.5L/h，壤质土选择流量1.5～2.0L/h，滴头流量偏差小于0.1。

滴灌带的铺设长度一般在70～90m之间，对于逆坡铺设的情况，因为地势原因消耗部分水压力，因此长度较短，取70～80m，对于顺坡铺设的情况，因地势会提供部分压力，因此其长度较长，取80～90m。滴灌带铺设时要自然松弛，避免拉紧，接头处必须连接牢固。滴灌带铺设完成后，对滴灌系统进行冲洗，并在滴灌管尾端安装堵头。滴灌带铺设要求：一膜2带（150cm膜宽2带），滴灌带铺设在窄行（30cm）中间，迷宫凸面朝上；铺设应平直，不打结，不扭曲，防止机械刮伤。防风地滴灌带浅埋2～3cm。

3. 揭膜 两茬青贮玉米均在8叶期即头水之前揭地膜。

（四）适用范围

一年种植两季青贮玉米，均达到乳熟程度，需要日平均气温10～15℃，满足180d。其中春播需100d，夏播需80d。

（五）水肥一体化技术模式

1. 灌溉施肥制度 双季青贮玉米模式的第一季品种为益农103，第二季为郑单958。双季青贮玉米生长发育主要集中于3月中下旬至10月上中旬。

青贮玉米两茬每亩总灌溉量375～510m³，其中，秋灌（滴）水每亩60～80m³，生育期灌（滴）水每亩315～430m³。

第一茬青贮玉米收割前7～10d，滴最后一水，滴水量每亩20～26m³左右，应注意与第二茬青贮玉米播种墒度相衔接。收割后及时清理滴灌带和残膜，做好第二茬青贮玉米耕地准备。

两茬每亩总施肥为尿素108～146kg、磷酸二铵25～30kg、硫酸钾50～64kg。其中每茬每亩施肥为尿素50～68kg、硫酸钾25～32kg。缺锌土壤每3年基施1次硫酸锌，每亩用量2kg。秋灌（滴）水时每亩施用尿素8～10kg、磷酸二铵25～30kg。

灌溉施肥时，每次先用约1/4灌水量清水灌溉，然后打开施肥器的控制开关，使肥料进入灌溉系统，通过调节施肥装置的水肥混合比例或调节施肥器阀门大小，使肥液以一定比例与灌溉水混合后施入田间。每次加肥时须控制好肥液浓度。施肥开始后，用干净的杯子从离首部最近的喷水口接一定量的肥液，用便携式电导率仪测定EC值，确保肥液EC<5mS/cm。每次施肥结束后要继续用约1/5灌水量清水灌溉，冲洗管道，防止肥液沉淀堵塞灌水器，减少氮肥挥发损失（表1）。

表1 青贮玉米不同生育期滴灌灌溉施肥推荐量

生育期	亩灌水定额（m³）	亩施肥量（kg）		
		尿素	磷酸二铵	硫酸钾
播种—出苗期	10～12	—	—	—
苗期	10～14	—	—	—
	13～18	—	—	—
拔节期	13～18	—	—	—
	13～18	—	—	—
	15～20	10～15	—	5～6
抽雄—吐丝期	15～20	15～20	—	8～10
	15～20	—	—	—
	15～20	20～25	—	7～10
吐丝—灌浆期	15～20	—	—	—
	15～20	—	—	—
成熟期	10～15	5～8	—	5～6
秋灌	60～80	8～10	25～30	—
两茬合计	378～510	108～146	25～30	50～64

在缺锌地区通过底施或水肥一体化每亩追施一水硫酸锌2kg

2. 灌溉制度的调整 由于年际间降水量变异，每年具体的灌溉制度应根据农田土壤墒情、降水和玉米生长状况进行适当调整。

土壤墒情监测按照《土壤墒情监测技术规范》（NY/T1782）规定执行。苗情监测方法：生育期一般每隔10d测1次，播种—出苗期、苗期、拔节期、抽雄—吐丝期、吐丝—灌浆期和成熟期关键降雨阶段前后、滴灌灌水前后加测1次。

三、应用效果

常规沟灌青贮玉米每亩需水量一般为350m³，滴灌每亩需水量为200m³，采用滴灌节水技术后每茬青贮玉米每亩可节水150m³。生育期内灌水次数沟灌一般为3次，人工费每次15元；滴灌为5次，人工和滴灌费每次2元。一年两季栽培模式下，青贮玉米滴灌栽培较沟灌单茬每亩可节约水费、人工费、机力费等110元，两茬每亩共节约220元。比传统灌溉节水40％以上，节省用工35％以上。

四、适用范围

适用于华北、西北地区双季青贮玉米水肥一体化生产。

五、技术模式

水源首部

玉米膜下滴灌

玉米成熟期

玉米收获期

（龚道枝，高丽丽）

东北玉米膜下滴灌节水增产种植技术

一、概述

围绕东北地区降水规律，在综合应用农田土壤耕作蓄水、集水和保水技术的基础上，制定了基于玉米需水规律和地下水量平衡的滴灌节水制度，提出滴灌管网布局优化方案，构建滴灌光水双高效种植模式，建立水肥药一体化系统，攻克滴灌节水工程与农艺、农机融合等关键技术，达到节本增效、提质增效、增产增收的目的。

二、技术要点

（一）水源准备

水源可以为水井、河流、塘坝、渠道、蓄水窖池等，灌溉水水质应符合有关标准要求。

首部枢纽包括提水、加压、过滤、施肥和控制测量等设备。根据水源供水能力、耕地面积、灌溉需求等确定首部设备型号和配件组成；过滤设备采用离心加叠片或者离心加网式两级过滤；施肥设备宜采用注肥泵等控量精准的施肥器。水泵型号的选择应满足设计流量、扬程的要求，如供水压力不足，需安装加压泵。

（二）滴灌带

根据土壤质地、种植情况采用迷宫式滴灌带或压力补偿式滴灌带。产品质量应符合《农业灌溉设备　滴头和滴灌管技术规范和试验方法》（GB/T 17187—2009）标准要求。

（三）地膜

选用宽度 900～1 100cm、厚度 0.008mm 以上，达到 GB/T 35795—2017 全生物降解农用地面覆盖薄膜要求，地膜覆盖有效期达到播种后 100d 以上的全生物降解农用薄膜。按照产品标签标注的期限使用。按照国家农用地膜管理办法。

（四）田间布设

将传统的两垄（垄距 50cm）合成一垄，垄宽 100cm、垄高 10～15cm，在垄上覆膜种植两行玉米，垄上玉米行距 40cm，在垄上两行玉米之间铺设一条滴灌带。灌溉水利用系数达到 0.9 以上，灌溉均匀系数达到 0.8 以上。

（五）水肥一体化技术模式

1. 施肥制度 追肥可用水溶性肥料，大量元素水溶肥料应符合农业行业标准 NY1107 标准要求。施肥量参照《测土配方施肥技术规程》（NY/T 2911）规定的方法确定，并用水肥一体化条件下的肥料利用率代替土壤施肥条件下的肥料利用率进行计算。结合灌溉，采用水溶性滴灌专用肥，在拔节期每亩追施纯氮 3.5～4.5kg；在大喇叭口期每亩追施纯氮 7～9kg；在吐丝期每亩追施纯氮 3.5～4.5kg。

2. 灌溉制度 由于年际间降水量变异，每年具体的灌溉制度应根据农田土壤墒情、降水和玉米生长状况进行适当调整。结合当地气候条件和玉米需水规律采用"浇关键水"的灌溉制度，在玉米需水关键时期进行补充灌溉。抽雄前 10d 至抽雄后 20d，是水分临界期。严重干旱时要根据土壤水分指标（表1），当土壤田间持水量处于下限指标时进行灌溉。一般每亩灌溉量为 15～25m³，灌溉时间需根据水表流量计算。

表1 不同生育时期土壤含水量下限指标

生育时期	出苗—拔节	拔节—抽雄	抽雄—开花末期	灌浆期	成熟期
土壤含水量下限指标（％）（占田间持水量百分比）	45	60	65	60	55

三、应用效果

比传统灌溉平均水分利用效率提高 13.3％，亩节水 95m³、节肥 28.9％，能耗降低 15％～20％，残膜回收率达到 86.2％，亩增产 150kg。

四、适用范围

适用于东北半干旱地区。

（孙占祥，冯良山）

东北西部春玉米浅埋滴灌水肥一体化技术

一、概述

春玉米浅埋滴灌技术是指播种时将滴灌带埋在地表下 2～3cm，然后将地下滴灌带与地上支管相连实现水肥一体化精准管理。浅埋滴灌仅湿润作物根部附近的部分土壤，不破坏土壤结构，湿润区土壤水、热、气、养分状况良好，减少土壤表面蒸发、节约用水。工作压力低，可以结合施肥，将水分和养分均匀、定时、定量浸润作物根系发育区，供根系吸收利用。

二、技术要点

（一）水肥一体化设备

1. 首部枢纽 根据水源情况，选择离心泵或潜水泵。按照系统设计扬程和流量，选择相应的水泵型号，超过系统正常工作所需最大扬程和最大流量的 5%～10%。井水宜选用离心过滤器加筛网过滤器或叠片过滤器；库水、塘水及河水根据泥沙状况、有机物状况配备离心式过滤器或沙介质过滤器加筛网过滤器或叠片过滤器。肥液储存罐宜选择塑料等耐腐蚀性强的；施肥器可选择压差式施肥罐、文丘里施肥器、比例式施肥泵、注肥泵等。进排气阀和逆止阀的选用依据首部管径大小而定。控制设备主要包括闸阀、碟阀、球阀等，根据首部管径大小和用户需求选择适宜的控制阀门。水泵流量超过灌溉区实际水量的10%，应安装变频控制柜，变频控制柜的功率应大于水泵的额定功率。根据系统流量和管径选择相应水表型号，通过计量实现定量灌溉。在过滤器前后分别安装压力表，应选择比系统最大水压高 15% 的压力表，压力表的精度为 0.01MPa。

2. 输配水工程 干管宜采用聚氯乙烯（PVC）硬管，管径 90～125mm，管壁厚 2.0～3.0mm，承压 0.6MPa。支管宜采用聚乙烯（PE）软管，管径 63～90mm，管壁厚 1.0～1.5mm。毛管根据土壤类型沿作物种植平行方向铺设，与支管垂直。铺设长度不超过 50m，春玉米滴灌带铺在窄行中间距地表 1－3cm，滴灌带管径 16mm，管壁厚 0.2～0.4mm，出水口间距为 20～30cm，流量为 2～3L/h。

3. 灌溉施肥系统 每次工作前先用清水灌溉 3～5min，可通过调整阀门的开启度进行调压，使系统各支管进口的压力大致相等，待压力稳定后再开始向管道加肥。施肥结束后，继续滴清水不少于 25min。系统应在正常工作压力下运行。支管压力保持在 0.08～0.12MPa。系统运行一段时间后，应根据管道系统堵塞情况进行清洗。清洗时，依次打开毛管末端堵头，使用高压水流冲洗干、支管道。当过滤器出口压力表压力低于进口压力

0.03～0.05MPa 时应及时清洗过滤器，使用的离心过滤器需要及时进行排沙处理。

（二）种植模式

选用浅埋滴灌精量施肥播种铺带一体机，采用宽窄行种植模式。一般窄行 40cm，宽行 80cm。根据品种特性、土壤肥力状况和积温条件确定种植密度，一般亩播种密度 4 500～6 000 株。

（三）灌溉制度

根据土壤墒情确定灌水时间和灌水量，保证灌水量与玉米生育期内降雨量的总和达到500mm 以上。播种完毕后，及时滴水出苗，滴水 30mm；苗期和拔节期计划灌水 2～4次，单次灌水定额 30mm，并随着苗的生长逐渐增多；在大喇叭口期和授粉前的关键需水期，单次灌水定额 30mm，灌水周期 7～10d，计划灌水 3 次；在授粉完毕后，再适当灌 2次水，单次灌水定额 30mm。全生育期共灌水 7～10 次，灌溉定额 210～300mm（表1）。

表 1　东北西部春玉米浅埋滴灌水肥一体化灌溉制度

不同物候期	计划灌水次数	灌水定额（mm）	灌溉定额（mm）
播种期—出苗期	1	30	30
出苗期—拔节期	1～2	30	30～60
拔节期—大喇叭口期	1～2	30	30～60
大喇叭口期—抽雄期	1	30	30
抽雄期—吐丝期	2	30	60
吐丝期—成熟期	1～2	30	30～60
总灌水量			210～300

（四）施肥制度

施种肥建议以有机肥为主，化肥为辅，氮、磷、钾肥配合施用，如种肥亩施磷酸二铵15kg、硫酸钾 7.5kg。追肥原则：以氮肥为主配施微肥，氮肥遵循前控、中促、后补的原则。整个生育期借助滴灌系统随水追肥 3 次。第一次幼苗期亩施 7～8kg；第二次大喇叭中期亩施 8～10kg；第三次抽雄散粉后亩施 10～12kg。

（五）应用品种

当地适宜机械化密植高产新品种。

三、应用效果

浅埋滴灌比传统地面灌溉节水 20%～30%，水分利用效率提高 20%，增产 15%～20%。

四、适用范围

适用于东北西部春玉米浅埋滴灌水肥一体化生产。

五、技术模式

玉米播种、滴灌带浅埋一体进行

玉米播种、滴灌带浅埋效果

首部过滤系统

田间施肥系统

玉米拔节期施肥

玉米灌浆期施

（刘战东，马守田，刘祖贵）

河套灌区春玉米井黄双灌水肥一体化技术

一、概述

针对黄河流域灌区大水漫灌水资源利用效率低，作物生育期间来水不及时，肥料利用率低等问题，采取黄河水漫灌和滴灌的措施，配套水肥一体化技术，集成井黄双灌灌溉技术，突出"漫灌压盐、滴灌节水"特点，形成"一调、三改"的技术路径，减少水资源用量。"一调"是调优灌溉制度结构；"三改"，一是改进灌溉方式，改大水漫灌为井黄双结合；二是调整灌溉时期；三是改撒施追肥为水肥一体化施用。

二、技术要点

（一）关键技术

1. 黄河水二次澄清井黄双灌 玉米全生育期一般黄河水灌溉 1～2 次，滴灌 4～5 次，黄河灌溉定额为 60m³ 左右，一般在小喇叭口期选择黄河水漫灌压盐，滴灌灌溉时间为拔节期到抽穗期，每次灌溉量为 10～20m³，滴灌结合施肥进行。具体时间和滴灌量根据土壤墒情、天气和玉米生长状况及特性适当调整。降雨量大，土壤墒情好，可适当调整滴灌时间或少滴水。在黄河水源处设置二级过滤设备，第一级主要是过滤大颗粒物质和污染物，一般设置 2 个沉淀罐或者简易式可移动过滤设备；二级过滤为滴灌首部过滤，一般为离心过滤器加叠片过滤。

2. 膜下滴灌种植 采用半膜覆盖种植模式，需要注意的技术环节：一是适当增加玉米播种密度，根据品种特性、土壤肥力状况和积温条件确定种植密度，一般中上等肥力地块亩播种密度 5 000～6 000 株，中低产田亩播种密度 4 500～5 000 株；二是选用加厚地膜或者降解地膜，光热资源丰富区域要选用中间黑两边白的地膜，以免太阳光灼伤滴灌带；三是一般选用地膜和滴灌带同时铺设的精量播种膜带一体机，将滴灌带铺设于地膜播种带中间。施肥、覆膜、播种、覆土、镇压等作业一次性完成。

3. 水肥高效管理 按照"有机无机配合、大中微量元素配合"的原则，全部磷肥和部分钾肥播种时施入，玉米追肥以氮肥为主配施钾肥和微肥，氮肥遵循前控、中促、后补的原则。按照内蒙古河套灌区玉米实际产量，建议全生育期每亩使用 N 13～15kg、P_2O_5 5～7kg、K_2O 3～5kg（纯量），结合具体产量水平调整。整个生育期追肥 3～5 次，分别在拔节期、抽雄前和灌浆期施入。追肥结合滴水进行，先将肥料在施肥罐中充分溶解，施肥前先滴清水 30min 以上，待滴灌带得到充分清洗，检查田间给水一切正常后开始施肥。施肥结束后，再连续滴灌 30min 以上，将管道中残留的肥液冲净并稀释根部肥料浓度。

（二）配套技术

1. **滴灌设备安装** 新建滴灌水肥一体化系统工程应在秋季建设，封冻前完成，或者在春季土壤开化后播种之前完成。管带铺设采用迷宫式或内镶贴片式，播种结束后立即铺设地上给水主管道，在主管道上连接支管道，支管垂直于垄向铺设，间隔 100～120m 垄长铺设一道支管，以保证管道压力充足，给水畅通。打通旁通：对准支管与滴灌带交叉位置，用打孔器在支管（支管分为硬管和软带）上打孔，如果是软带打孔时注意不要将软带的另一侧带壁打穿，然后把滴灌带旁通插入支管道锁扣拧紧，旁通另外一侧插入滴灌带，再将锁姆拧紧。

2. **机械整地** 选择适宜玉米种植的具有灌溉条件，适合机械化操作的地块。播前耕旋，做到耕层上虚下实，耕层内无根茬，地面平整，无明显土块，为播种创造良好的土壤条件。

3. **优良品种** 根据气候和栽培条件，选择高产、优质、多抗、耐密、适于机械化种植的优良品种，选用包衣种子。

4. **机械播种** 气温稳定在 7～8℃为适宜播种期，实行大小垄种植，大垄宽 80cm，小垄宽 40cm，株距 20～24cm。选用 2MB-10 型覆膜滴灌带种肥分层播种机，实施机械化精量播种施肥、铺带覆膜。

5. **测墒灌溉** 灌溉定额因降雨量和土壤保水性能而定，播种结束后视天气和土壤墒情，在特别干旱情况下及时滴出苗水，保证种子发芽出苗，如遇极端低温，应躲过低温滴水。生育期内，实际灌水次数视降雨量情况而定。一般 7 月上旬滴灌进行第一水，水量 20m³，以后田间持水量低于 60% 时及时灌水，一般在 7 月中旬到 9 月上旬进行 3～4 次滴灌，每次滴灌 15～20m³，9 月停水。滴灌启动 30min 内检查滴灌系统一切正常后继续滴溉浇透，从小垄到大垄两侧 20cm 土壤润湿即可。

6. **病虫害综合防治** 黄河流域灌区种植玉米重点注意玉米螟、黏虫、草地螟的防治，并遵循"预防为主，综合防控的方针"，坚持统防统治的原则，整个乡镇、村屯的玉米田均要认真防治。拔节期后，在玉米螟成虫产卵始盛期释放赤眼蜂防除玉米螟；大喇叭口期采用高架喷雾机械等，采用高效、低毒、低残留农药防治玉米螟及三代黏虫等。

7. **机械收获** 当田间 90% 以上玉米植株茎叶变黄，果穗苞叶枯白而松散，籽粒变硬，基部有黑色层，用手指甲掐之无凹痕，表面有光泽，即可收获。一般在 9 月末至 10 月初玉米完熟后一周及时收获。

三、应用效果

节水：亩均节水 40% 以上。按常规大水漫灌 4～5 次计算，每次每亩用水 70m³，亩节约用水 160m³ 以上。

省肥：亩均节省肥料 20%～30%，亩节省 30 元。

省工：由于减少了浇水和追肥的工作量，可节省劳动力 30%～50%。

四、适用范围

适用于黄河流域河套灌区，以及相似生产模式和自然条件的地区。

五、注意事项

一是滴灌系统设计要完全符合使用标准，避免发生跑冒滴漏。
二是大水漫灌时间和用量要适当，切记不可过量灌溉。
三是选择正规合格、水溶性强、配方适宜的水溶性肥料。

六、技术模式

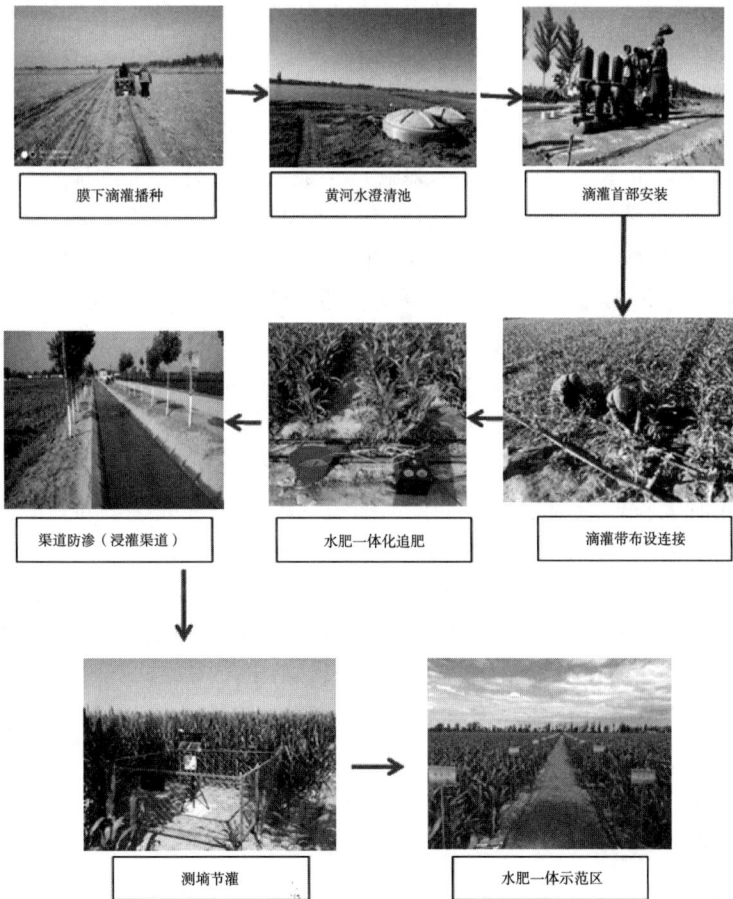

膜下滴灌播种 → 黄河水澄清池 → 滴灌首部安装

渠道防渗（浸灌渠道） ← 水肥一体化追肥 ← 滴灌带布设连接

测墒节灌 → 水肥一体示范区

（陈广锋，闫 东，张 华，朱玉成）

阿拉善玉米干播湿出无膜浅埋滴灌水肥一体化高产技术

一、概述

阿拉善左旗生态环境独特，光热资源丰富，昼夜温差大，年≥10℃的积温 2 998～3 426.2℃，年日照时数 3 300h，年平均降水量 75～400mm，年蒸发量 2 400～2 900mm，年均气温 8.4℃，无霜期 120～180d，适宜多种农作物生长发育，各大农业灌区和农业园区，水、空气、土壤洁净无污染，具有发展无公害、绿色、有机农产品得天独厚的自然条件，是农作物生长的理想之地。全旗农作物播种面积稳定在 29 万亩左右，其中粮食作物播种面积为 22 万亩，经济作物播种面积为 5.5 万亩，其他农作物播种面积为 1.5 万亩。

针对阿拉善左旗玉米播种时受灌水影响，不能适时播种；玉米播种质量差，出苗不均匀；风沙大，移动滴灌带造成滴灌带错位；受倒春寒影响出苗慢、粉种；施肥量、用水量过大，生产成本居高不下等问题，研究形成"干播湿出"无膜浅埋滴灌水肥一体化高产技术。"干播湿出"无膜浅埋滴灌水肥一体化高产技术就是在前茬作物收获后，进行深耕翻或不耕翻，无需灌水条件下第二年春天在干地上通过耙糖镇压后直接进行播种施肥，同时铺设滴灌带，滴灌带浅埋 3～4cm，播种后适时滴出苗水的种植技术。

通过该项技术的推广应用，使阿拉善左旗春播玉米不违农时，解决了由于大水漫灌造成春播出苗水用时太长，造成过晚、生育期缩短，不能正常成熟的难题。通过滴灌的应用，大大地减少了用水量，提高了水资源利用率，避免了大水漫灌造成的土壤板结。

在播种前完成"精量播种、秸秆还田、增施有机肥、深松深耕、浅埋滴灌水肥一体化、化肥侧深施、病虫害统防统治、全程农业机械化"八项技术作业，提高播种质量，降低生产成本，深入推广科学施肥技术，提高了肥料利用率，实现了化肥减量增效，提高了农产品品质。走高产高效、优质环保可持续发展之路，可促进粮食增产、农民增收和生态环境安全。

二、技术要点

（一）播前整地

播前进行旋耕、糖地、镇压，清除杂草和根茬，做到地面平整无坷垃，上层土壤疏松、颗粒碎小，下层土壤紧实，为提高播种质量创造良好的土壤环境。旋耕宜浅，旋耕深容易造成播种过深，不利于出苗。

（二）品种选择

选择高产、优质、耐密、抗逆性强，株型紧凑、节间小，植株小，籽粒灌浆、脱水快，苞叶蓬松快，果穗脱粒快，生育期比大水漫灌长 7d，适合机械收获的品种。

（三）施肥

以有机无机并重，氮、磷、钾及微肥配合施用的原则进行施肥。亩施农家肥 2 000kg、氮（N）肥 18.3kg、磷（P_2O_5）肥 11.5kg、钾（K_2O）肥 3.5kg、硫酸锌 1kg。农家肥在秋季随耕翻施入地块中，磷肥、钾肥与硫酸锌肥作种肥与种子分层同播，氮肥作为追肥，在玉米苗期、拔节期、大喇叭口期、灌浆期分别随水滴施，亩用量为 2.28kg、6.86kg、6.86kg、2.28kg。

（四）播种

5～10cm 耕层土壤温度稳定在 10℃ 左右时即可开始播种，一般在 4 月上中旬。苗全、苗齐、苗匀、苗壮是玉米丰产的基础，也是播前和播种时的主攻目标。因此在播前进行种子精选，去掉大小、破碎、损伤的籽粒，保留大小一致、完好无损的籽粒。播种时选用精量联合作业播种机，播种、施肥、铺滴灌带、覆土一次性完成。必须做到播深一致，为 4～5cm，播行直；机车行走速度均匀慢行，无断行、无浮籽、无漏播重播，高质量地播种。采用大小行种植，大行距 60～65cm，小行距 35～40cm，中等肥力地块亩保苗 5 500 株，高肥力地块亩保苗 6 500 株。滴灌带铺设在小行内，铺直，浅埋 3～4cm 土。

（五）滴水

全生育期滴水 13 次，分布于各关键时期，滴水量遵循两头少、中间多的原则。播种后及时滴出苗水，苗全苗齐是关键，出苗水一定要滴好，亩 30m³ 左右，之后 7～10d 也就是玉米牙尖顶土时，此时地表已结成干皮，应及时补滴一水保证出苗。拔节前滴第三水、拔节期滴第四水、小喇叭口期滴第五水、大喇叭口期滴第六水、抽穗期滴第七水、吐丝期滴第八水、开花授粉期滴第九水、灌浆期滴第十水、乳熟期滴第十一水、蜡熟期滴第十二水、完熟期滴第十三水。

（六）田间管理

1. 苗期管理 苗期管理主攻目标是控制肥水，适当地控制地上部生长，促进根系向下深扎，提高根系的吸收能力，为以后株壮、穗大、粒多打下良好基础。在玉米苗 3～5 叶期，用烟嘧磺隆或硝磺草酮类除草剂安全剂量均匀喷雾，进行苗后除草。追肥以氮肥为主，苗期每亩追施氮肥 2.28kg（纯量）作为提苗肥。病虫害防治以地老虎为主，每亩用麦麸 4～5kg 加入 90% 敌百虫 30 倍液 150ml 拌匀成毒饵于傍晚撒施地面诱杀，或用 2.5% 溴氰菊酯 3 000 倍液于幼虫 1～3 龄期傍晚喷雾苗周土表。

2. 中后期管理 穗期田间管理的主攻目标是：促秆壮穗，保证植株营养体生长健壮，果穗发育良好，达到茎粗、节短、叶茂、根深、生长整齐，力争穗大、粒多。在拔节期、大喇叭口期每亩分别追施 6.86kg（纯量）氮肥，以促进叶片茂盛、茎秆粗壮，果穗小花分化，实现穗大、粒多。病虫害防治以双斑萤叶甲为主，用 10％氯氰菊酯乳油 3 000 倍液在清晨或傍晚喷雾。

花粒期田间管理的主攻目标是保护中、上层叶片，保证授粉良好，防止后期早衰倒伏，提高光合强度，促进籽粒灌浆，粒多和粒重，达到丰产。在灌浆期每亩追施 2.28kg（纯量）氮肥，提高叶片光合作用，促进籽粒灌浆，防止后期植株脱肥早衰，提高千粒重。病虫害防治上以防治双斑萤叶甲、红蜘蛛、黏虫为主，双斑萤叶甲用 10％氯氰菊酯乳油 3 000 倍液在清晨或傍晚喷雾防治；红蜘蛛用 1.8％阿维菌素乳油 4 000 倍液或 15％哒螨灵乳油 2 000 倍液喷雾防治，高温干旱时，及时滴水控制虫情发展；黏虫用 4.5％高效氯氰菊酯乳油 3 000～4 000 倍液喷雾防治。

（七）适时收获

果穗包叶枯黄、松散，此时籽粒变硬、乳线消失、黑色层形成，籽粒含水量低于 35％，此时粒重最大，产量最高，为最佳收获期，可进行机械收获。

（八）注意事项

随着"干播湿出"无膜浅埋滴灌水肥一体化高产技术的大力推广应用，节水、省工、高效、增产、优质的优点是有目共睹的。但是，在应用多年以来，出现很多问题，在生产中应采取相应措施避免以下几方面问题的发生。

1. 整地质量差 在整地中常常出现地面不平整，坷垃大的现象。地面不平整，播种后株行出现坡度，滴水时水向低处渗透，造成高处缺水干旱影响正常生长；坷垃大造成播种时播深不一致、跳籽、浮籽，缺苗断垄。因此要借助早春雨墒或返潮及时进行旋耕、耙糖、镇压，做到上虚下实，表面土粒松散，为提高播种质量创造良好环境。

2. 种植的行距不当 有的农户在播种时不注意行距调整，基本上是等行距种植，不利于节水。种植时应调整播种机械行距，采用宽窄行种植，原则上窄行 30～40cm 之间，实际种植中窄行调到 33～35cm 为理想行距。

3. 播种后及时滴水 在生产中农户往往播种后由于忙其他事情，3～5d 甚至 7d 以后才滴出苗水，这样造成墒情好的地方先发芽出苗，差的地方后发芽出苗，出苗不匀。因此播后要及时滴水，促使出苗一致，避免形成大小苗，大苗欺小苗。

4. 跑水冒水现象严重 输水管道安装不严密，滴水时泄压，滴水不均匀，造成滴水时长，浪费水，长势不均匀，减产。提高输水管道安装质量，避免由于跑、冒、漏现象造成泄压，滴水不均匀。

5. 合理分配水量 在滴水时需要合理分配有限的水量，前后期滴水量分配要少，到 7～8 月气温高时，滴水量分配要高，这样才能达到经济用水量。

三、应用效果

阿拉善左旗自 2016 年推广应用"干播湿出"无膜浅埋滴灌水肥一体化高产技术以来，目前已累计推广 72.8 万亩，由大水漫灌时亩均用水量 620m³ 下降到现在亩均用水量 380m³，节水 38.7%，每亩减少水电费 62.7 元，可节省水电费 4 564.56 万元；节省肥料 35.00 元，化肥利用率提高 12.5 个百分点，节本增效 2 548.0 万元；平均亩产可增加 30kg 以上，亩增收 51.00 元，可节本增效 3 712.8 万元，实现节水、节肥、增效 30% 的目标。

四、适用范围

适用于阿拉善半干旱荒漠井灌、黄灌区玉米高效节水种植。

五、技术模式

播种施肥铺设滴灌带一体化

滴出苗水

苗期滴水肥

拔节期滴水肥

抽穗吐丝期田间管理

玉米成熟期

（王雪玲，闫　瑾）

西北绿洲灌区春玉米膜下滴灌水肥一体化技术

一、概述

玉米膜下滴灌水肥一体化技术是将玉米覆膜、施肥、灌溉结合在一起的一项农业技术。借助膜下滴灌施肥系统，可达到将养分直接溶解于灌溉水，根据玉米需水需肥规律，将水分和养分同步均匀输送到作物根际附近土壤，实现精确控制灌水量、施肥量、灌溉及施肥时间，显著提高玉米的灌溉水及肥料的利用效率。

二、技术要点

（一）膜下滴灌系统技术参数

播种的同时铺设地膜和滴灌带，膜下滴灌系统配置离心式过滤器或砂石介质式过滤器＋叠片或网式过滤器两级过滤系统。滴灌带内径 16mm，在 0.1MPa 的压力下，滴头流量为 2.5L/h，滴头间距 30cm，滴灌带间距 110cm，滴灌带铺设长度 50～70m。滴灌带布置在窄行中间处，1 条滴灌带控制灌溉 2 行玉米。选用施肥罐、注肥泵或文丘里式施肥器。滴灌系统灌溉施肥运行模式：前 1/4 时间清水湿润土壤，中间 1/2 时间随水施肥，后 1/4 时间清水冲洗灌溉管网。

（二）播种与滴灌带铺设

春玉米播种日期为 4 月 20 日左右，收获日期 10 月上旬。春季播种前清茬并深翻 25cm，整地前喷施 50％乙草胺 150g，兑水 40kg 进行土壤封闭除草。采用玉米精密播种机覆膜，铺设滴灌带、播种，宽窄行种植，宽行 70cm，窄行 40cm，平均行距 55cm，株距 17cm，亩种植密度 7 100 株，播种深度 3～5cm。采用幅宽 110cm，厚度 0.008mm 地膜进行全膜覆盖，顺玉米行间布置膜下滴灌带。

（三）水肥管理方案

根据土壤计划湿润层的实际贮水量与田间土壤贮水量的差值确定灌水量。在玉米关键生育时期（抽雄—乳熟期）灌溉至田间持水量，玉米生育前期及后期灌溉至田间持水量的 90％左右。不同生育期土壤计划湿润层深度为苗期 30cm，拔节期 60cm，抽雄期、灌浆期和成熟期 60cm。

灌溉启动时间：播种后 1d，根据播前土壤（0～20cm）贮水量灌溉适宜量的出苗水，以保证种子均匀、快速萌发。其余生育期在相对含水量达灌溉下限值时（田间持水量的70％）启动滴灌系统进行灌溉。绿洲灌区春玉米灌溉间隔约 10～15d，灌水定额约55～65mm。

基肥用 18-18-18（N-P-K）的复合肥，亩用量 50kg。追肥分 3 次用水肥一体施肥器施入：第一次在大喇叭口期，亩追施尿素（N 46％）25kg；第二次在抽穗期，亩追施尿素（N 46％）15kg；第三次在灌浆前期，亩追施尿素（N 46％）7kg、硫酸钾（K_2O 50％）4kg。在保证充足营养的生长期前提下，于玉米 6～8 叶期间亩喷施 40ml 乙烯利进行化学调控。

三、应用效果

膜下滴灌水肥一体化技术将灌溉用水从地上和地下管道网络封闭式输送到根际土壤，减少田间渠系渗漏和田间蒸发，比地面灌溉可明显节水，降低灌溉用水量 25％以上，降低化肥用量 12％以上，水分利用效率提高 15％以上，增产 20％～30％，氮肥偏生产力提高 20％。

四、适用范围

适用于西北绿洲灌区春玉米膜下滴灌水肥一体化生产。

五、技术模式

春玉米播种与滴灌带铺设

田间过滤与施肥系统

苗期滴灌带布设与墒情监测

玉米拔节期田间管理

玉米喇叭口期滴灌灌溉

玉米抽雄期滴灌追肥

（刘战东，秦安振，刘祖贵）

河西走廊制种玉米膜下滴灌水肥一体化技术

一、概述

水肥一体化技术是将灌溉与施肥融为一体的农业新技术。水肥一体化是借助压力灌溉系统，将可溶性固体肥料或液体肥料配兑而成的肥液与灌溉水一起，均匀、准确地输送到作物根部土壤。

玉米膜下滴灌水肥一体化是水肥一体化技术和覆膜技术的集成。通过滴灌系统在灌溉的同时将肥料配兑成肥液一起输送到作物根部土壤，确保水肥养分均匀准确定时定量地供应，为作物生产创造良好的水肥环境。通过覆盖地膜，可以有效降低水分蒸发，实现保墒、增温。目前，全区制种玉米膜下滴灌水肥一体化技术推广面积达到 50 万亩，取得了节水 40% 以上，提高化肥利用率 30% 以上，增产 10% 以上，节省用工 2~4 个的应用效果，总结形成了适用于河西走廊制种玉米膜下滴灌水肥一体化技术。

二、技术要点

(一) 水源准备

水源可以为水井、河流、塘坝、渠道、蓄水窖池等，灌溉水水质必须符合《农田灌溉水质标准》（GB 5084）标准要求。

首部枢纽包括提水、加压、过滤、施肥和控制测量等设备。根据水源供水能力、耕地面积、灌溉需求等确定首部设备型号和配件组成；过滤设备采用离心加叠片或者离心加网式两级过滤；施肥设备宜可选用压差式、文丘里式、注射泵式施肥器。注射泵式施肥器一般在系统首部用得较多，田间小区多用压差式或文丘里式施肥器。水泵型号的选择应满足设计流量、扬程要求，如供水压力不足，需安装加压泵。

(二) 滴灌带

滴灌带技术参数应符合 GB/T 19812—2017 要求。根据土壤质地、种植情况宜选用贴片式和迷宫式滴灌管带，滴头出水量 2.0~2.5L/h，滴头距离 30cm。滴灌带间距 100~120cm，1 条滴灌带控制灌溉 2 行玉米，滴灌带布置在窄行中间处。

（三）滴灌带铺设和覆膜

玉米播种前铺设滴灌带和地膜，滴灌带采用1条控制2行玉米，铺设地膜采用宽度为70cm、厚度为0.01mm的薄膜。

（四）水肥一体化技术模式

1. 养分管理 采用有机无机相结合，随水分次施肥，碱性土壤酸性肥料优先的原则。

肥料的选择应符合相关规定。同时应满足下列要求：①肥料养分含量高，水溶性好；②肥料的不溶物少，品质好，与灌溉水相互作用小；③肥料品种之间能相容，相互混合不发生沉淀；④肥料腐蚀性小，偏酸性为佳；⑤优先选择能满足制种玉米不同生育期养分需求的专用水溶复合肥料。

有机肥及非水溶性肥料基施；磷肥20%～40%基施，60%～80%滴施；氮肥和钾肥全部滴施。

施肥量要掌握"早施拔节肥，重施大喇叭口肥，补施攻粒肥"的原则。中等肥力土壤目标亩产达到500～550kg，适宜亩施肥量为有机肥2～3m³、氮（N）15～18.5kg、磷（P_2O_5）10～12.5kg、钾（K_2O）1.5～3kg，适量补充中、微量元素肥料。实施水肥同步，使玉米生长发育各阶段养分合理供应，根据灌水期确定施肥时期。配兑肥料养分浓度，应根据作物不同生长期的需肥特点和营养诊断确定。全生育期追肥6次，苗期肥：滴肥1次，亩施尿素5kg；拔节、抽穗肥：滴肥2次，每次亩施尿素10～15kg；抽穗、灌浆肥：滴肥2次，每次亩施尿素10～15kg；灌浆、腊熟肥：滴肥1次，亩施尿素5～10kg。

田间滴灌施肥应符合以下要求：①施肥前滴清水20～30min，待滴灌管得到充分清洗，土壤湿润后开始施肥；②施肥期间及时检查，确保滴水正常；③施肥结束后，继续滴清水20～30min，将管道中残留的肥液冲净。

2. 水分管理 自然降雨与补水灌溉相结合，制种玉米生长前期要控水，中期适当增加灌水量。灌水次数与灌水量依据制种玉米需水规律、灌前土壤墒情及降雨情况确定。采用膜下滴灌方式进行水分管理。

（1）需水总量 根据制种玉米需水规律与土壤墒情确定灌水量和灌水时间。全生育期滴水9～12次，收获前20d停水，全生育期滴水约300m³。避免过量灌溉，一般土层20～40cm保持湿润即可。过量灌溉不但浪费水，而且浪费肥料，使养分淋失到根层以下，作物减产。

（2）灌溉时期 要根据制种玉米"苗期需水少，拔节期逐渐增多，抽雄扬花期需水量最多，乳熟期逐渐减少的规律"进行灌水。

（五）去杂、去雄

除去田间杂株，确保种子纯度，当田间80%植株只有1～2片叶未展开时摸苞带叶去雄，保证抽雄不见雄，以保证去雄彻底并利于植株养分供给雌穗。

（六）人工授粉

进行人工授粉，在玉米制种中，花期常遇阴雨天气，影响授粉，必须人工辅助授粉。

选择母本吐丝盛期，每人拿一长木棍，左右摇摆父本株即可，如此进行2～3次，可提高种子结实率。

（七）早割父本

授粉结束后，10d内及时割除父本，以利节水，减少土壤养分消耗，并保证通风、透光，促进光合作用。

（八）防治病虫害

种子包衣用于防治苗期地下害虫。拔节后可用呋喃丹颗粒剂每亩0.5～1.0kg，拌细沙每亩3.0～3.5kg撒入玉米心叶内防治玉米螟；用50％西维因可湿性粉剂300～500倍液喷施防治玉米棉铃虫；在父本雄穗散粉前用40％氧化乐果乳油或80％敌敌畏乳油1 000倍液喷雾防治蚜虫和红蜘蛛，抽雄结束后再防1次红蜘蛛；播前用40％的拌种灵可湿性粉剂100～150g拌100kg种子，防治玉米丝黑穗病。

三、应用效果

比传统灌溉可节水40％以上，提高化肥利用率30％以上，增产10％以上，节省用工2～4个。

四、适用范围

适用于我国地势比较平坦的河西走廊地区。

五、技术模式

水肥一体化田间种植

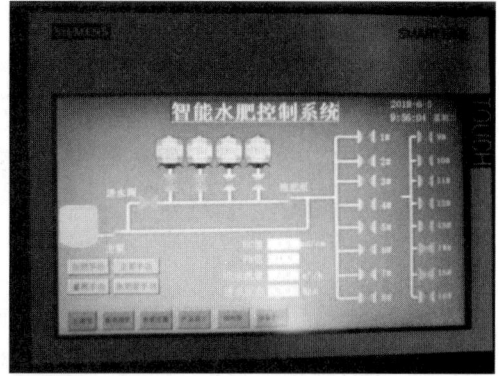

水肥一体化首部控制系统

水肥一体化田间观测系统

（钟建龙）

东北旱地玉米花生间作防风蚀节水种植技术

一、概述

玉米花生间作防风蚀技术，是基于生物多样性理念，通过构建节水种植群体、间作防风蚀间作茬留存与年际轮作、玉米花生品种与肥料种间配置、病虫害综合防治等技术，集成玉米花生间作防风蚀节水种植集成技术模式，达到防蚀节水、绿色增效的目的。

二、技术要点

（一）整地

秋收后立即进行翻耕，耕地深度因地制宜，一般为20～25cm，同时每亩施入优质有机肥2 000～3 000kg，随后灭茬，土壤深松（每隔2～3年进行1次），旋耕加镇压。

（二）品种选择

玉米选用株型较紧凑、抗逆抗病性强、适合间作的品种，以及经过国家或省级审定推广的玉米杂交种，种子质量达到 GB 4404.1 二级标准以上。花生选用国家或省级审定推广的耐阴、高产、优质品种，种子质量达到 GB 4407.2 二级标准以上。

（三）种植方式与密度

根据当地种植情况可采用玉米花生4∶4、6∶6、8∶8等间作模式。玉米行距50cm，株距26.68cm，条带内亩种植密度5 000株，花生行距50cm，穴距13～14cm，每穴双粒，条带内亩种植密度20 000株，玉米和花生条带年际间交替轮作，玉米收获后秸秆覆盖以防风蚀。

（四）播种与施肥

播种期为5月上旬，5cm 土层温度稳定在8℃连续3d以上时即可播种。花生亩播种量一般为11～15kg。玉米一般每亩施三元复合肥（氮、磷、钾含量45%）30～35kg、硫酸钾5～10kg，缺锌地块还需亩施入硫酸锌1～1.5kg。花生每亩施入花生专用复合肥20～30kg 或磷酸二铵15～20kg＋硫酸钾8～12kg。

（五）种肥

将传统的两垄（垄距 50cm）合成一条垄，垄宽 100cm，垄高一般 10～15cm，在垄上覆膜种植两行玉米，垄上玉米行距 40cm，在垄上两行玉米之间铺设一条滴灌带。灌溉水利用系数达到 0.9 以上，灌溉均匀系数达到 0.8 以上。

（六）病虫草害防控

播种后用扑·乙（含扑草净和乙草胺 40%）随播种机械喷洒地表。玉米亩用量 120～150ml 对水 50～60kg，花生亩用量 100～120ml 对水 50～60kg。参照 DB21/T 1418 玉米病虫安全控害技术规程和 NY/T 2393 花生主要虫害防治技术规程执行。

三、应用效果

比传统旱地单作农田风蚀降低 46%，系统土地当量比和水分当量比均能达到 1.1 以上。

四、适用范围

适用于东北风沙半干旱区种植生产。

（孙占祥，冯良山）

北方旱地玉米深松一次分层施肥增产技术

一、概述

旱地玉米占我国玉米总面积的 2/3，缺少灌溉条件，主要依靠自然降雨生产。因干旱缺水、土壤贫瘠、管理粗放等影响，旱地玉米产量长期低而不稳。旱地玉米深松分层施肥增产技术增加了深松深度、分三层施用长效肥等，有效破解了长期制约旱地玉米高产的干旱缺水、缺苗断垄、养分供应不足等难题。

二、技术要点

（一）核心技术

1. **土壤深松**　前茬作物收获时，秸秆切碎至 10cm 以下，紧接深松土壤深度 50cm 以上，深度保持基本一致。同时使用圆盘缺口灭茬耙处理秸秆，确保秸秆全量还田，再利用动力驱动耙平整土地，作业深度 20cm 左右。通过以上系列措施，实现地表平整、土粒细碎，土壤蓄水能力可提升 1 倍，保水能力提升 2 倍。

2. **探墒精播**　播种前进行土温测定，待土层 10cm 左右土温持续一周稳定在 10℃ 以上时进行精量播种。播种机械做好排种、施肥量调试，调整好镇压强度，确保作业质量。若播期表土缺墒，通过机械将播种沟的表层干土去除，把种子播于墒情适宜土层，可有效提高玉米出苗率。

3. **长效肥分层施用**　按照"有机无机结合，氮、磷、钾及中微量元素配合"原则，采用一次性三层机械施肥技术。施肥深度建议分别为种肥深 8cm、中层肥深 16cm、深层肥深 28cm，推荐选用玉米专用长效肥料、缓控释配方肥、保水肥、生根肥等，缺锌地块每亩加施硫酸锌 2kg。

4. **新型种子包衣**　利用黏着剂或成膜剂，将杀菌剂、杀虫剂、中微肥、植物生长调节剂等包裹种子，以达到种子成球形或基本保持原有形状，提高抗逆性、抗病性，加快发芽，促进高质量成苗。

5. **无人机遥感光谱诊断**　在作物生长期，开展 3～4 次硝酸盐反射仪（叶片尺度）和无人机遥感光谱营养诊断（田块尺度），根据诊断情况，估测作物养分状况，不断优化完善旱地玉米高产施肥方案。

（二）配套技术

1. **耐旱耐密品种**　根据区域气候和栽培条件，选择经国家或省级审定，在当地已种植并表现优良的耐旱、耐密、抗病、高产、宜机收品种。

2. 合理密植 以构建密植高质量群体为目的，结合当地地力和管理水平，和传统种植模式相比，适度增加播种密度，每亩因地制宜保苗 4 000～5 500 株。

3. 降解膜覆盖 重点在降水量 450mm 以下旱作区，覆盖全生物可降解地膜，提高土壤温度和保水能力。作物收获后，可直接同秸秆一起机械旋耕，全量还田。

4. 抗旱抗逆制剂 因地制宜实施保水剂拌肥底施、抗旱剂拌种、液体地膜等抗旱抗逆技术，提高土壤保水保肥能力，促进根系生长，提高作物抗旱能力。

5. 墒情病虫情精准监测及防控 综合运用墒情自动监测站、遥感、地理信息系统、农业气象等做好土壤墒情、病虫情精准监测。做好地下害虫、玉米螟、茎腐病、叶斑病等病虫害防控，适时喷施抗旱抗逆制剂和叶面肥。

三、应用效果

该技术具有增产潜力大、适用区域广、农民易接受等特点，是新时期引领我国玉米提质增效的重大技术。在年降水量 450～550mm 的地区可增产 20%～30%，350～450mm 的地区加上地膜覆盖可增产 30%～50%。陕西澄城县示范田每亩产量超过 1 000kg（3 年平均产量），比当地常规模式下的高产水平还增产约 33%，亩均节本增收 480 元以上。山西寿阳示范田春玉米亩产量达 1 100kg，较周边同等地力常规种植方式亩增产 216kg，同比增产 24.4%，肥料利用效率提高 20% 以上，降水利用率提高 30%。

四、适用范围

适用于地块大、土层厚的旱地，比如黄土高原、东北中西部、内蒙古和华北北部等地。

五、技术模式

机械深松作业场景

探墒精播及苗前封闭

中耕除草和统防统治作业场景

玉米后期及收获时长势情况

（吴　勇，陈广锋，钟永红）

玉米密植高产水肥精准调控技术

一、技术概述

（一）技术基本情况

增粮和提高资源效率是当前我国农业生产的主要任务。产量不高、水资源不足、干旱以及水、肥利用率低、生产成本高等问题是制约玉米产业发展的主要问题。密植是玉米增产的主要途径，水肥一体化精准调控技术可以有效解决干旱和水肥利用率低的问题，并能显著提高产量。全程机械化是玉米生产提效率、降成本的关键。集成密植、水肥一体化精准调控和全程机械化为一体的"玉米密植高产水肥精准调控技术"，是行之有效的增粮与资源高效协同的技术模式。

（二）技术示范推广情况

2009—2021年，以密植高产水肥精准调控为核心的玉米生产技术在新疆（北疆900万亩玉米）、宁夏（450万亩玉米）、甘肃河西走廊（300万亩）等地进行大面积示范推广应用，近3年累计示范面积超过5 000万亩。2019—2021年，该项技术在东北春播玉米区的内蒙古通辽、赤峰地区，以及辽宁、吉林、黑龙江省西部地区开展示范推广，辐射带动面积已超过百万亩。

因此，该项技术已在新疆、甘肃、宁夏、陕西、内蒙古、辽宁、吉林、黑龙江等地进行了示范展示，属于在较大范围的推广应用。

（三）提质增效情况

中国农业科学院作物栽培生理创新团队自2004年以来，系统探索玉米产量提升的技术途径，以密植高产群体调控栽培和滴灌水肥一体化技术为核心，配套耐密抗倒宜机收品种筛选、单粒精量点播、秸秆覆盖与免耕、机械籽粒直收等全程机械化关键技术，构建了玉米节水增粮的密植高产精准调控全程机械化技术体系，先后7次刷新中国玉米高产纪录，2020年最高亩产达到1 663.25kg。2021年在气候逆境频发的条件下，仍实现了亩产1 519.88kg的全国最高单产。

2021年收获季节，对在东北采用密植水肥一体化精准调控全程机械化技术模式的173户进行测产验收，96.5%的农户亩产超过1 000kg，平均亩产达到1 064.4kg；采用常规密度水肥一体化模式的46户平均亩量达到900.5kg；示范田周边采取传统低密度、漫灌种植方式的21户平均亩量为689.7kg。采用密植高产精准调控全程机械化技术模式农户的亩量，较低密度水肥一体化和传统低密度漫灌种植农户的亩产分别提高 163.9kg（18.2%）和 374.7kg（54.3%）。

该技术模式不仅能够大幅度增加产量，还能够显著提高资源利用效率。与传统施肥灌溉方式对比，在相同施氮量（亩施 N 18kg）和灌溉量（亩灌水 300m³）条件下，氮肥偏生产力、灌溉水利用率和水分生产率分别增加了 33.2%、32.9%和 59.5%（15.6kg/kg、0.93kg/m³ 和 0.91kg/m³）。增密种植与水肥一体化精准调控技术融合运用，不仅能显著提高玉米生产水平，在不增加水肥投入量的前提下，实现产量、效率与效益的协同提升，是灌溉和补充灌溉区节水增粮的新模式。

（四）技术获奖情况

以该技术为核心的成果分别获得新疆兵团 2016 年、新疆维吾尔自治区 2019 年度科技进步一等奖，宁夏回族自治区 2020 年度科技进步一等奖。

二、技术要点

（一）铺设滴灌管道

根据水源位置和地块形状的不同，主管道铺设方法主要有独立式和复合式两种。独立式主管道铺设方法具有省工、省料、操作简便等优点，但不适合大面积作业；复合式主管道铺设可进行大面积滴灌作业，要求水源与地块较近，田间有可供配备使用动力电源的固定场所。支管的铺设形式有直接连接法和间接连接法两种。直接连接法投入成本少但水压损失大，造成土壤湿润程度不均；间接连接法具有灵活性、可操作性强等特点，但增加了控制、连接件等部件，一次性投入成本加大。支管间距离在 50～70m 的滴灌作业速度与质量最好。

（二）精细整地，施足底肥

播种前整地，采用灭茬机灭茬翻耕或深松旋耕，耕翻深度要求 20～25cm，结合整地施足底肥，做到上虚下实，无坷垃、土块，达到待播状态。一般每亩施优质农肥 1 000～2 000kg、磷酸二铵 15～20kg、硫酸钾 5～10kg，或者每亩用复合肥 30～40kg 做底肥施入。采用大型联合整地机一次完成整地作业，整地效果好。

（三）科学选种，合理密植

选择株型紧凑，穗位适中，抗倒抗逆性强，耐密性好，穗部性状好的中秆、中穗，增产潜力大，熟期适宜，适合机械籽粒直收的品种。合理增加种植密度，用种量比普通种植方式多 15%～20%。

（四）宽窄行配置，导航精量播种

利用带导航的拖拉机和玉米精播机将铺滴灌带、带种肥和播种等作业环节一次性完成。行距采用 40cm＋70～80cm 宽窄行配置，导航精量播种，毛管铺设在窄行内，一条毛管管两行玉米,毛管铺设采用浅埋式处理,埋深 3～5cm,主要起固定毛管作用。

(五) 密植群体调控

1. 滴水出苗 播种后立即接通毛管并滴出苗水,达到出全苗、出苗整齐一致的目的。干燥土壤每亩滴水 20～30m³,墒情较好的亩滴水 10m³。

2. 化控 为防止密植植株倒伏,在 6～8 展叶期化控。

3. 综合植保 通过种子精准包衣解决土传病害和苗期病虫害;苗前苗后化学除草控制杂草;在大喇叭口期和吐丝后 15d 各进行一次化防,每次喷洒杀虫、杀菌剂防治玉米螟、叶斑病、茎腐病和穗粒腐病。

(六) 按需分次精准灌溉与施肥

1. 精准灌溉 根据玉米需水规律进行灌溉,灌水周期和灌溉量依据不同生育时期玉米耗水强度和不同耕层最佳土壤含水量来确定。拔节期土壤湿润深度控制在 0.4～0.5m,孕穗期土壤湿润深度控制在 0.5～0.6m。如果采用水分传感器监测进行自动化灌溉,采用小灌量、高频次灌溉,应始终把耕层土壤水分控制在田间合理持水量上下较小波动变幅内,更有利于提高产量和水分生产率。

2. 精准施肥 优先选用滴灌专用肥或其他速效肥,根据玉米水肥需求规律,按比例将肥料装入施肥器,随水施肥,做到磷肥深施、氮肥后移、适当补钾。氮肥采用少量多餐分次追肥原则,基肥施入氮肥的 20%～30% 和磷、钾肥的 50%～60%,其余作为追肥随水滴施;吐丝前施入氮肥的 45%,吐丝至蜡熟前施入氮肥的 55%,防止后期脱肥早衰,提高水肥利用率。

3. 灌溉与施肥建议 7～8 展叶期滴第一水,参考亩灌溉量 20～30m³,亩施纯氮 3kg;10～12d 后滴第二水,参考亩灌溉量 20～30m³,亩施纯氮 4kg;8～10d 后滴第三水,参考亩灌溉量 25～30m³,亩施纯氮 4kg;8～10d 后滴第四水,参考亩灌溉量 30～35m³,亩施纯氮 3kg;8～10d 后滴第五水,参考亩灌溉量 25～35m³,亩施纯氮 2kg;10～12d 后滴第六水,参考亩灌溉量 20～35m³,亩施纯氮 2kg;10～12d 后滴第七水,参考亩灌溉量 20～25m³,亩施纯氮 1kg;10d 后砂土地滴第八次水,参考亩灌溉量 20～25m³。

(七) 机械收获

为使玉米充分成熟,降低籽粒水分,提高品质,应在生理成熟后(籽粒水分降至30% 以下)进行收获。可根据具体情况采取粒收或穗收。籽粒直收在籽粒水分含量降至25% 以下时进行,收获质量达到以下标准:籽粒破碎率不超过 5%,产量损失率不超过 5%,杂质率不超过 3%。

(八) 回收管带与秸秆处理

1. 回收管带 收获前后清洗过滤网、主管和支管,收回田间的支管和毛管。

2. 秸秆处理 在回收管带作业之后,秸秆粉碎翻埋还田,达到培肥土壤、改善土壤结构的目的。翻耕前通过增施有机肥,提高土壤有机质含量。秸秆翻埋还田时,耕深不小于 28cm，耕后耙透、镇实、整平，消除因秸秆造成的土壤架空。秸秆量大的地块可将一部分秸秆打捆作饲草料。

三、适宜区域

适宜在西北灌溉春玉米区和东北灌溉和补充灌溉春玉米区推广应用。

四、注意事项

①注意增密群体的倒伏、大小苗和早熟等问题，通过耐密抗倒品种、化控、滴水出苗、水肥调控、耕层构建等关键技术的综合应用，实现密植群体防倒、防衰，提高整齐度。

②根据密植群体的生长发育和水肥需求规律，按需分次灌溉和施用肥料，实现群体生长的精准调控。

③每次施肥时结合灌溉，先计算出每个灌溉区的用肥量，将肥料在大的容器中溶解，再将溶液倒入施肥罐中，每次施肥前，先滴清水 2h，然后开始滴肥，以保证施肥的均匀性。收获后及时排空管道内积水，防止冻裂。

（王克如）

旱地玉米全生物降解地膜
覆盖抗旱节水增效技术

一、概述

随着地膜覆盖技术的推广，西北地区已成为我国地膜使用量和应用面积最大的地区，其中玉米是地膜覆盖最主要的作物。但长期地膜覆盖会导致农田土壤地膜残片累积量增加，地膜残留污染比较严重。针对西北地区玉米生长发育特征和气候条件，集成创新旱地玉米全生物降解地膜覆盖节水增效技术，降解地膜在玉米生育后期逐渐降解，收获后，可将秸秆与降解膜全部翻埋土壤中。该模式能够在保持旱地玉米产量基本不减产的情况下，实现残膜污染控制与节水培肥目标。

二、技术要点

(一) 播前准备

1. **选地和整地**　选择地势较平坦，土质肥沃的地块，春天解冻后，用旋耕耙耱一体机整地，覆膜前耙耱整平。同时施足有机肥和磷肥。青贮玉米施肥以基肥为主、追肥为辅，氮肥为主、磷肥为辅，磷肥和农家肥播前随整地全部作为基肥在覆膜前一次施入。

2. **生物降解膜选择**　依据全生物降解地膜 GB/T 20197 要求，选择地膜厚度 0.01mm、功能期 80d 左右，最大负荷（纵/横）均在 1.5N 以上，水蒸气透过量小于 800g/（m² · d），相对生物分解率要大于 90%，埋土 180d 后能够降解的白色全生物降解地膜。

3. **品种选择**　在玉米生育期积温 2 600～3 000℃地区，选择中熟品种；在玉米生育期积温＜2 500℃地区，选用中早熟品种。根据气候和栽培条件，选择经国家或省级审定，在当地已种植并表现优良、耐密性强且抗性强的包衣种子。

(二) 覆膜播种

1. **机械覆膜穴播**　依据覆膜机械要求，选择相应宽度的地膜，拖拉机牵引覆膜播种一体完成。有补充水源的不饱灌农田，选择平作覆膜，地膜宽 700mm、厚 0.01mm，膜上种两行玉米，两膜间距 400mm，株距 25cm。雨养旱作区采用全膜双垄沟覆膜，地膜宽 1 200mm、厚 0.01mm，宽垄 70cm、窄垄 40cm，玉米种在窄垄，平均行距 55cm，株距 25cm。

2. 适期播种 地表 5cm 地温稳定通过 10～12℃时播种，一般在 4 月中旬到下旬。

3. 合理密植 选用抗茎腐病、抗倒伏性强的密植品种，一般 6.0 万～8.2 万株/hm^2。旱作区可根据年降水量确定适水种植密度，用 1mm 降水种植 10 株玉米来确定密度大小。

（三）田间管理

一是科学施肥。种肥同播每亩施纯氮 12～16kg、五氧化二磷 8～12kg、氯化钾 6～8kg，宜施用缓控释肥料。有条件地区建议增施有机肥，在整地前一次性撒施。二是病虫害预防。播后苗前，每亩用 50%乙草胺·莠去津 150～180ml 兑水 50kg 地表均匀喷雾。玉米生育期根据大小斑病、丝黑穗病、青枯病、茎腐病等发生情况，及时用药防治。三是优化管理。玉米出苗后及时查苗补苗，在玉米 3～4 片真叶期间苗，每穴留 2 株壮苗。高密度种植的，要适当喷施玉米专用生长调节剂，控制植株高度，增粗茎节，提高玉米抗倒伏能力。

（四）适时收获

籽粒收获玉米在籽粒乳熟末期（乳线 1/2～2/3 位置）到蜡熟前期收获，一般在 9 月下旬到 10 月上旬，收获后，不捡拾地膜，机械耕翻 30cm，将根茬与膜一起翻入土壤。青贮玉米比籽粒用玉米一般早收 20～30d，可根据地上部含水量达到 65%～70%时收获，收获时留茬高度 20～25cm，然后随耕作将地膜与留茬翻入土壤。

三、应用效果

该模式下玉米产量与 PE 膜栽培差异不显著，较露地增产 25.4%。同时经过地膜埋设降解试验观察、土壤降解残留安全性监测、大田机械覆膜性能测试等工作，降解地膜可实现有效降解，每亩能够减少人工地膜捡拾成本 50～80 元。

四、适用范围

适用于西北干旱半干旱地区的新疆、甘肃、宁夏古、内蒙古、陕西、山西等地应用。

（吴　勇，樊廷录，陈广锋，许纪元）

西北旱作区玉米全膜双垄沟播抗旱栽培技术

一、概述

玉米全膜双垄沟播抗旱栽培技术是在田间地表用人工或机械起垄，大垄宽 70cm、高10cm，小垄宽 40cm、高 15cm，大小垄相间排列，然后用地膜全地面覆盖，在沟内播种玉米的种植技术。该技术把"覆盖抑蒸、膜面集雨、垄沟种植"3 项技术有机地融合为一体，从而实现了雨水富集叠加、就地入渗、蓄墒保墒的效果，保证了玉米正常生长发育对水分的要求，大幅度提高了旱地玉米的产量和水分利用效率。

二、技术要点

（一）选地

选择土层深厚、土壤疏松通气、有机质含量高、中上等肥力、坡度 15°以下的地块。前茬作物为小麦、马铃薯、油菜、大豆、糜子等。

（二）整地施肥

一般在耕作层解冻后进行施肥、深翻、耙磨。肥料结合整地施入，每公顷施有机肥45t、纯氮 225～270kg、五氧化二磷 112.5kg（氮肥 50％作基肥，50％在拔节—大喇叭口期追肥，磷肥一次性基施）。深翻是用拖拉机深耕 30～35cm，耙磨要做到土地平整、无土块、无根茬。

（三）选用良种

海拔 2 000m 以下用中晚熟品种，海拔 2 000m 以上用早熟品种。选择发芽势强、籽粒饱满均匀、无破损粒和病粒的种子。确保种子纯度 99％以上，净度 99％以上，发芽率95％以上。

（四）种子处理

播前进行晒种、种子包衣或药剂拌种，防治丝黑穗病、瘤黑粉病，以及地老虎等地下害虫。

（五）地膜覆盖

一般在耕作层解冻后进行起垄覆膜，起垄前精细整地，结合整地，每公顷施有机肥45t、纯氮225～270kg、五氧化二磷112.5kg（氮肥50％作基肥，50％在拔节—大喇叭口期追肥，磷肥一次性基施）。用人工或机械起垄覆膜，大垄宽70cm、高10cm，小垄宽40cm、高15cm，大小垄相间排列。用120cm宽的超薄强力微膜全地面覆盖，两幅膜在大垄中间相接并覆土压膜，拉紧压实，每隔2～3m横压土腰带，遇雨可在垄沟内按种植密度的株距先打孔，使雨水入渗。

（六）播种

年降雨量300～350mm的地区种植密度以4.95万～5.7万株/hm² 为宜，年降雨350～450mm的地区以5.7万～6.75万株/hm² 为宜，年降雨量450mm以上地区以6.75万～7.5万株/hm² 为宜。肥力较高的地块可适当加大种植密度。每穴下籽1～2粒，播深3～5cm，播后用湿土封孔口。

（七）加强田间管理

及时放苗、间苗、定苗，拔除分蘖，适时追肥，加强病虫害防治。

三、应用效果

该技术将地面蒸发降到最低，最大限度地保蓄自然降水，特别对早春小于10mm的微小甚至无效降雨能够有效拦截，集中入渗于作物根部，被作物有效利用，比半膜覆盖玉米栽培技术增产20％～30％，水分利用效率提高30％左右。

四、适用范围

适用于海拔2 400m以下，年降雨量300～550mm的半干旱和半湿润偏旱区。

（樊廷录，万　伦）

西北旱作区春玉米秋覆膜蓄水保墒抗旱栽培技术

一、概述

针对西北旱作区春玉米区"小杂粮（糜子、谷子、扁豆等）→春玉米"，"冬油菜＋复种（蔬菜、大豆等）→春玉米，春玉米→春玉米，马铃薯→春玉米，春小麦→春玉米"等轮作模式中秋作物收获（10月上旬）到次年播种玉米（4月中下旬）近200d农田土壤休闲裸露，冬春风大且多，土壤水分损失严重，旱灾年年发生等生产实际与现有技术存在的问题，甘肃省农业科学院旱作节水农业团队研究提出了春玉米秋覆膜蓄水保墒抗旱栽培技术，即在秋作物收获后，于当年秋末冬初按下一年春播地膜玉米的要求，施肥、深翻、耙磨、喷施化学除草剂，并及时覆盖地膜，到次年春播时直接在膜上穴播，到秋季收获为止。该技术能增强土壤蓄水保墒能力，改善土壤水分环境，保证旱地玉米适期播种抓全苗，增强玉米抗逆能力，提高玉米产量和水分利用效率。

二、技术要点

（一）精细整地，施足基肥

选择土层深厚、土质疏松、肥力中等、增产潜力大的平地，在秋季作物收获后及时施肥、深翻、耙磨。肥料结合整地施入。亩施农家肥5 000kg、纯氮7.5kg、纯磷7.5kg，一次性基施；深翻是用大马力拖拉机深耕30～35cm；耙磨要做到土地平整、无土块、无根茬。

（二）覆膜

采用宽幅为120cm、厚度大于0.01mm的地膜，于上年秋末冬初（10月下旬至11月上旬）用人工或机械进行条带地膜平铺，净膜面宽100cm，膜间留20cm的空隙，每隔200cm横压一条土腰带（防止冬春风大吹走地膜）。覆膜前喷施乙草胺以防止次年春季杂草顶膜。覆膜时地膜一定要拉紧、拉展、铺平、铺匀。

（三）播种

次年春播时（4月中下旬），用玉米手提式穴播器或手推式轮式播种器，选择抗旱丰产品种在地膜上直接穴播。每条地膜带播种2行，采用宽窄行播种方式，宽行80cm，窄行 40cm，膜内播种，株距依品种特性及当地最佳播种密度而定，每穴播 1～2 粒，播种深度 3～4cm。

（四）田间管理

1. 检查地膜 覆膜后经常检查地膜，如发现地膜有破损通风的地方，要及时用细土封严。

2. 及时放苗，避免高温烧苗 当幼苗叶片变绿顶膜时，及时破膜放苗。放苗应在无风的晴天上午 10 时前或下午 4 时后进行。苗放出膜后，应随时用细湿土把放苗口封严。

3. 适时间苗、定苗，及时除蘖 间苗、定苗宜结合苗情一次完成，一般在 3～5 叶期进行。田间幼苗生长整齐、均匀，苗势较强宜早间定，苗势较弱应适当晚定。缺苗时要灵活掌握采用靠近穴留双株或结合定苗移苗补栽等措施，以争取全苗。应随时检查分蘖，及时掰除。

4. 合理追肥 在大喇叭口期，用追肥枪深施纯氮 112.5kg/hm²。

5. 病虫草害统防统治 结合土壤墒情、杂草发生情况开展中耕 2～3 次，且膜间宜深，近株宜浅。玉米苗期应以防治蛴螬、地老虎、蝼蛄等害虫为主；在孕穗期重点做好玉米螟的防治。

6. 适时收获 人工收获在玉米乳线消失，黑层出现后进行。机械果穗收获，籽粒含水率 25%～35% 为宜；机械直接收粒，籽粒含水率 15%～25% 为宜。

7. 清除废膜 玉米收获后要彻底清除废旧地膜，保护农田生态环境。

三、应用效果

通过地膜覆盖土壤越冬，减少秋末、冬季、初春大风造成的土壤风蚀，土壤蓄水保墒效果显著，增强了对不均匀降水的时空调配利用，播前土壤蓄水量增幅 15～60mm，平均增加 27mm，为适期播种创造了有利条件。有效解决了长期因春季干旱少雨导致玉米等春播作物无法如期播种，或播种后难以保全苗的生产实际问题，为充分利用后期集中性降雨奠定了基础。在正常降雨条件下较常规覆膜栽培技术玉米产量和水分利用效率提高 14% 和 18% 以上，在大旱年份产量和水分利用效率提高 73.2% 和 51.7%，显著增强了玉米的抗逆能力，抗旱增产效果明显。

四、适用范围

该技术提高了西北旱作春玉米适应气候干暖化的能力，对确保旱地玉米稳定增产和高产具有十分重要的意义。适用于年降水量在 350～600mm 的我国西北旱作春玉米种植区，特别是黄土高原地区。

（樊廷录，葛承暄）

黄土高原塬坪旱地春玉米秸秆
冬春覆盖还田深施肥技术

一、概述

针对黄土高原沟谷川地、塬坪地、丘陵地等地貌类型旱作农田土壤水分和肥力特征，采取相应的秸秆还田及施肥措施，减轻不适当耕作导致的土壤失墒问题，提高土壤有机质含量，增强土壤持水保肥能力，提升耕地质量和作物生产潜力。

二、技术要点

针对黄土高原塬坪地春旱频繁和耕作失墒问题，采用"秋雨春用、春旱秋抗"的蓄水保墒耕作法，以"秋季秸秆粉碎冬春覆盖保墒、春播前撒肥深耕旋耕镇压播种一次性作业"等技术为核心，集成塬坪旱地玉米秸秆冬春覆盖还田深施肥技术。

（一）作业流程

秋季秸秆处理—秸秆冬春覆盖—播前肥料准备—撒肥深耕旋耕整地—沟播镇压。

（二）操作要点

1. **地块选择** 选择前茬种植玉米病虫草害较轻的塬坪地，土体厚度在 1.5m 以上，田间秸秆处理作业前耕层土壤相对含水量≥50%，其他产地环境技术条件符合 NY/T 849 规定。

2. **田间秸秆处理**
①留高茬，残茬高 15～25cm，秸秆粉碎，根茬间覆盖。
②采用玉米收获机收获时，田间秸秆全部粉碎，留茬高度≤11cm，秸秆粉碎长度≤10cm，合格率≥85%。采用人工收获玉米果穗后，田间秸秆可用锤片式秸秆粉碎机粉碎，留茬高度≤8cm，秸秆粉碎长度≤10cm，合格率≥85%。

3. **秸秆冬春覆盖** 采用玉米联合收获机或锤片式秸秆粉碎机粉碎秸秆时，注意在粉碎秸秆表面适度增加土壤覆盖量，秋季不进行深翻耕，冬季和早春覆盖在农田表面。

4. **播前肥料准备** 按照塬坪旱地地力等级与玉米目标产量水平，确定氮磷钾化肥的推荐施用量（表1）。建议每亩施用 1～2m³ 腐熟粪肥，适量减施 1/4 推荐化肥施用量。微量元素肥料应做到因缺补缺、合理施用。

田间玉米秸秆处理及冬春秸秆地表覆盖

冬春季肥料准备及撒布

播前耕翻秸秆还田深施肥整地

表1 塬坪旱地春玉米推荐施肥量

地力等级	目标亩产 (kg)	亩推荐施肥量（kg）				
		氮（N）		磷（P$_2$O$_5$）	钾（K$_2$O）	锌锰硼肥
		速效型	缓释型			
高等	≥800	11～13	6～8	7～9	4～6	1～2
中等	600～800	9～11	4～6	6～8	2～4	1～2
低等	400～600	7～9	2～4	5～7		2

5. 施肥深耕旋耕整地 按照表2推荐的施肥量配置肥料，充分掺混后，在春季播种3～5d前均匀撒施在耕地表面；立即采用重型翻转犁深耕，耕翻深度25～30cm，将地表秸秆和肥料翻入土壤中并合墒，秸秆被土壤覆盖率≥90%，作业质量指标符合NY/T 742规定；随后进行浅旋耕，深度8～10cm，碎土率≥60%；旋耕镇压后0～10cm土层土壤容重应达到1.0～1.2g/cm³。

三、应用效果

（一）投入成本及经济效益

塬坪旱地推荐采用45%含量玉米缓释肥（28-12-5），传统管理模式亩用化肥80kg，推荐模式亩用缓释肥60kg和2m³有机肥；传统管理模式和推荐模式，机械作业及农资投入每亩分别为534元、588元；传统管理模式农田玉米近5年平均亩产按700kg计算，推荐模式农田玉米亩产增产率15%，扣除机械作业和农资投入后每亩收入893.2元，较传统管理模式亩增收139.2元（表2）。

表2 不同秸秆还田模式与普通农户传统管理模式成本收益

	秋施肥 直接还田		冬春覆盖后 直接还田		5年轮耕还田						
	传统 管理 模式	沟川 坝地 模式	传统 管理 模式	塬坪 旱地 模式	传统 管理 模式	梁坡旱地模式					
						第一年	第二年	第三年	第四年	第五年	5年平均值
一、机械作业（元/亩）											
收获归仓	100	100	100	100	100	100	100	100	100	100	100
秸秆粉碎		25		40			25		25		10
秸秆移出	10		10		10						
灭茬	20		20		20						
深耕翻		40		40						40	8
深松								35			7
旋耕耙 耱镇压	50	50	50	40	50					50	10
整地						10	10	20	10		10
施肥播种	40	50	40	30	40	40	40	40	40	40	40
病虫草 害防治	10	10	10	10	10	20	20	20	20	10	18
合计	230	275	230	260	230	170	170	240	170	265	203
二、农资投入（元/亩）											
化肥	280	210	224	168	140	140	140	140	140	112	134.4
有机肥		100		100						100	20

（续）

	秋施肥直接还田		冬春覆盖后直接还田		5年轮耕还田						
	传统管理模式	沟川坝地模式	传统管理模式	塬坪旱地模式	传统管理模式	梁坡旱地模式					
						第一年	第二年	第三年	第四年	第五年	5年平均值
种子、农药、除草剂等	80	80	80	80	60	80	80	80	80	60	76
合计	360	390	304	328	200	220	220	220	220	272	230.4
三、玉米产量及产值											
玉米亩产（kg）	800	880	700	805	500	525	525	550	525	550	535
玉米产值（元/亩）	1 472	1 619.2	1 288	1 481.2	920	966	966	1 012	966	1 012	984.4
四、净利润（元/亩）											
机械作业及农资投入	590	665	534	588	430	390	390	460	390	537	433.4
经济收入	882	954.2	754	893.2	490	576	576	552	576	475	551

（二）生态效益和社会效益

玉米成苗率提高 8%～12%，籽粒产量增加 10%～15%；秸秆还田率≥85%，0～20cm 耕层土壤有机质 3 年累积提升 1.2～1.8g/kg，肥料利用率提高 4～6 个百分点；播前耕层土壤含水率提高 2.3～5.1 个百分点，0～60cm 土层贮水量增加 5～15mm。

四、适用范围

适用于黄土高原的半湿润偏旱区及半干旱区，年降水量在 400～650mm，黄土及黄土状母质的褐土、黄绵土、黑垆土、潮土、栗褐土等土壤，沟川坝地、塬坪旱地、梁坡旱地等主要地貌类型农田。

（周怀平，黄文敏）

山西沟川坝地春玉米秸秆全量还田秋施肥技术

一、概述

针对黄土高原沟谷川地、塬坪地、丘陵地等地貌类型旱作农田土壤水分和肥力特征，采取相应的秸秆还田及施肥措施，减轻不适当耕作导致的土壤失墒问题，提高土壤有机质含量，增强土壤持水保肥能力，提升耕地质量和作物生产潜力。

二、技术要点

（一）沟川坝地春玉米秸秆全量还田秋施肥技术

针对沟谷川台地水肥充裕而春季耕层土壤冷湿问题，结合施用玉米专用缓释肥，秋季秸秆全量还田深耕翻，春季浅旋耕等技术，集成沟川坝地玉米秸秆全量还田秋施肥技术。

1. 作业流程　秋季秸秆处理—配方肥料准备及撒施—冬前深耕整地—春播前肥料准备—浅旋耕施肥镇压—播种。

2. 操作要点

（1）地块选择　选择前茬种植玉米的沟川坝地，土体厚度在 1m 以上，为非砂质土壤，作业前耕层土壤相对含水量≥60％，其他产地环境技术条件符合 NY/T 849 规定。

（2）田间秸秆处理　采用玉米收获机收获时，田间秸秆全部粉碎，留茬高度≤11cm，秸秆粉碎长度≤10cm，合格率≥85％；采用人工收获玉米果穗后，田间秸秆可用锤片式秸秆粉碎机粉碎，留茬高度≤8cm，秸秆粉碎长度≤10cm，合格率≥85％。

玉米收获及秸秆粉碎处理

肥料准备及秋季抛撒

秋季秸秆还田深施肥及播前整地

（3）确定施肥量　按照沟坝旱地地力等级与玉米目标产量水平，确定氮磷钾化肥的推荐施用量（表1）。微量元素肥料应做到因缺补缺、合理施用。建议每亩施用 2m³ 腐熟有机肥，可以适量减施 1/4 推荐化肥施用量。

表1　沟川坝旱地春玉米推荐施肥量

地力等级	目标亩产（kg）	推荐亩施肥量（kg）					
		氮（N）		磷（P$_2$O$_5$）		钾（K$_2$O）	锌锰硼肥
		秋施肥	春施肥	秋施肥	春施肥	秋施肥	春施肥
高等	≥900	10～12	6～9	5～7	2	6	1～2
中等	750～900	9～11	5～7	4～6	2	4～6	1～2
低等	600～750	8～10	4～6	3～5	2	2～4	2

（4）秋季施肥深耕整地　按照表1推荐的秋季施肥量配置肥料，在冬前深耕整地均匀撒施地表。采用重型翻转犁深耕，耕深 25～35cm。将地表秸秆和肥料翻入土壤中合墒，秸秆被土壤覆盖率≥90%，作业质量指标符合 NY/T 742 规定。

（5）播前肥料准备　按照表1推荐的春季施肥量，按比例配置磷肥和缓控释氮肥。硫包衣尿素质量符合 GB/T 29401 规定。

（6）浅旋耕施肥镇压　播前 3～5d 清理地表残茬，将氮磷肥及锌锰硼微肥均匀撒施后浅旋耕，深度 8～10cm，碎土率≥60%，其他作业质量指标符合 NY/T 499 规定。

（二）塬坪旱地春玉米秸秆冬春覆盖还田深施肥技术

针对黄土塬坪地春旱频繁和耕作失墒问题，结合"秋雨春用、春旱秋抗"的蓄水保墒耕作法，以"秋季秸秆粉碎冬春覆盖保墒、春播前撒肥深耕旋耕镇压播种一次性作业"等技术为核心，集成塬坪旱地玉米秸秆冬春覆盖还田深施肥技术。

1. 作业流程 秋季秸秆处理—秸秆冬春覆盖—播前肥料准备—撒肥深耕旋耕整地—沟播镇压。

2. 操作要点

（1）地块选择 选择前茬种植玉米病虫草害较轻的塬坪地，土体厚度在 1.5m 以上，田间秸秆处理作业前耕层土壤相对含水量≥50%，其他产地环境技术条件符合 NY/T 849 规定。

（2）田间秸秆处理 ①留高茬，残茬高 15～25cm，秸秆粉碎，根茬间覆盖。②采用玉米收获机收获时，田间秸秆全部粉碎，留茬高度≤11cm，秸秆粉碎长度≤10cm，合格率≥85%；采用人工收获玉米果穗后，田间秸秆可用锤片式秸秆粉碎机粉碎，留茬高度≤8cm，秸秆粉碎长度≤10cm，合格率≥85%。

田间玉米秸秆处理及冬春秸秆地表覆盖

冬春季肥料准备及撒布

播前耕翻秸秆还田深施肥整地

（3）秸秆冬春覆盖 采用玉米联合收获机或锤片式秸秆粉碎机粉碎秸秆时，注意在粉碎秸秆表面适度增加土壤覆盖量，秋季不进行深翻耕，冬季和早春覆盖在农田表面。

（4）播前肥料准备 按照塬坪旱地地力等级与玉米目标产量水平，确定氮磷钾化肥的推荐施用量（表2）。建议在每亩施用1~2m³腐熟粪肥，适量减施1/4推荐化肥施用量。微量元素肥料应做到因缺补缺、合理施用。

表2 塬坪旱地春玉米推荐施肥量

地力等级	目标亩产 (kg)	推荐亩施肥量（kg）				
		氮（N）		磷（P_2O_5）	钾（K_2O）	锌锰硼肥
		速效型	缓释型			
高等	≥800	11~13	6~8	7~9	4~6	1~2
中等	600~800	9~11	4~6	6~8	2~4	1~2
低等	400~600	7~9	2~4	5~7		2

（5）施肥深耕旋耕整地 按照表2推荐的施肥量配置肥料，充分掺混后，在春季播种3~5d前均匀撒施在耕地表面；立即采用重型翻转犁深耕，耕翻深度25~30cm，将地表秸秆和肥料翻入土壤中并合墒，秸秆被土壤覆盖率≥90%，作业质量指标符合NY/T 742规定；随后进行浅旋耕，深度8~10cm，碎土率≥60%；旋耕镇压后0~10cm土层土壤容重应达到1.0~1.2g/cm³。

（三）梁坡旱地玉米轮耕及少免耕秸秆还田深施肥技术

针对黄土丘陵地水土流失严重，农田土壤水肥俱缺问题，降水就地拦蓄入渗，以增加地表秸秆覆盖、减少土壤扰动的少免耕技术为核心，集成梁坡旱地玉米轮耕及少免耕秸秆还田深施肥技术。

1. 作业流程 休闲期秸秆处理（秸秆留茬、冬春覆盖）—免耕侧深施肥播种—秋季土壤深松—免耕覆盖—春季土壤深翻耕。

2. 操作要点

（1）地块选择 选择前茬种植玉米病虫草害较轻的梁坡地，土体厚度在1.5m以上，地面坡度≤15°，其他产地环境技术条件符合NY/T 849规定。

（2）土壤轮耕 按照"上年秋季免耕秸秆覆盖—第一至第二年少免耕侧深施肥播种—第

二年秋季深松秸秆覆盖—第三至第四年少免耕侧深施肥播种—第五年春季深翻耕秸秆还田深施肥播种—第五年秋季免耕秸秆覆盖—下年继续少免耕侧深施肥播种"模式，每5年循环1次。

（3）休闲期秸秆处理　玉米收获时，田间秸秆留茬高度15～25cm，秋季不进行深翻耕，秸秆覆盖在玉米根茬行间的农田表面。

（4）少免耕侧深施肥播种　采用玉米免耕播种机一次性完成开沟、施肥、播种、镇压等作业，作业质量符合NY/T 1628规定。播前肥料准备按照地力等级与玉米目标产量水平，确定氮磷钾化肥的推荐施用量。

（5）秋季土壤深松秸秆覆盖　实施免耕覆盖2年后，秋季采用凿型铲或其他适宜的深松机，进行局部深松，间隔50～60cm，深度≥35cm，深松作业质量符合NY/T 1418规定。

（6）春季深耕翻秸秆还田深施肥　实施深松免耕覆盖后2～3年，按照表1推荐施肥量每亩增加2～4kg配置肥料（N），于春季播种前均匀撒施地表，立即采用重型翻转犁深耕，耕翻深度25～30cm，将地表秸秆和肥料翻入土壤中并合墒，秸秆被土壤覆盖率≥90%，作业质量指标符合NY/T 742规定，随后进行浅旋耕镇压。建议每亩施用1～2m³腐熟粪肥，适量减施1/4推荐化肥施用量。

土壤轮耕顺序

（周怀平，张国进）

山西梁坡旱地玉米轮耕及少免耕
秸秆还田深施肥技术

一、概述

针对黄土高原沟谷川地、塬坪地、丘陵地等地貌类型旱作农田土壤水分和肥力特征，采取相应的秸秆还田及施肥措施，减轻不适当耕作导致的土壤失墒问题，提高土壤有机质含量，增强土壤持水保肥能力，提升耕地质量和作物生产潜力。

二、技术要点

针对黄土丘陵地水土流失严重，农田土壤水肥俱缺问题，降水就地拦蓄入渗，以增加地表秸秆覆盖、减少土壤扰动的少免耕技术为核心，集成梁坡旱地玉米轮耕及少免耕秸秆还田深施肥技术。

（一）作业流程

休闲期秸秆处理（秸秆留茬、冬春覆盖）—免耕侧深施肥播种—秋季土壤深松—免耕覆盖—春季土壤深翻耕。

（二）操作要点

1. **地块选择** 选择前茬种植玉米病虫草害较轻的梁坡地，土体厚度在 1.5m 以上，地面坡度≤15°，其他产地环境技术条件符合 NY/T 849 规定。

2. **土壤轮耕** 按照"上年秋季免耕秸秆覆盖—第一至第二年少免耕侧深施肥播种—第二年秋季深松秸秆覆盖—第三至第四年少免耕侧深施肥播种—第五年春季深翻耕秸秆还田深施肥播种—第五年秋季免耕秸秆覆盖—下年继续少免耕侧深施肥播种"模式，每5年循环1次。

3. **休闲期秸秆处理** 玉米收获时，田间秸秆留茬高度 15～25cm，秋季不进行深翻耕，秸秆覆盖在玉米根茬行间的农田表面。

4. **少免耕侧深施肥播种** 采用玉米免耕播种机一次性完成开沟、施肥、播种、镇压等作业，作业质量符合 NY/T 1628 规定。播前肥料准备按照地力等级与玉米目标产量水平，确定氮磷钾化肥的推荐施用量。

5. **秋季土壤深松秸秆覆盖** 实施免耕覆盖 2 年后，秋季采用凿型铲或其他适宜的深松机，进行局部深松，间隔 50～60cm，深度≥35cm，深松作业质量符合 NY/T 1418 规定。

6. 春季深耕翻秸秆还田深施肥 实施深松免耕覆盖后 2～3 年，按照表 1 推荐施肥量每亩增加 2～4kgN 配置肥料，于春季播种前均匀撒施地表，立即采用重型翻转犁深耕，耕翻深度 25～30cm，将地表秸秆和肥料翻入土壤中并合墒，秸秆被土壤覆盖率≥90%，作业质量指标符合 NY/T 742 规定，随后进行浅旋耕镇压。建议每亩施用 1～2m³ 腐熟粪肥，适量减施 1/4 推荐化肥施用量。

表 1 梁坡旱地春玉米推荐施肥量

地力等级	目标亩产（kg）	推荐亩施肥量（kg）				
		氮（N）		磷（P_2O_5）	钾（K_2O）	锌锰硼肥
		速效型	缓释型			
高等	≥600	8～10	3～5	4～6	2～4	1～2
中等	450～600	6～8	2～3	5～7	0～2	1～2
低等	300～450	6～8	0～2	6～8		1～2

土壤轮耕顺序

三、应用效果

（一）投入成本及经济效益

梁坡旱地推荐采用45％含量玉米缓释肥（28-12-5），梁坡旱地传统管理模式亩用化肥50kg，推荐模式第1至第4年免耕侧深亩施用缓释肥50kg，第5年春季深翻耕亩施用缓释肥40kg和2m³有机肥；传统管理模式和推荐模式，机械作业及农资亩投入分别为430元、433.4元；传统管理模式农田玉米近5年平均亩产按500kg计算，推荐模式农田玉米亩产增产率5％～10％，较传统管理模式增收61元/亩（表2）。

（二）生态效益和社会效益

玉米增产幅度5％～10％，年际间玉米产量稳定性增加；秸秆还田率＞80％，耕层土壤有机质5年累积提升1.0～3.0g/kg，耕地犁底层消失；农田降水利用率提高5～8个百分点，0～60cm土层贮水量增加15～30mm。

表2 不同秸秆还田模式与普通农户传统管理模式成本收益

	秋施肥直接还田		冬春覆盖后直接还田		5年轮耕还田						
	传统管理模式	沟川坝地模式	传统管理模式	塬坪旱地模式	传统管理模式	梁坡旱地模式					
						第一年	第二年	第三年	第四年	第五年	5年平均值
一、亩机械作业（元）											
收获归仓	100	100	100	100	100	100	100	100	100	100	100
秸秆粉碎		25		40				25		25	10
秸秆移出	10		10		10						
灭茬	20		20		20						
深耕翻		40		40						40	8
深松								35			7
旋耕耙糖镇压	50	50	50	40	50					50	10
整地						10	10	20	10		10
施肥播种	40	50	40	30	40	40	40	40	40	40	40
病虫草害防治	10	10	10	10	10	20	20	20	20	10	18
合计	230	275	230	260	230	170	170	240	170	265	203
二、亩农资投入（元）											
化肥	280	210	224	168	140	140	140	140	140	112	134.4
有机肥		100		100						100	20

（续）

	秋施肥直接还田		冬春覆盖后直接还田		5年轮耕还田						
	传统管理模式	沟川坝地模式	传统管理模式	塬坪旱地模式	传统管理模式	梁坡旱地模式					
						第一年	第二年	第三年	第四年	第五年	5年平均值
种子、农药、除草剂等	80	80	80	80	60	80	80	80	80	60	76
合计	360	390	304	328	200	220	220	220	220	272	230.4
三、玉米产量及产值											
玉米亩产（kg）	800	880	700	805	500	525	525	550	525	550	535
玉米产值（元/亩）	1 472	1 619.2	1 288	1 481.2	920	966	966	1 012	966	1 012	984.4
四、亩净利润（元）											
机械作业及农资投入	590	665	534	588	430	390	390	460	390	537	433.4
经济收入	882	954.2	754	893.2	490	576	576	552	576	475	551

注：2016—2020 年 5 年玉米平均销售价格 1.84 元/kg；投入费用中包括了机械作业费用和生产资料费用，未包括农户田间管理用工费用。

四、适用范围

适用于黄土高原的半湿润偏旱区及半干旱区，年降水量在 400～650mm，黄土及黄土状母质的褐土、黄绵土、黑垆土、潮土、栗褐土等土壤，沟川坝地、塬坪旱地、梁坡旱地等主要地貌类型农田。

（周怀平，陈海鹏）

山西旱地春玉米免耕一膜两用技术

一、概述

北方春播玉米区是我国玉米的主产区和重要的商品粮基地，地膜覆盖是本区域最为重要的增产节水技术，但长期不合理的地膜覆盖方式导致地膜残留污染，造成增产效果的不可持续。免耕一膜两用技术是一种通过高强耐候地膜和配套耕作、播种、施肥技术措施规避地膜残留污染的农艺措施，在实际应用中可取得良好的省工省时、增产节水和低碳减排效果。

二、技术要点

（一）地膜选用

所选用的高强耐候地膜由 PE 母料和由受阻胺光稳定剂、抗氧剂、紫外线吸收剂等组成的耐老化母料加工而成，厚度需满足国家标准，至少应为 0.010mm，使用寿命应在 14～18 个月，地膜颜色可为白色或黑色，通常黑色地膜具有更好的耐老化性能，但增温效果略低于白色。

（二）整地

在技术实施的第一年，于 4 月下旬至 5 月上旬视气温和墒情进行播种，播种前对土地进行 2～3 遍旋耕和细耙，破除土块和地表残茬，维持地表平整，以使膜面不被土块和残茬划破。此后年份采取免耕，不进行耕作。

（三）地膜覆盖与播种

地膜覆盖与播种模式可选择 60cm 等行距播种覆膜，也可选择 80cm/40cm 宽窄行播种覆膜，宽窄行覆盖具有更高的覆盖比例，利于保水和玉米群体通光透风，覆盖方式可视当地生产方式选择平作和垄作，覆盖前起垄 10～15cm，有利于微小降雨汇集到膜侧播种位置。60cm 等行距播种选用地膜宽度为 70cm，覆盖宽度 60cm，80cm/40cm 宽窄行播种选用地膜宽度为 90cm，覆盖宽度为 80cm，膜体两侧留 5cm 用于覆土固定，第二年不进行覆膜，第三年直接在第一年所覆盖地膜上进行新膜覆盖，第四年不进行覆膜，以此类推，进行连续覆盖。

（四）播种、施肥

播种于靠近地膜旁边的裸地进行，等行距播种株距为 60cm，宽窄行播种株距为 80cm 和 40cm，株距视品种耐密性可为 20～30cm，施肥方式采用沟施，施肥位置位于膜间裸地中央位置，肥料施用量同一般大田。地膜覆盖、播种、施肥可视当地生产条件采用人工、简易器具和机械完成，在采用机械作业时，使用机械轮距建议为 1 000～1 400mm，并使得轮体位于膜间裸地。

（五）收获

采用轮距在 1 000～1 400mm 范围之内双行收割机进行玉米收获，收获时采用高留茬，防止收割作业和留茬尖端损坏新覆膜面，收获秸秆移出大田，可按当地方式进行饲料、能源或堆肥等利用。

（六）地膜回收

连续免耕覆膜多年后，可进行一次地膜回收作业，作业方式可采用人工或机器作业，将所有覆盖于地表的多张地膜一次性移除回收，防止残膜污染。

三、应用效果

（一）地膜污染防治

通过免耕，避免残膜随耕作混入土壤破坏土壤结构，阻碍根系生长。多年连续覆盖通过一次性回收多张地膜，降低了回收作业成本及回收后地膜的残留量。

（二）增产节水效果

连续 6 年定位监测，采用可持续地膜覆盖方式可取得与常规覆膜相似的增产效果，与不覆盖相比，产量年均提升 25%，水分利用效率提高 27%，每亩净收益增加 73 元。

（三）低碳减排效果

因地膜投入量、耕作油耗及膜间施肥，使 N_2O 排放降低，免耕一膜两用相较常规覆膜，单位面积春玉米生产减碳 21%，单位产量春玉米生产减碳降低 23%。

四、适用范围

适用于北方因干旱、寒冷或秸秆综合利用，无需进行秸秆旋耕还田的春玉米种植区，尤其适合采用小型农机作业的高原、山区、丘陵地带。

五、技术模式

常规覆膜不回收模式
（旋耕/普通PE地膜/不回收）

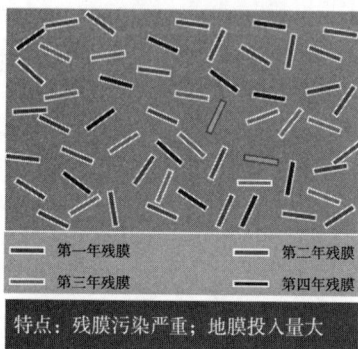

免耕一膜两用
（免耕/高强耐候PE地膜/回收）

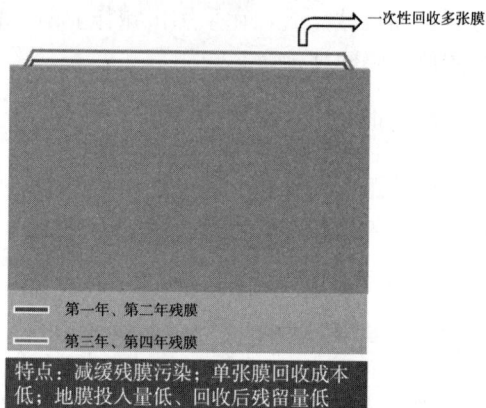

→一次性回收多张膜

第一年残膜　　第二年残膜
第三年残膜　　第四年残膜

特点：残膜污染严重；地膜投入量大

第一年、第二年残膜
第三年、第四年残膜

特点：减缓残膜污染；单张膜回收成本低；地膜投入量低、回收后残留量低

免耕一膜两用残膜污染防治原理

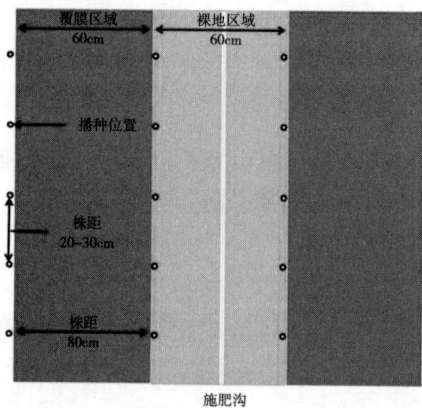

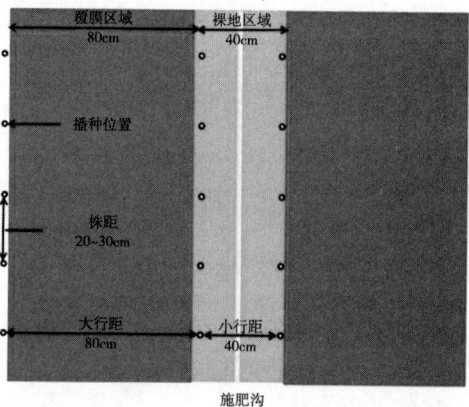

覆膜区域 60cm　裸地区域 60cm

播种位置

株距 20~30cm

株距 80cm

施肥沟

覆膜区域 80cm　裸地区域 40cm

播种位置

株距 20~30cm

大行距 80cm　小行距 40cm

施肥沟

免耕一膜两用田间布置示意

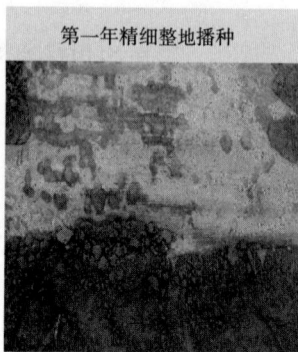

第一年精细整地播种

第一年不进行地膜回收

第二年免耕、不揭膜

第二年膜侧播种、施肥　　收获后移出秸秆　　多年覆膜后一次回收

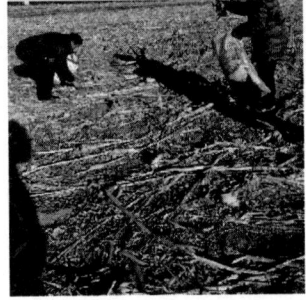

免耕一膜两用作业流程

（陈保青，陈海鹏）

南方丘陵地区玉米集雨补灌技术

一、概述

南方丘陵地区地块零碎且干旱少雨，丘陵地带种植的玉米多以自然降雨为主要灌溉方式，收成完全取决于降雨量。集雨补灌技术能够在干旱半干旱丘陵缺水地区，将旱地周围的降雨进行收集、汇流、储存并实行节水灌溉。

二、技术要点

（一）修建蓄水池

蓄水池的修建容积根据集雨面或山泉水的出水量以及所需灌溉量而定，一般每个池容积最好不低于 $60m^3$，蓄水池深度一般控制在 $2\sim5m$，所用材料最好就地取材，使用白块和水泥砂浆，可以减少成本。有条件的可用混凝土砖砌。在修建蓄水池时，注意安放水管和做门，管口高出水池底板 $0.2m$，并在底部设置清淤管和门。在蓄水池上部距顶缘 $0.1\sim0.2m$ 处再安放溢洪管或设置溢洪口，让多余的水从管口溢出，以达到保护作用。

（二）完善附属设施

1. **划定集雨场**　山坡、道路都可以作为集雨场，确定作为集雨场之后，就不要轻易改变其原状，让其保持自然状态。如果没有自然的集雨场，也可以人工修建集雨场。修建人工集雨面时，可采用混凝土硬化地面，尽可能多地把雨水产生的地表径流引进蓄水池中。

2. **挖好引水沟**　在集雨场下方修建引水沟或者在山泉水流经的最近处直接挖引水沟通向蓄水池，引水沟最好要衬砌，防止渗漏。

3. **修建沉沙池**　在引水沟通入蓄水池前修建沉沙池，其作用是沉降引入蓄水池水流中的泥沙，一般设置在离蓄水池进水口 $2\sim3m$ 的地方。沉沙池的容积 $1\sim2m^3$ 为宜。沉沙池一般要衬砌，沉沙池出口设置简易拦污栅（如铁线网等），以尽可能减少污物进入水池。

4. **安装滴灌管网**　修建好蓄水池后，为提高水的利用效率，应按照节水灌溉的原则尽量安装田间滴灌管网，让每池水灌溉更多的田地和作物。

（三）注意事项

要掌握滴灌时期及滴灌量。蓄水池的水主要是靠天上降雨来补充，在用水上更要讲究节约，要在作物生长最关键时期使用。一次滴灌量控制在 $2\sim3m^3/$ 亩，有山泉山补充蓄水的地方，根据旱情增加滴灌次数。

要与地膜覆盖、秸秆覆盖相结合，实行膜下滴灌，尽量减少水分蒸发损失。

有条件的地方应做到水肥一体化。实行水肥一体化，用肥量要比正常施肥水平减少三成到五成，采用"少量多次"进行滴灌，选用全溶性肥料，以防滴头被堵塞。

三、应用效果

微喷灌技术相比农民常规栽培技术具有投资少、灌溉速度快、操作简便等优点，比常规灌溉平均增产10%以上，节水30%以上。

四、适用范围

适用于南方丘陵或干旱半干旱缺水地区玉米等旱地作物。

五、技术模式

集雨补灌技术

集雨补灌池

（张世昌，姜玉英）

岭南温暖区旱作玉米秸秆还田 浅埋滴灌丰产增效技术

一、概述

针对岭南温暖区玉米规模化生产中干旱频发且肥水资源效率低、病虫害多发、群体密度偏低、秸秆还田及籽粒直收配套技术不健全等问题，以规模化种植关键技术优化为基础，结合该区域干旱、瘠薄的特点和新型玉米生产主体技术需求，以秸秆还田培肥、保墒抗旱抓苗和养分简化管理为核心，围绕秸秆还田培肥、浅埋滴灌节水、机械精播、全程机械化作业等重点技术混合简化应用，实现玉米按需灌水、施肥，适时适量地满足作物对水分和养分的需求，提高水肥利用效率，达到节本增效、提质增效、增产增效目的，为提高该区域玉米产量、资源效率和生产效率提供有效支撑。

二、技术要点

（一）秸秆还田

1. 秸秆粉碎 秋季玉米收获后，用秸秆粉碎还田机将田间的秸秆粉碎成长度 3～5cm，均匀铺撒于地表。

2. 深翻还田 推荐使用 147kW（200 马力）以上拖拉机牵引液压翻转犁进行秸秆深翻还田，深翻 30cm 以上，做到不出堑沟，秸秆全部压在土层下。

（二）播种

1. 品种选择 选择通过国家、省（自治区、直辖市）审定或引种备案的适宜当地种植的优良品种，发芽率达到 95% 以上，种子质量符合 GB 4404.1 的规定。

2. 机械精播

（1）播期 4月下旬至5月上旬，5～10cm 土层温度稳定在 8～10℃时，即可播种。

（2）种植模式 采用大小垄种植，大垄 70～80cm，小垄 40～50cm。

（3）种植密度 耐密紧凑型品种，亩种植密度为 5 000～5 500 株；半紧凑大穗型品种，亩种植密度为 4 000～4 500 株。

（4）播种方法 选用玉米无膜浅埋滴灌精量播种机播种，播种时将滴灌带埋入小垄中间 3～5cm 沟内，一次完成施肥、播种、覆土、镇压等作业。质地黏重的土壤播深 3～4cm，砂质土 5～6cm。

(5) 种肥配置 亩施磷酸二铵 12～15kg、硫酸钾 6～8kg、尿素 4.5～5.5kg，种肥侧深 10～15cm，不得种、肥混合。

(三) 水肥管理

1. 灌溉制度 岭南温暖旱作区玉米秸秆还田浅埋滴灌玉米不同水文年份的灌溉制度见表1。

表1 岭南温暖玉米秸秆还田浅埋滴灌玉米不同水文年份的灌溉制度

名称	降水量 (mm)	水文年	灌水次数 (次)	亩灌水定额 (m³)	亩灌溉定额 (m³)	灌水时间
玉米	350～450	湿润年	4	30	120	苗期、拔节期、抽雄期、吐丝期
		中等年	5	30	150	苗期、拔节期、抽雄期、吐丝期、成熟期
		干旱年	6	30	180	苗期、拔节期、大喇叭口期、抽雄期、吐丝期、成熟期

视墒情及时补灌出苗水，保证种子发芽出苗，如遇极端低温，应躲过低温灌水；生育期内，灌水次数视降雨量情况而定。滴灌启动 30min 内检查滴灌系统，一切正常后继续滴灌，当毛管两侧 30cm 土壤润湿即可，灌溉水质符合 GB 5084 农田灌溉水质标准。

2. 追肥 追肥以氮肥为主，拔节期、大喇叭口期结合灌水每亩分别追施尿素 5～8kg、10～12kg。

(四) 病虫草综合防治

1. 除草 出苗前用玉米苗前专用除草剂除草。除草剂使用方法参照产品使用说明书。除草剂使用符合 GB/T 8321 要求；除草剂使用人员安全符合 NY/T 1276 要求。

2. 虫害防治

(1) 生物防治 玉米螟化蛹率达 20% 时的后 10d，第一次放赤眼蜂，间隔 5～7d 放第二次。第一次亩释放 0.7 万头，第二次亩释放 0.8 万头。

(2) 化学防治 二代黏虫、玉米螟、蚜虫、双斑萤叶甲等发生危害并达到防治指标时，应选用广谱、高效、低毒的杀虫剂。农药使用应符合 GB/T 8321.4 和 GB/T 8321.6 要求；农药使用人员安全符合 NY/T 1276 要求。

3. 病害防治

(1) 丝黑穗病 选用含戊唑醇或三唑酮种衣剂的包衣种子。田间发现丝黑穗病株时，及时拔除，带出田外深埋，防止下年传染。

(2) 大、小斑病 建议选用抗大、小斑病品种。

(五) 收获

在玉米生理成熟后，籽粒含水量在 30% 以下时可机械收穗；籽粒含水量在 25% 以下时可机械籽粒直收。

三、应用效果

应用岭南温暖旱作区平川地玉米培肥增密抗旱技术体系提高了氮肥生产率、肥料生产率、灌水生产率和水分生产率，50~100 亩规模上 3 年的平均氮肥生产率、肥料生产率、灌水生产率和水分生产率分别提高了 19.68%、18.11%、24.63%、17.50%；100~500 亩规模上 3 年的平均氮肥生产效率、肥料生产效率、灌水生产效率和水分生产效率分别提高了 18.96%、16.60%、17.17%、14.51%；500 亩以上规模上 3 年的平均氮肥生产效率、肥料生产效率、灌水生产效率和水分生产效率分别提高了 15.61%、13.12%、9.08%、11.26%。500 亩规模上氮肥生产效率、肥料生产效率、水分生产效率提高的幅度最小。

四、适用范围

适用于岭南温暖丘陵区可灌溉川地、慢岗坡耕地（坡度 8°以下，土层 50cm 以上）。

五、技术模式

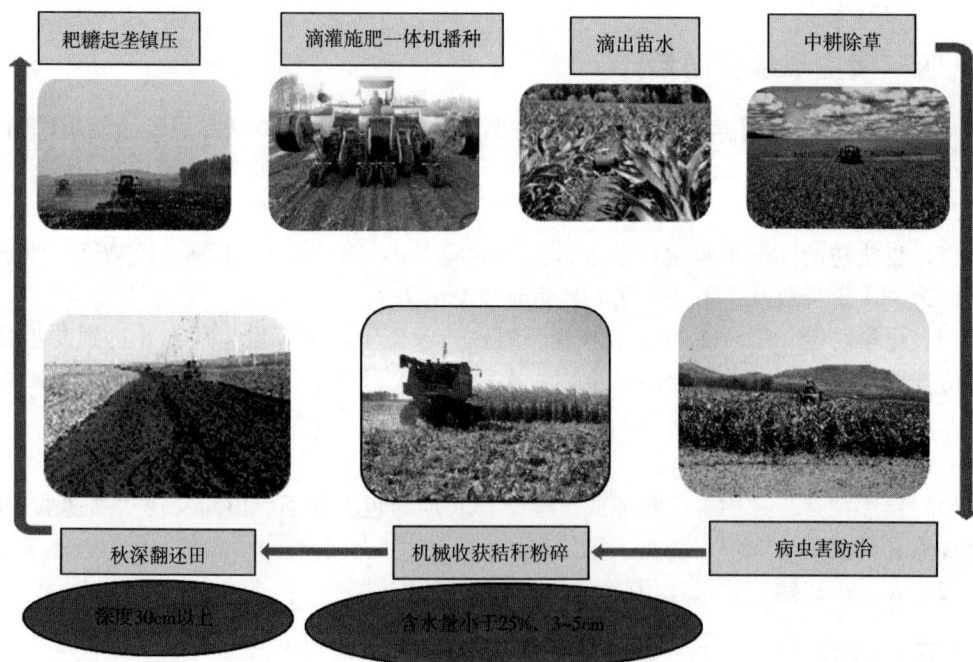

（赵　举，陈　阳）

南方旱地玉米、甘蔗深耕深松技术

一、概述

深耕深松是营造土壤水库的一项优良的传统农业技术。为与通常讲的人工修造水库相区别而命名为土壤水库。通常讲的水库是经过修筑堤坝将河流和天上雨水集蓄起来，是看得见水面的水库，而土壤水库则全靠土壤孔隙来集蓄雨水，是看不见水面的水库，易被人们所忽略。其实，旱作农业就是靠这些看不见水面的土壤水库来灌溉。经过深耕深松的土壤，孔隙多、蓄水多，作物扎根深，抗旱能力增强，且抗倒伏，能高产。在桂中旱作区玉米、甘蔗生产中，针对土壤耕层浅薄，水土流失严重，土壤保水能力差的现状，主要采用聚土深耕技术。一般要求在原基础上每年深耕 3~5cm，实行垄作栽培，并结合增施有机肥（一般每亩增施有机肥 1 000~2 000kg），该技术能有效改善玉米、甘蔗根系生长环境，减少田间水分蒸发和水土流失，集雨保墒，提高田间含水量，达到节水、增产、增收效果。

二、技术要点

（一）全田深耕深松

采用机械进行深耕深松，使耕层疏松深度达到 30~40cm。

（二）隔行深翻深松

对尚未收获的作物，可隔行进行深犁，在原有基础上每次深犁 3~5cm，最好结合增施有机肥或放入秸秆后覆土，当造深犁后下造换行深犁，如此间隔进行，年复一年，使耕层深松厚度达 30~40cm 为宜。

三、应用效果

在广西，正常情况下 1 亩旱地的耕层土壤，每次可集蓄雨水 50m³ 左右。当雨水比较多时，按 1 年 10 场雨来计算，1 亩地经深耕深松后 1 年可集蓄的雨水达 500m³。玉米平均亩增产 34.4kg，增产率 12.2%，亩增收 17.8 元。甘蔗生产区采用该模式，干旱季节土壤含水量比习惯区增加 3~5.3 个百分点，亩增蓄水量 4.5~9m³，亩均增产 834kg，增产率 20%以上。

四、适用范围

适用于南方玉米、甘蔗等旱地作物。

五、技术模式

甘蔗深耕深松技术

（赵英杰，刘少君，仇学峰）

第二部分 | DIERBUFEN

小 麦

小麦玉米一年两熟浅埋滴灌水肥一体化节水增产技术

一、概述

我国人多地少水缺，华北地区更是资源型缺水、地下水超采严重地区，已形成世界上最大的地下水漏斗区。为贯彻落实国家关于保障粮食安全、发展高效节水灌溉的决策部署，全国农业技术服务中心联合河北省农业技术推广总站，积极探索节水增粮增效新路径，集成优化小麦玉米一年两熟浅埋滴灌水肥一体化节水增产技术模式。通过广泛试点示范和推广应用证明，该项技术先进实用、可操作性强，实现了"三节（节水节肥节药）"、"三省（省工省时省力）"、"三增（增产增收增效）"效果，为推进粮食增产和农业绿色高质量发展作出重要技术支撑。

二、技术要点

小麦玉米浅埋滴灌主要是将滴灌带覆土浅埋固定在地表下 3～5cm 处，以滴灌形式进行灌溉、施肥的技术。

(一) 浅埋滴灌系统设计

1. 水源　水源一般为从机井提取的地下水，水质符合《农田灌溉水质标准》（GB 5084）相关要求，如果水源含沙量大应配建沉淀池。

2. 首部枢纽

(1) 过滤器　根据水质情况、流量等选择过滤器，应能过滤掉大于滴头流道尺寸1/10粒径的杂质，可选用离心过滤器＋网式过滤器（或叠片过滤器）组合方式。离心过滤器的进出水口直径常用 3 寸[①]或 4 寸。网式过滤器选用 120～200 目，可 2 个并联使用。

(2) 施肥装置　根据水溶性肥料和控制面积要求选择施肥装置。建议选用控量精准的注入式施肥泵，有条件的规模化种植可选用自动施肥机。肥料溶液过滤后注入滴灌系统管路。

(3) 量测设备　水表要求阻力损失小、灵敏度高、量程适宜。压力表精度不低 1.6 级，量程宜为测压点位置设计压力的 1.3～1.5 倍。

---

① 寸为非法定计量单位，1寸≈3.3cm。——编者注

（4）**安全和控制设备**　水泵出水口处设置逆止阀。进排气阀设在首部最高处、管道起伏的高处、逆止阀的上游等位置，通气面积折算直径不小于管道直径的 1/4。

3. 输配水管网　根据流量、流速等选用相应直径和承压指标的干管、支管。滴灌带宜选用内镶贴片式，符合《塑料节水灌溉器材》（GB/T 19812）要求，公称内径 16mm，壁厚 0.2~0.3mm，工作压力 90~100kPa，滴头间距 30cm，出水量 1~3L/h。

4. 轮灌组划分　根据机井控制面积、出水量、地块形状、系统压力等因素科学划分轮灌组。每根支管前端设置控制阀，以支管为单位分轮灌组浇灌。每个轮灌组的各条支管、滴灌带的首尾流量偏差率应均小于 10%。各轮灌组面积基本相同，计算公式

$$S_轮 = 1\,000WS_1S_e / (666.7Q_j)$$

式中：$S_轮$——轮灌面积（亩）；

$\quad\quad W$——水泵出水量（m^3/h）；

$\quad\quad S_e$——灌水器间距（m）；

$\quad\quad S_1$——毛管间距（m）；

$\quad\quad Q_j$——滴灌带灌水器平均流量（L/h）。

（二）浅埋滴灌系统安装和维护

1. 首部安装　首部设备集中安装在滴灌系统前端，注意正确的水流方向。离心过滤器平稳放置在硬化的地面上。施肥装置安装在离心过滤器与网式过滤器（或叠片过滤器）的中间，上游管路作为旁路连接在离心过滤器的出水口管路上，并设置防回流装置；下游管路连接在网式过滤器（或叠片过滤器）的进水口管路上。水表一般安装在过滤器之后的干管上。压力表安装在首部进水口和过滤器进、出水口及施肥装置进、出水口等位置，选用缓冲管连接。

2. 管网铺设　滴灌带顺种植行向铺设，不可拉拽过紧，适当留有余量，间距 60cm，出水口向上。滴灌带在黏土或壤土地中埋深 2~3cm，沙壤土地中埋深 4~5cm。支管垂直滴灌带方向铺设。根据地块形状、机井位置等情况，可将滴灌带置于支管两侧或同侧，也可选用闭路双向对冲方式铺设。

3. 冲洗、试压和试运行　安装完成后对干管、支管、滴灌带逐级冲洗。管道试验水压 150kPa，保持 10min。试运行按轮灌组为单元依次进行，检查滴灌系统运行是否安全正常。

4. 系统维护　经常检查和清洗施肥设备，定期对离心过滤器的集沙罐进行排沙。注意检查系统流量和压力，及时清洗网式或叠片式过滤器，注意检修滴灌带、阀门、滤网、密封圈等。如滴灌带堵塞可打开末端堵头放水冲洗。入冬前排净系统各部位残留积水。选用生态防控措施防治地下害虫对滴灌带的损坏。

（三）配套栽培技术

1. 精细整地　一般每 3 年深松 1 次，深松后进行耕翻。通常机械旋耕 2 遍，深度 15cm；耙耱平整地面，使土壤细碎平整，耕层上松下实，达到滴灌带埋设的土壤条件。

2. 小麦播种　使用具有浅埋铺设滴灌带功能的小麦播种机，同步进行小麦播种和铺

设滴灌带。小麦宜采用"四密一稀"形式条播,窄行距 11～13cm,宽行距 21～27cm。滴灌带铺设于 4 条窄行的中间位置。如有条件可用北斗导航辅助驾驶系统,提高播种和铺滴灌带作业质量。小麦播后适时镇压。

3. 玉米播种 夏玉米宜采用 60 cm 等行距,在宽行的中间位置免耕贴茬直播,播种机播幅宽度与上茬小麦播种机保持一致。以小麦宽行麦茬为参照物,适当降低播种机行进速度,注意避开滴灌带。如有条件可使用存有上茬小麦播种轨迹的北斗导航辅助驾驶系统。

(四)水肥精准管理

根据作物长势、土壤墒情和近期天气预报酌情合理安排灌溉。

1. 小麦灌溉 可参照当地冬小麦测墒灌溉技术规程等相关要求进行灌溉,每次亩灌水量一般为 25～35m³。

2. 玉米灌溉 夏玉米播种后,如果 0～20cm 土壤相对含水量小于 70%,亩滴灌出苗水 15m³ 左右;当拔节期 0～40cm 土壤相对含水量小于 65%,亩灌水 15～20m³;大喇叭口至灌浆期 0～60cm 土壤相对含水量小于 70% 时,亩灌水 20～25m³。

3. 滴灌时长 每个轮灌组每次的滴灌时长计算公式

$$t = M \times S_轮 / W$$

式中:t——滴灌时长(h);

M——亩计划灌溉水量(m³);

$S_轮$——轮灌面积(亩);

W——水泵出水量(m³/h)。

4. 追肥 追肥操作可参照《灌溉施肥技术规范》(NY/T 2623)相关要求执行,结合滴灌以水肥一体化方式进行。追肥前先滴清水 30min 后开始施肥,追肥结束后再滴灌清水 30min 以上。

(1)小麦追肥 小麦追肥的用量可参照当地冬小麦测土配方施肥等技术规程中相关要求执行,根据苗情,在起身拔节期、孕穗开花期滴灌随水追肥。

(2)玉米追肥 玉米追肥的用量可参照当地农业农村部门制定的测土配方施肥意见,在大喇叭口、抽雄吐丝期滴灌随水追肥。

(五)滴灌带回收

滴灌带的使用期限为 1 年。玉米收获后,使用收卷机回收滴灌带。收带机行走速度和卷轮旋转速度不宜过快,作业时注意观察,如发现滴灌带扯断,及时缠绕到回收机上。

三、应用成效

一是提高单产成效明显。浅埋滴灌技术取消了农渠、田间灌水沟及畦埂,可节省土地 5% 以上,同时利用水肥一体化技术进行水肥精准调控管理,较对照小麦平均亩增产 50kg 以上,玉米平均亩增产 100kg 以上,周年提升单产 10%～50%。二是增加收入效果显著。

示范区小麦平均亩产 617kg，较常规种植亩增产 83kg。按小麦每千克 3.0 元计，亩均增效达 249 元；示范区玉米平均亩产 771kg，常规种植区玉米平均亩产 622.8kg，按照玉米每千克 2.6 元计，亩均增效达 385 元。三是节水节肥效果显著。水、肥直达作物根部周围，减少棵间土壤表面水分蒸发损耗和灌溉过程中田间径流造成的肥料损失，避免了撒施追肥后氮肥挥发的损失，提高水肥利用效率。与常规畦灌相比节水 30％以上，小麦玉米全生育期每亩大约节水 60m³以上，节肥 30％左右。四是省工省时效率提升。灌水期间不需要人工开沟铲土或搬运设备，灌溉劳动强度显著降低，一个人能轻松浇百亩地，节省用工成本。同时灌水量减少，亩均灌溉时间缩短。尤其在玉米植株较高时灌溉，省工效果更加明显。五是绿色环保效果显现。滴灌仅湿润作物根部附近的部分土壤，湿润区土壤水、热、气、养分状况良好，土壤不板结，且土壤表面干燥，减少杂草生长和病虫害发生，避免过量施入化肥农药等破坏土壤团粒结构和造成土壤盐渍化。

四、适用范围

适用于有灌溉条件的小麦玉米一年两熟制生产区。

五、技术模式

浅埋滴灌小麦苗期长势

浅埋滴灌玉米苗期长势

（吴　勇，陈广锋，张泽伟，徐灵丽）

华北冬小麦微喷水肥一体化技术

一、概述

小麦微喷水肥一体化技术是将肥料溶解在水中，借助微喷带，灌溉与施肥同时进行，将水分、养分均匀持续地运送到根部附近的土壤，实现小麦按需灌水、施肥，适时适量地满足作物对水分和养分的需求，提高水肥利用效率，达到节本增效、提质增效、增产增效的目的。

二、技术要点

（一）水源准备

水源可以为水井、河流、塘坝、渠道、蓄水窖池等，灌溉水水质应符合有关标准要求。

首部枢纽包括提水、加压、过滤、施肥和控制测量等设备。根据水源供水能力、耕地面积、灌溉需求等确定首部设备型号和配件组成；过滤设备采用离心加叠片或者离心加网式两级过滤；施肥设备宜采用注肥泵等控量精准的施肥器。水泵型号的选择应满足设计流量、扬程要求，如供水压力不足，需安装加压泵。

（二）喷灌带

根据土壤质地、种植情况采用 N35、N40、N50 和 N65 等型号的斜 5 孔微喷带，具体参数见表 1。产品质量应符合《农业灌溉设备　微喷带》（NY/T1361）标准要求。微喷带通过聚氯乙烯（PVC）四通阀门或聚乙烯（PE）鸭嘴开关与支管连接。微喷带工作的正常压力为 0.03～0.06MPa。

表 1　不同型号微喷带参数

型号	最大喷幅（cm）	工作压力（MPa）	最大铺设长度（m）
N35	100	0.03～0.04	50
N40	150	0.03～0.04	50
N50	200～250	0.04～0.06	70
N65	240～300	0.04～0.06	70

（三）田间布设

主管道埋入地下，埋深 70～120cm，每隔 50～90m 设置 1 个出水口。

田间铺设的地面支管道采用 PE 软管或涂塑软管，支管承压 ≥0.3MPa，间隔 80～120m。

以地边为起点向内 0.6m，铺设第一条微喷带，微喷带铺设长度不超过 70m，与作物种植行平行，间隔按照所选微喷带最大喷幅布置。具体根据土壤质地确定，砂土选择 1.2m，壤土和黏土选择 1.8m；微喷带的铺设宜采用播种铺带一体机。

微喷带铺设时应喷口向上，平整顺直，不打弯，铺设完微喷带后，将微喷带尾部封堵。灌溉水利用系数达到 0.9 以上，灌溉均匀系数达到 0.8 以上。

（四）水肥一体化技术模式

1. 灌溉施肥制度 足墒播种后，春季肥水管理关键时期分别为返青期、拔节期、孕穗期、扬花期、灌浆期。冬小麦全生育期微喷灌溉 4～5 次。

冬小麦施肥：追肥可用水溶性肥料，大量元素水溶肥料应符合农业行业标准 NY1107 标准的要求。施肥量参照《测土配方施肥技术规程》（NY/T2911）规定的方法确定，并用水肥一体化条件下的肥料利用率代替土壤施肥条件下的肥料利用率进行计算。氮肥总用量的 30% 用作基肥，70% 用作追肥，以酰胺态或铵态氮为主。磷肥全量底施或 50% 采用水溶性磷肥进行追施。钾肥 50% 底施，50% 追施。后期宜喷施硫、锌、硼、锰等中微量元素肥料。小麦灌溉施肥总量和不同时期用量按表 2 执行。

灌溉施肥时，每次先用约 1/4 灌水量清水灌溉，然后打开施肥器的控制开关，使肥料进入灌溉系统，通过调节施肥装置的水肥混合比例或调节施肥器阀门大小，使肥液以一定比例与灌溉水混合后施入田间。每次加肥时须控制好肥液浓度。施肥开始后，用干净的杯子从离首部最近的喷水口接一定量的肥液，用便携式电导率仪测定 EC 值，确保肥液 EC<5mS/cm。每次施肥结束后要继续用约 1/5 灌水量清水灌溉，冲洗管道，防止肥液沉淀堵塞灌水器，减少氮肥挥发损失。

表 2 冬小麦不同生育期微喷灌溉施肥推荐量

生育期	亩灌水量（m^3）	亩施肥量（kg）		
		N	P_2O_5	K_2O
造墒/基肥	0～30	4.8～6	5～8	4～6
越冬	0～20	—	—	—
拔节	15～20	2.4～3.6	—	—
孕穗	18～25	1.8～2.7		2～4
扬花	18～20	1.0～1.6	5～8	2～4
灌浆	15	0.8～1.1		
总计	66～130	10.8～15	10～16	8～12

在缺锌地区通过底施或水肥一体化亩追施一水硫酸锌 2kg

2. 灌溉制度的调整 由于年际间降水量变异，每年具体的灌溉制度应根据农田土壤墒情、降水和小麦生长状况进行适当调整。

土壤墒情监测按照《土壤墒情监测技术规范》（NY/T 1782）规定执行。苗情监测方法：在冬前、返青、起身、拔节、穗期等小麦的主要生长时期，每个监测样点连续调查10株，调查各生育期的小麦苗情。

三、应用效果

比传统灌溉可节水 30％以上，提高化肥利用率 30％以上，增产 30％，增收 20％，节省用工 35％以上。

四、适用范围

适用于华北、西北地区冬小麦微喷水肥一体化生产。

五、技术模式

水源首部

配肥

控制平台

输水管道

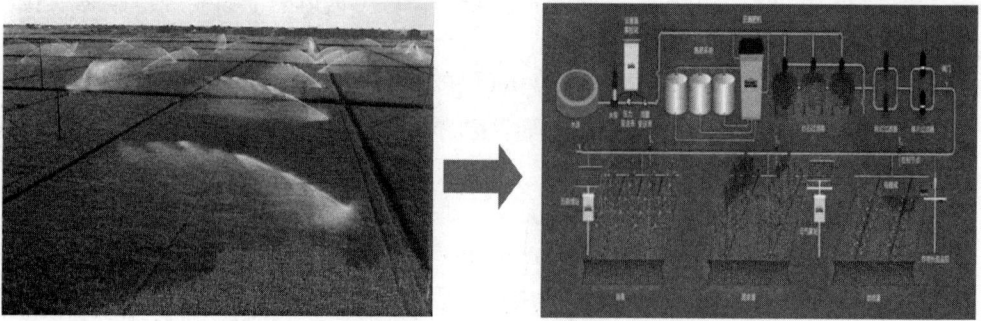

微喷水肥一体化示意

（张　赓，吴　勇，钟永红）

华北冬小麦滴灌水肥一体化技术

一、概述

小麦滴灌水肥一体化技术是将肥料溶解在水中，借助滴灌施肥系统，灌水与施肥同时进行，将水分和肥料精量地通过滴灌带均匀施入根区土壤，实现小麦按需灌水和施肥，适时适量地满足作物对水分和养分的需求，提高灌溉效率和水肥利用效率，达到节本增产、提质增效的目的。

二、技术要点

（一）滴灌系统技术参数

滴灌系统配置砂石或离心过滤器、叠片过滤器两级过滤系统，滴灌带内径 16mm，滴头流量 2.2L/h，滴头间距 30cm；滴灌带铺设长度 50～70m，滴灌带间距 60cm；系统工作压力 0.08～0.1MPa；滴灌系统灌溉施肥运行模式：前 1/4 时间清水湿润土壤，中间 1/2 时间随水施肥，后 1/4 时间清水冲洗灌溉管网。

（二）冬小麦水分和养分需求的阈值和亏缺诊断指标

冬小麦需水需肥关键期：拔节—开花期、灌浆—蜡熟期的水分胁迫指数分别为 0.52 和 0.25，水分亏缺指数分别为 0.67 和 0.13，氮营养指数分别为 0.24 和 1.12。

（三）冬小麦灌溉控制指标和水氮管理方案

基于冬小麦需水需肥规律的灌溉施肥控制指标：冬小麦耗水量（ETc）与降水量（P）差值（ETc-P）；灌溉启动时间：足墒播种条件下，当（ETc-P）≥45mm 时，启动滴灌系统进行灌溉；灌水定额：36mm；氮肥亩总用量：12kg，基追比 25∶75，返青后随水追肥 3 次。

（四）播种与滴灌带铺设

精选种子，保证种子发芽率。采用深耕与旋耕镇压相结合的方式进行土壤耕作；适期足墒播种，播量 12kg，行距 20cm，播种深度 3～5cm；播种与基肥施入、滴灌带铺设、播后镇压等一次性完成。

三、应用效果

和常规地面灌溉技术相比,该技术小麦平均增产 20% 以上,降低亩灌溉用水量 30% 以上,降低化肥用量 15% 以上,水分利用效率提高 10% 以上,氮肥偏生产力提高 30% 以上。

四、适用范围

适用于华北、西北地区冬小麦滴灌水肥一体化生产。

五、技术模式

冬小麦播种与滴灌带铺设

田间过滤与施肥系统

滴灌带田间布设

冬前灌水

拔节期灌水施肥

孕穗期田间管理

（高　阳，段爱旺，司转运）

华北冬小麦大型喷灌机水肥一体化技术

一、概述

冬小麦大型喷灌机（圆形喷灌机、平移式喷灌机）水肥一体化技术是将可溶性的固体肥料或液体肥料溶于储肥桶内，通过专用注肥泵将肥液注入灌溉管道，利用大型喷灌机喷头喷洒进行灌溉与施肥，将水分、养分均匀持续地运送到小麦根区附近土壤，适时、适量地满足小麦对水分和养分的需求，提高水肥利用效率，达到节水、节肥、降本、增产的目的。

二、技术要点

（一）系统组成

水源可分为水井、河流、渠道、库塘、蓄水池等，水质应符合《农田灌溉水质标准》（GB 5084—2021）的要求。灌溉首部枢纽包括提水、加压、过滤、施肥和控制测量等设备。

一般情况下，大型喷灌机灌溉不需要安装过滤设备。当水源不符合灌溉要求时，对于地下水，可安装离心式和网式组合过滤器；对于地表水，可安装砂石和网式组合过滤器。安装的施肥设备由注肥泵、储肥桶、过滤器及连接附件组成，应与喷灌机协调工作，注肥流量要求精准、稳定，建议采用柱塞泵、隔膜泵等容积泵作为注肥泵。水泵型号选择应满足设计流量、扬程要求，如大型喷灌机进行变量灌溉，需安装恒压变频控制系统。

凡土地开阔连片、田间障碍物少、集约化经营程度相对较高的农牧业区均可使用大型喷灌机，基本参数应符合表1的规定。在选择机型时，要综合考虑水源的供水能力、地块大小、地形坡度、土壤状况、灌溉作物等。为降低系统能耗和蒸发漂移损失，目前大型喷灌机主要使用非旋转式和旋转式的低压喷头，工作压力为 69～138kPa，并采用悬挂安装方式。为扩大灌溉面积，圆形喷灌机田间布置可采用三角形组合方式，在末端悬臂安装尾枪。如果末端悬臂压力低于尾枪工作压力，则需要安装增压泵。

表1 大型喷灌机基本参数

项目	喷灌机基本参数	
	圆形喷灌机	平移式喷灌机
整机长度（m）	75～515	75～500

（续）

项目	喷灌机基本参数	
	圆形喷灌机	平移式喷灌机
跨距（m）	30，40，50，55，60	
输水管规格（外径×壁厚）（mm）	114×3，133×3，159×3，165×3，168×3，194×3.75	
喷水量（m³/h）	50～240	80～350
末端压力（MPa）	0.1～0.35	
电动机减速器功率（kW）	0.55，0.75，1.1，1.5	
塔架车轮转速（r/min）	0.45～0.75	
末端悬臂长度（m）	6，9，12，15，18，21，24	

注：摘自中华人民共和国机械行业标准《圆形（中心支轴式）和平移式喷灌机》（JB/T 6280—2013）。

大型喷灌机水肥一体化设备

（二）水肥一体化技术模式

冬小麦适时播种，如遇墒情不足，可采用大型喷灌机喷洒少量出苗水，以 10～20mm 为宜。冬小麦春季主要生育时期分为返青期、拔节期、抽穗期、扬花期、灌浆期，各生育时期灌水量参照表2，在执行过程中可根据土壤墒情、降雨、小麦生长状况适当调整。灌水时风速应在 5.4m/s（3级风）以下。

华北地区不同地力水平与冬小麦目标产量下施肥制度如表3所示。有条件地区可采用测土配方施肥计算出氮磷钾肥施用量。氮肥总量的30%用作底肥，70%用作追肥，磷、钾肥全部用作底肥。追施氮肥采用水肥一体化技术，在返青期—拔节期、拔节期—抽穗期、抽穗期—灌浆期按照20%、55%、25%的比例施入，追施时间与灌水时间同步，施肥结束后无需再灌清水。但是对于塔架数不超过3跨的大型喷灌机，可先快速喷洒水肥液，再清水灌溉剩余灌水量。施肥过程中喷洒肥液质量浓度不宜超过 0.4%，以防止小麦叶面产生灼伤。施肥结束后需要清水冲洗施肥设备，防止发生化学腐蚀（表 3）。

表 2　冬小麦大型喷灌机主要生育时期灌水量推荐值

生育时期	返青期—拔节期	拔节期—抽穗期	抽穗期—灌浆期	越冬期
灌水量（mm）	40～60	30～45	30～50	30～45

注：①本表为平水年灌水方案，其他年型根据土壤墒情和降雨量情况适当调整。
　　②灌水量超过 45mm 时建议均分 2 次灌水。

表 3　不同地力水平与目标产量下冬小麦氮磷钾推荐施肥量

基础地力		亩肥料用量	冬小麦目标亩产		
		（kg）	400kg	500kg	600kg
有机质（g/kg）	≤10	氮肥（N）	10～12	12～14	14～16
	10～30		8～10	10～12	12～14
	>30		6～8	8～10	10～12
有效磷（mg/kg）	<7	磷肥（P_2O_5）	9～10	10～11	11～12
	7～14		7～8	8～9	9～10
	14～30		5～6	6～7	7～8
	>30		—	3～4	4～5
速效钾（mg/kg）	≤90	钾肥（K_2O）	5～6	6～7	7～8
	90～120		4～5	5～6	6～7
	120～150		2～3	3～4	4～5
	>150		—	—	—

注：①按基础地力、目标产量确定施肥量。
　　②氮肥 30%作为底肥，其余作为追肥；磷肥与钾肥作为底肥。

三、应用效果

与传统灌溉施肥相比，可节水 30%以上，提高化肥利用率 15%～30%，增产 15%～20%，增收 10%～20%，节省用工 50%以上。

四、适用范围

适用于华北地区冬小麦大型喷灌机水肥一体化生产。

五、技术模式

灌溉出苗水

越冬期灌溉

返青期—拔节期灌溉施肥

拔节期—抽穗期灌溉施肥

抽穗期—灌浆期灌溉施肥

冬小麦收获

（严海军，许纪元）

华北冬小麦—夏玉米滴灌水肥一体化技术

一、概述

冬小麦—夏玉米滴灌水肥一体化是利用灌溉管道将水通过毛管上的孔口或滴头送到作物根部进行局部灌溉，同时将肥料溶解在水中，借助滴灌带，灌溉与施肥同时进行，将水分、养分均匀持续地运送到根部附近的土壤，实现冬小麦、夏玉米按需灌水、施肥，适时适量地满足作物对水分和养分的需求，提高水肥利用效率，达到节水减肥、提质增效、增产增效的目的。

二、技术要点

（一）水源准备

灌溉水源应选择水量充足、无污染的地表水或地下水，灌溉水质应符合 GB 5084—2005 的规定。

（二）田间工程

1. 首部枢纽 　根据水源情况，选择离心泵或潜水泵。按照系统设计扬程和流量，选择相应的水泵型号，超过系统正常工作所需最大扬程和最大流量的 5%～10%。井水宜选用离心过滤器加筛网过滤器或叠片过滤器；库水、塘水及河水根据泥沙状况、有机物状况配备离心式过滤器或沙介质过滤器加筛网过滤器或叠片过滤器。肥液储存罐宜选择塑料等材质，耐腐蚀性强；施肥器可选择压差式施肥罐、文丘里施肥器、比例式施肥泵、注肥泵等。进排气阀和逆止阀的选用依据首部管径大小而定。控制设备主要包括闸阀、碟阀、球阀等，根据首部管径大小和用户需求选择适宜的控制阀门。水泵流量超过灌溉区实际水量的 10%，应安装变频控制柜，变频控制柜的功率应大于水泵的额定功率。根据系统流量和管径选择相应水表型号，通过计量实现定量灌溉，水表的精度为 0.001m³。在过滤器前后分别安装压力表，应选择比系统最大水压高 15% 的压力表，压力表的精度为 0.01MPa。

2. 输配水工程 　包括干、支、毛三级管道，可埋入地下也可放在地面。干管宜采用聚氯乙烯（PVC）硬管，管径 90～125mm，管壁厚 2.0～3.0mm，承压 0.6MPa。支管宜采用聚乙烯（PE）软管，管径 40～60mm，管壁厚 1.0～1.5mm。毛管根据土壤类型沿作物种植平行方向铺设，与支管垂直。铺设长度不超过 50m，冬小麦每 3 行铺设一条滴灌管；夏玉米每行铺设一条滴灌管。内镶式滴灌带宜采用聚乙烯（PE）软管，管径 15～20mm，管壁厚 0.2～0.4mm，出水口间距为 20～30cm，流量为 2～3L/h。根据农时，滴灌带可以在小麦或玉米种肥同播时同步铺设，也可在播后至幼苗期单独进行铺设。

3. 灌溉施肥系统　每次工作前先用清水灌溉 3～5min，可通过调整阀门的开启度进行调压，使系统各支管进口的压力大致相等，待压力稳定后再开始向管道加肥。施肥结束后，滴灌带模式下继续滴清水不少于 25min。系统应在正常工作压力下运行。支管压力保持 0.08～0.12MPa。系统运行一段时间后，应根据管道系统堵塞情况进行清洗。清洗时，依次打开毛管末端堵头，使用高压水流冲洗干、支管道。当过滤器出口压力表压力高于进口压力 0.01～0.02MPa 时应及时清洗过滤器，使用的离心过滤器需要及时排沙处理。

（三）土壤水分测定

1. 土壤容重和田间持水率测定　小麦播种前，按 NY/T 1121.1—2006 和 NY/T 1121.4—2006 规定的方法，每 20cm 一层测定 0～100cm 各土层土壤容重和田间持水率。土壤容重和田间持水率的测定每 3～5 年进行 1 次。

2. 土壤含水率测定　播种前 1～2d，用烘干法测定 0～20cm 土层的土壤含水率。测定方法按 SL 13—2015 的规定。冬小麦和夏玉米生育期内的土壤含水率测定，拔节前每 10d 测定 1 次，拔节后每 7d 测定 1 次。具体测定方法按 SL 13—2015 的规定；不同生育时期土壤含水率的测定深度应分别按照表 1 和表 2 中的计划湿润层深度进行。每次测定完成后，计算计划湿润层深度内平均土壤相对含水率，计算方法按 SL 13—2015 的规定。

（四）灌水时间和灌水量

灌水时间依据作物根层土壤水分确定。当作物不同生育时期土壤计划湿润层内的平均相对含水率降到作物正常生长发育所允许的土壤水分下限时，进行灌溉。每次亩灌水量 20～25m³。冬小麦和夏玉米生长发育进程确定按 SL13—2015 的规定。冬小麦、夏玉米不同生育时期适宜的土壤水分下限和土壤计划湿润层深度见表 1 和表 2。

表 1　冬小麦不同生育时期土壤水分下限和土壤计划湿润层深度

生育时期	播种	苗期	越冬	返青	拔节	抽穗	灌浆
土壤水分下限（%）	70～75	60～70	55～60	60～65	65～70	65～70	60～65
土壤计划湿润层深度（cm）	20	40	40	40	60	60	60

表 2　夏玉米不同生育时期土壤水分下限和计划湿润层深度

生育时期	播种	苗期	拔节	抽雄	灌浆
土壤水分下限（%）	70～75	60～65	65～70	70～75	60～65
土壤计划湿润层深度（cm）	20	40	60	60	60

（五）施肥时间及施肥量

1. 冬小麦施肥　冬小麦目标产量达到 7 000～11 000kg/hm²，肥料推荐用量为：纯氮（N）180～240kg/hm²、磷（P₂O₅）90～120 kg/hm²、钾（K₂O）70～100kg/hm²。氮肥选用尿素，磷肥选用过磷酸钙或磷酸氢铵，钾肥选用硫酸钾。追肥原则：氮肥基追比例为 4∶6，其中 40％的氮肥基施，60％的氮肥在返青、拔节、孕穗或灌浆期随水追施。磷肥全部基施。钾肥基追比例为 6∶4，追施钾肥在拔节和孕穗期随水追施。按照土肥站制定的测土配方施肥意见在返青、拔节、孕穗或灌浆期借助灌溉系统随水施肥。

2. 夏玉米施肥　夏玉米目标产量达到 10 000～15 000kg/hm²，肥料推荐用量为：纯氮（N）180～240kg/hm²、磷（P₂O₅）90～100kg/hm²、钾（K₂O）80～100kg/hm²，适量补充中、微量元素肥料。氮肥可选用尿素，磷肥选用过磷酸钙或磷酸氢铵，钾肥选用硫酸钾。追肥原则：以氮肥为主配施微肥，氮肥遵循前控、中促、后补的原则。氮肥基追比例为 4∶6，其中 40％的氮肥作为种肥播种时施用，60％的氮肥在拔节、大喇叭口、抽雄吐丝期或灌浆初期随水追施。全部磷肥作为基肥施用。钾肥基追比例为 6∶4，追施钾肥在大喇叭口、抽雄吐丝期或灌浆初期随水追施。

三、应用效果

比传统灌溉可节水 30％以上，提高化肥利用率 20％以上，增产 20％，每亩纯效益提高 100 元以上，节省用工 30％以上。

四、适用范围

适用于华北地区冬小麦—夏玉米滴灌水肥一体化生产。

五、技术模式

小麦种肥同播铺设滴灌带作业

玉米播后铺设滴灌带作业

冬小麦浅埋滴灌

夏玉米浅埋滴灌

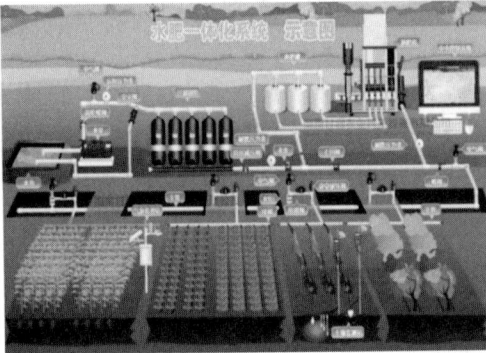

滴灌水肥一体化示意

水肥一体化控制设备

（王庆安，刘战东，马守田，刘　戈）

华北冬小麦全程节水稳产压采技术

一、概述

华北冬小麦全程节水稳产压采技术以土壤保水、镇压保墒和春灌一水为核心，配套集成抗旱品种、深耕深松、一喷三防等技术，以期达到提高自然降水和灌溉水利用率，大幅压减抽取地下水，实现稳产节水、提质增效的目的。

二、技术要点

1. 择优选种 选用根系发达、灌浆强度大、抗旱抗逆性强的品种，如石麦 15、石麦 22、婴泊 700、河农 6049、河农 6425、衡观 35、轮选 103、邢麦 7 号、邯麦 13、冀麦 418 等。

2. 精细整地 根据土壤实际情况，每 2～3 年深松或深耕一次，深度为 30cm 左右。上茬玉米秸秆直接粉碎还田，打碎、撒匀，精细旋耕 2～3 次，做到土壤上虚下实，土面细平保墒。

3. 浇足底墒水 播前灌足底墒水，亩灌水量 50m³ 即可。如果玉米收获时土壤很湿，可以不浇底墒水。

4. 缩行晚播 小麦行距缩小至 10cm 左右，按照预期成穗数确定播种量，一般掌握基本苗 35 万～40 万株。适期晚播，播后垄内镇压。

5. 施用保水剂 可选用以下 3 种方法之一：一是拌种，将麦种与保水剂拌匀，在室内摊开晾干，避免暴晒，每 500g 保水剂拌种 10～15kg；二是沟施或穴施，将颗粒型保水剂与肥料混匀，随种肥施入田中，种完浇一次透水，亩用量 3～5kg；三是撒施，将颗粒型保水剂与适量细土混匀，均匀撒在地面，撒完后翻地浇水，亩用量 5kg 左右。

6. 测墒灌溉 返青至拔节期根据不同苗情和墒情进行分类管理。旺苗田墒情重旱时在拔节中期灌溉，墒情干旱时在拔节后期灌溉；一类苗墒情重旱时及时灌溉，墒情干旱时在拔节中期灌溉；二类苗土壤墒情干旱时及时灌溉，墒情不足时在拔节初期灌溉；三类苗以促为主，返青至拔节期土壤墒情不足时及时灌溉。浇后及时锄划保墒，提高地温。全生育期灌溉定额 40～80m³。

7. 一喷三防 在小麦穗期使用杀虫剂、杀菌剂、植物生长调节剂、微肥等混合喷打，达到防病虫、防干热风、防早衰、增粒重，确保小麦增产增收。

三、应用效果

实现小麦稳产，亩产达 400kg 以上，比传统灌溉节水 50％以上，可减少地下水超采，促进小麦雨养或半雨养种植。

四、适用范围

适用于华北平原冬小麦生产。

五、技术模式

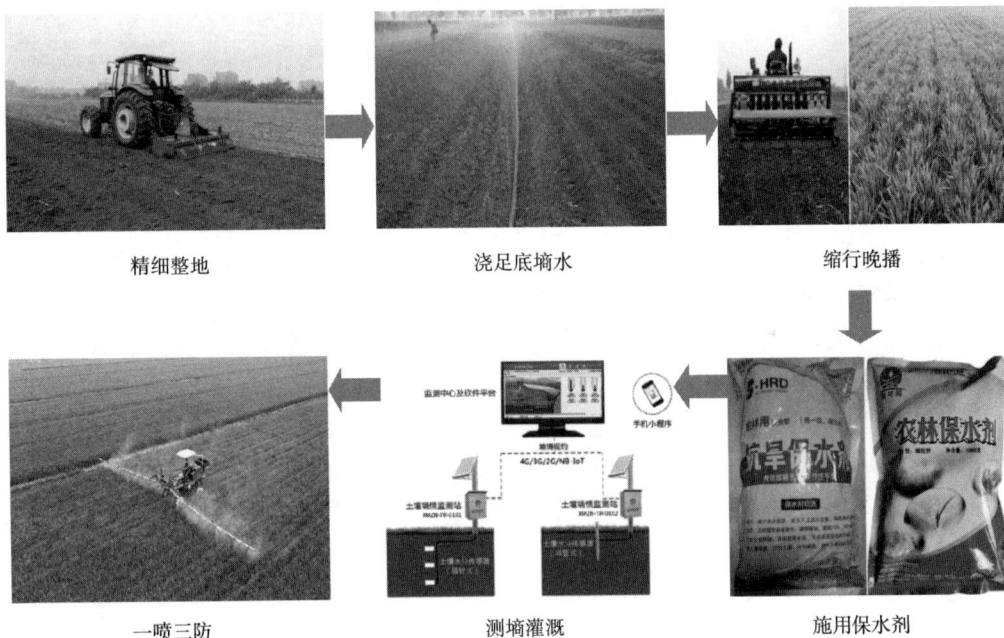

精细整地　　　　　　浇足底墒水　　　　　　缩行晚播

一喷三防　　　　　测墒灌溉　　　　　施用保水剂

（陈广锋，郭明霞，张忠义，康振宇）

华北冬小麦测墒节灌技术

一、概述

华北地区水资源十分紧缺，麦田灌溉主要依靠超采地下水，大水漫灌、盲目灌溉导致地下水位逐年下降。生产中浇水过多、施氮过量、水肥利用率低的问题突出。通过开展土壤墒情监测，了解土壤水分状况，建立墒情评价指标体系，结合作物长势长相和天气预测，制定灌溉方案，在确保高产稳产的前提下提高水分利用效率，实现节水高产目标。

二、技术要点

（一）测墒灌溉

1. 墒情监测

（1）固定自动监测点　选择农田代表性强的监测点，应用固定式土壤墒情自动监测站或管式土壤墒情自动监测仪进行整点数据自动采集，包括土壤含水量（0～20cm、20～40cm、40～60cm、60～100cm）和土壤温度等参数。

（2）农田监测点　应用土壤墒情速测仪或传统烘干法测定0～20cm、20～40cm土壤含水量，以GPS仪定位点为中心，长方形地块采用S形采样法，近似正方形田块则采用棋盘形采样法，向四周辐射确定多个数据采集点，每个监测点测重量含水量不少于3个点，测容积含水量不少于5个点，求平均值。每月10日、25日测定数据，关键生育期和干旱发生时加密监测。

2. 因墒灌溉　

按照墒情监测结果，播前足墒播种，当土壤墒情达到表1不足时灌溉。足墒播种的麦田不提倡冬灌。抢墒播种且土壤墒情达到干旱时应及时冬灌。冬灌要求：在日平均气温稳定下降到3℃左右时进行越冬水灌溉。北部区域为了防冻害，可适当进行冬灌。

返青拔节期根据苗情和墒情进行分类管理，结合灌溉进行追肥。旺苗田墒情达到重旱时在拔节中期灌溉，墒情达到干旱时在拔节后期灌溉，土壤墒情在不足时不灌溉，但应及时趁雨追肥。一类苗墒情达到重旱时及时灌溉，达到干旱时在拔节中期灌溉，达到不足时可不灌溉，但应及时趁雨追肥。二类苗土壤墒情达到干旱时及时灌溉，达到不足时拔节初期灌溉，不缺水时可不灌溉，但应及时趁雨追肥。三类苗以促为主，返青至拔节期土壤墒情达到不足时及时灌溉，浇后及时锄划保墒，提高地温。不缺水时可不灌溉，但应及时趁雨追肥。

扬花期土壤墒情达到干旱时灌溉。灌浆期土壤墒情达到干旱时，进行小定额灌溉，每亩灌水量30～40m³。忌大水漫灌，防后期倒伏。

表1 华北冬小麦土壤墒情指标

（单位：土壤相对含水量%）

墒情状况	播种—出苗	越冬	返青—起身	拔节	扬花	灌浆
监测深度（cm）	0～20	0～40	0～60	0～60	0～80	0～80
适宜	70～85	65～80	70～85	70～90	70～90	70～85
不足	65～70	60～65	65～70	65～70	65～75	60～70
干旱	55～65	50～60	55～65	55～65	60～65	55～60
重旱	<55	<50	<55	<55	<60	<55

（二）选用耐旱品种

优先选用洛旱系列、石麦22、豫麦49-198、百旱207、西农928、中麦36、品育8161等耐旱节水高产品种。此外，熟期早的品种可缩短后期生育时间，减少耗水量，减轻后期干热风危害程度。穗容量大的多穗型品种利于调整亩穗数及播期，灌浆强度大的品种籽粒发育快，结实时间短，粒重较稳定，适合应用节水高产栽培技术。

（三）浇足底墒水

播前补足底墒水，保证麦田2m土体的储水量达到田间最大持水量的85%左右。底墒水的灌水量由播前2m土体水分亏额决定，一般在常年8、9月降水量200mm左右条件下，小麦播前浇底墒水75mm，降水量大时，灌水量可少于75mm，降水量少时，灌水量应多于75mm，使底墒充足。

（四）适量施氮，集中施磷

亩产500kg左右，氮肥（N）亩用量10～13kg，部分基施，拔节期少量追施，适宜基追比6：4。小麦播种时集中亩施磷酸二铵20～25kg，高产田需每亩补施硫酸钾10～15kg。

（五）适当晚播

早播麦田冬前生长时间长，耗水量大，春季时需早补水，在同等用水条件下，限制了土壤水的利用。适当晚播，有利于节水节肥。晚播以不晚抽穗为原则，按越冬苗龄3～5叶确定具体的适播日期。

（六）增加基本苗

严把播种质量关。本模式主要靠主茎成穗，在前述晚播适期范围内，以亩基本苗30万为起点，每推迟一天播种，基本苗增加1.5万苗，以基本苗45万苗为过晚播的最高苗限。为确保苗全、苗齐、苗匀和苗壮，要做到以下几点：一是精细整地。秸秆还田应仔细粉碎，在适耕期旋耕2～3遍，旋耕深度要达13～15cm，耕后耙压，使耕层上虚下实，土面细平。耕耙作业，时间服从质量。二是精选种子。籽粒大小均匀，严格淘汰碎瘪粒。三是窄行匀播。行距15cm，做到播深一致（3～5cm），落籽均匀。调好机械、调好播量，避免下籽堵塞、漏播、跳播。地头边是死角，受机压易造成播种质量差、缺苗，应先播地头，再播大田中间。

（七）播后镇压

旋耕地播后待表土现干时，务必镇压。选好镇压机具，强力均匀镇压。

三、应用效果

在华北中上等肥力土壤上实施该项技术，比传统高产栽培方式每亩减少灌溉水 50～100m³，水分利用率提高 15％～20％。

四、适用范围

适用于黄淮海麦区。

五、技术模式

测墒

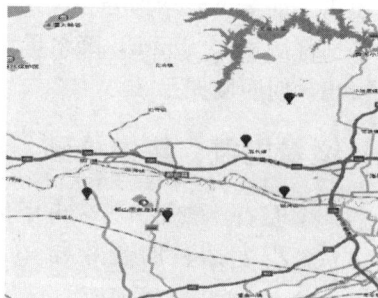

自动墒情监测站点

行走式喷灌机灌水

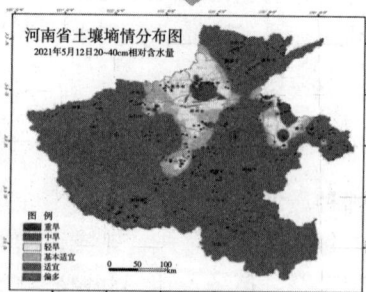

河南省土壤墒情分布图
2021年5月12日20~40cm相对含水量

墒情数据应用

（陈广锋，王　凯，管泽民，李　想）

华北冬小麦高低畦节水栽培技术

一、概述

冬小麦高低畦节水栽培技术是将土地整成高、低畦床相间的平面，两个畦面均种植小麦，灌溉时只在低畦浇水，高畦通过低畦水分侧渗来满足小麦耗水需求。该技术可实现无田埂种植，一方面增加了耕地利用率，另一方面，低畦浇水，减少了灌溉过水面积，提高了灌溉水利用率，同时高畦床长期保持较低水分，减少了土壤无效蒸发损失。该模式充分利用水肥养热以及土地等资源，提高了灌溉效率和水肥利用效率，达到节本增产、提质增效的目的。

二、技术要点

（一）畦田土地整理

土地整理包括以下几个方面：①玉米秸秆要切碎且深翻；②精耕细作，一般比常规多旋耕一次。之后，即可用高低畦播种机进行播种，一次作业可实现成畦、施肥、播种、镇压；③宜南北向种植；④土地要平整（控制田面坡度为 $1/1\,000 \sim 1/800$），便于灌水。

（二）冬小麦水分和养分需求的阈值和亏缺诊断指标

冬小麦需水需肥关键期：拔节—开花期、灌浆—蜡熟期的水分胁迫指数分别为 0.52 和 0.25，水分亏缺指数分别为 0.67 和 0.13，氮营养指数分别为 0.24 和 1.12。

（三）冬小麦灌溉控制指标和水氮管理方案

基于冬小麦需水需肥规律的灌溉施肥控制指标：灌溉启动时间：足墒播种条件下，当冬小麦耗水量（ETc）与降水量（P）差值（ETc-P）大于等于 90mm 时，开始进行灌溉；灌水定额：90mm；氮肥每亩总用量：16kg，基追比 50：50。返青后随水追肥 1 次且仅在低畦撒施。

（四）播种与高低畦规格

适宜于 29.4kW（40 马力）以上拖拉机，拖拉机宽度（后轮外沿）不大于 160cm。精选种子，保证种子发芽率。适期足墒播种，亩播量 12kg，播种深度 3～5cm。高低畦田规格为：低畦宽 90cm，种 4 行小麦；高畦宽 50cm，种 2 行小麦。

三、应用效果

和常规平作畦灌技术相比，该技术可平均增产小麦 15％以上，水分利用效率提高 5％以上，氮肥利用效率提高 40％以上，氮肥偏生产力提高 15％以上。

四、适用范围

适用于华北（非盐碱地区域）冬小麦生产。

五、技术模式

冬小麦播种

冬小麦出苗

冬前灌水

高低畦田（右）与平作（左）

返青末追肥

拔节—孕穗期田间管理

（段爱旺，高　阳，司转运，刘俊明，武利峰）

黄淮海冬小麦—夏玉米
畦灌节水技术模式

一、概述

冬小麦—夏玉米畦灌节水技术是利用土埂将耕地分隔成长条形畦田，灌溉水从毛渠、输水管道或输水沟输入畦田中，水流在畦田上形成薄水层，借重力作用沿畦长方向流动并浸润土壤的灌溉方法。通过定期测定土壤含水率，依据计划湿润土层深度的土壤水分适宜下限指标确定作物不同生育时期灌水时间和灌水量。

二、技术要点

（一）畦田规格

整地时平整畦面，打好畦埂。畦田坡度宜在 0.1%～0.5%，畦埂高度宜在 15～20cm。畦宽应与农机具作业要求相适应，一般在 2.8～3.6m。畦长应根据灌溉水源、土壤质地、田面坡度等因素确定。对于井灌区，壤土一般控制在 50～70m，黏土 60～80m，砂土 40～60m；对于渠灌区，畦田长度可适当增大，壤土一般控制在 60～100m，黏土 80～120m，砂土 50～80m。

（二）配水工程

畦灌的田间配水工程有渠道系统配水和低压管道系统配水两种形式。渠道系统应符合 GB/T 50600 的规定；低压管道系统应符合 GB/T 20203—2017 的规定，当给水栓间距超过 50m 时，宜配套地面移动软管。

（三）灌溉水源水质

灌溉水源应选择水量充足、无污染的地表水或地下水，灌溉水质应符合 GB 5084—2005 的规定。

（四）土壤水分测定

利用烘干法或土壤水分测定仪，于播种前 1～2d 测定 0～20cm 土层的土壤含水率，测定方法按 SL 13—2015 的规定。冬小麦和夏玉米生育期内的土壤含水率测定，拔节前每 10d 测定 1 次，拔节后每 7d 测定 1 次。具体测定方法按 SL 13—2015 的规定；不同生育时期土壤含水率测定深度分别按照表 1 和表 2 中的计划湿润层深度实施。每次测定完成后，计算计划湿润层深度内平均土壤相对含水率，计算方法按 SL 13—2015 的规定。

（五）灌水时间

灌水时间依据作物根层土壤水分确定。当作物不同生育时期土壤计划湿润层内的平均相对含水率降到作物正常生长发育所允许的土壤水分下限时，进行灌溉。冬小麦和夏玉米生长发育进程确定按 SL13—2015 的规定。冬小麦、夏玉米不同生育时期适宜的土壤水分下限（占田间持水量的百分比）和土壤计划湿润层深度见表 1 和表 2。

表 1　冬小麦不同生育时期土壤水分下限和土壤计划湿润层深度

生育时期	播种	苗期	越冬	返青	拔节	抽穗	灌浆
土壤水分下限（%）	70～75	60～70	55～60	60～65	60～65	65～70	55～60
土壤计划湿润层深度（cm）	20	40	40	40	60	80	80

表 2　夏玉米不同生育时期土壤水分下限和计划湿润层深度

生育时期	播种	苗期	拔节	抽雄	灌浆
土壤水分下限（%）	70～75	60～65	65～70	70～75	60～65
土壤计划湿润层深度（cm）	20	40	60	80	80

（六）入畦流量

入畦流量宜控制在 3～6 L/（s·m）。水源流量不超过 60m³/h 时每次只灌一畦，水源流量超过 60m³/h 时可增加开口数。当水源流量过小，畦田较长时，应对畦田进行分段灌溉。

（七）灌水量

井灌区每亩每次灌水量宜控制在 45～60m³，渠灌区一般每亩不超过 75m³。如无灌溉用水计量设备，可用改水成数进行控制，改水成数宜在 0.75～0.9。畦田越长，入畦流量越大，改水成数越小；反之，应适当增大改水成数。

三、应用效果

比传统地面灌溉可节水 20% 以上，增产 10%～20%。

四、适用范围

适用于黄淮海区冬小麦—夏玉米畦灌节水种植。

五、技术模式

农田机械打畦埂

冬小麦苗期畦灌

冬小麦生育期测墒（仪器）

夏玉米拔节期畦灌

（刘战东，高 阳，张寄阳）

黄淮海小麦播前播后
二次镇压保墒壮苗技术

一、概述

小麦播前播后二次镇压保墒壮苗技术是针对耕整地作业环节机具下地次数多、作业效率低，小麦播种质量不高、种土接触不紧密、土壤水分蒸发量大以及小麦抗逆稳产性差等问题，以配套农机为载体，将耕地与整地播种作业环节高效衔接，播种前镇压、精量播种和播种后镇压有机结合，在提高整地播种作业效率的同时，实现小麦苗全、苗匀、苗齐、苗壮，达到小麦节本、保墒、增产增效的目的。该技术模式得到广大用户的认可和欢迎，被确定为山东省农业主推技术，并收录《我国气候智慧型作物生产主体技术与模式》中。

二、技术要点

(一)营造小麦正常出苗的耕层土壤水分条件

小麦发芽最适宜的土壤含水量为田间持水量的 60%～70%。上茬作物收获后，应及时测定（或根据经验判断）耕层土壤水分含量是否能满足小麦正常出苗水分要求，以便采取相应措施，确保耕层土壤水分含量满足小麦正常出苗要求。若上茬作物收获时，耕层土壤田间持水量在 60% 以上，可在作物收获后，直接进行秸秆还田和小麦耕种作业；如果土壤田间持水量在 60% 以下，则需要在秸秆还田后进行灌溉造墒，以满足小麦出苗水分要求。

(二)前茬作物秸秆高效还田

小麦播前播后二次镇压保墒壮苗技术一次性完成整地和播种作业环节，对秸秆还田质量和土壤耕作质量要求较高。以玉米为例，在玉米秸秆还田时，要确定好前进速度和留茬高度，还田机的刀片与地面的间隙宜控制在 5cm 左右，秸秆粉碎长度不宜超过 8cm；秸秆、根茬粉碎后应做到抛撒均匀，无堆积或无条状抛撒，以确保还田质量。秸秆还田后，建议用带副犁的液压翻转犁进行翻耕作业，耕翻深度应在 25cm 以上，以提高秸秆覆盖掩埋和土壤翻耕效果。

(三)播种量与播种深度确定与调节

播种机进地之前，应根据播种期、品种类型、土壤状况等确定小麦播种量，并进行播种机播量调节。播种时在播种地块进行小麦播种深度的调节。小麦播种深度一般以 3～4cm 为宜，播种深度应根据土壤质地、表层土壤墒情等来确定。耕层土壤墒情适宜时，可适当浅播；墒情较差时，适当增加播种深度，但不要超过 5cm。

（四）二次镇压保墒壮苗技术

土壤翻耕后，立即通过二次镇压施肥播种一体机，完成驱动耙碎土整平和耕层肥料匀施、镇压辊播种前苗床镇压、宽幅精量播种和播种后镇压轮镇压等复式作业，实现翻耕与整地播种无缝衔接，减少土壤失墒，达到小麦苗齐苗壮的目的。

生产中，可根据各地生产实际，通过播种机关键部件增减，在确保播种质量的同时，降低作业成本。如在旋耕整地的地块，可卸掉播种机前部的驱动耙，不再整地而直接进行播前播后二次镇压播种。播种作业过程中，应注意保持播种机均匀行驶，以保证整地和播种质量。

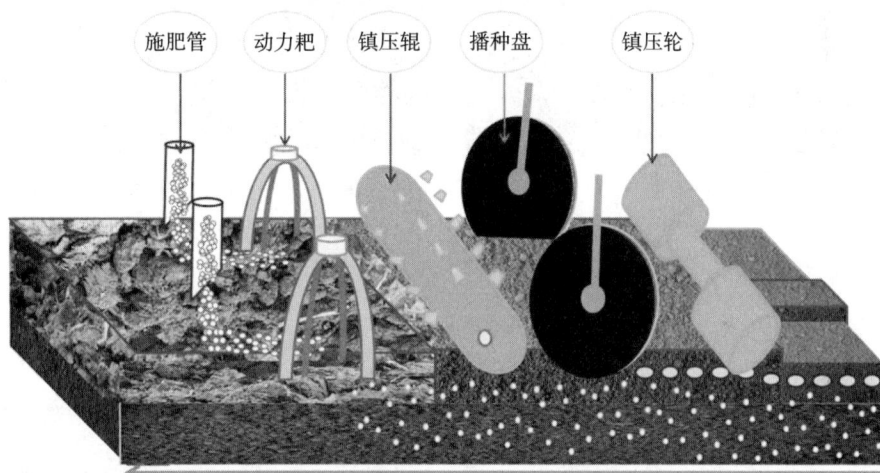

播前播后二次镇压作业示意

（五）田间管理

1. 水肥调控　浇好越冬水，实现壮苗越冬。拔节期结合苗情和墒情确定施肥浇水时间和施肥量。对于壮苗麦田，拔节灌水时间适当推迟，促进根系下扎，提高小麦抗逆能力。对于弱苗麦田应进行分次水分管理，返青拔节期水肥管理适当提前，小水浇灌补充肥水，加快小麦由弱转壮。

2. 病虫草害综合防控　病虫草害综合防控应结合当地病虫草害发生规律和当季生产实际进行。

三、应用效果

与传统整地播种方式相比，小麦播种深度均匀性提高 12.5%，可增产 6.3%～13.0%，水分利用率提高 15% 左右。

四、适用范围

适合在黄淮海水浇地麦田推广应用。

五、技术模式

小麦整地播种

小麦出苗情况

小麦起身拔节期

小麦灌浆期

（张　宾，于舜章，田晓红）

黄淮海小麦测墒补灌节水栽培技术

一、操作要点

（一）耕作前测定土壤容重和田间持水量

麦田耕作前，测定 0～40cm 土层土壤容重和田间持水量。

（二）灌溉时期、补灌水平和补灌量的计算

小麦需要灌溉的关键时期为播种期、越冬期、拔节期和开花期。年降水量分别为 500mm、600mm 和 700mm 的地区，各关键生育时期 0～40cm 土层适宜的目标土壤相对含水量分别为 75%～80%、70%～75% 和 70%。从节水的目的出发，播种前浇了底墒水，一般不用浇越冬水。

测墒补灌量的计算公式为：

$$补灌量（m^3/亩）= \frac{20}{3}aH（B_1 - B_2）$$

式中：a——测墒土层土壤平均容重（g/cm^3）；

　　　H——测墒土层深度，为 40cm；

　　　B_1——目标土壤质量含水量（田间持水量乘以目标土壤相对含水量）；

　　　B_2——灌溉前土壤质量含水量。

（三）播种前测墒补灌

播种前测定 0～40cm 土层土壤相对含水量，并按照公式计算补灌量，按补灌量用微喷方式灌溉。

（四）越冬前测墒补灌

在 11 月底到 12 月上旬日平均气温降至 3～5℃时浇越冬水。灌溉前测定 0～40cm 土层土壤相对含水量，并按照公式计算补灌量，按补灌量用微喷方式灌溉。

（五）春季测墒补溉和水肥一体化

春季灌溉前测定 0～40cm 土层土壤相对含水量，并按照公式计算补灌量。群体偏小，应在起身期追肥浇水；群体适宜或偏大，应在拔节期或拔节后期（旗叶露尖）追肥浇水。高产田追施纯氮（N）105～120kg/hm²，中产田追施纯氮（N）90～105kg/hm²。施肥灌

溉方式是以喷灌系统或微灌系统为载体，将氮肥溶解于灌溉水中，实施水肥一体化技术。

（六）开花期测墒补灌

灌溉前测定 0～40cm 土层土壤相对含水量，并按照公式计算补灌量，按补灌量用微喷方式灌溉。

二、注意事项

节水灌溉的效果与耕作质量密切相关，应做好深耕或深松及耙耱镇压等耕作措施，做到充分接纳降水，保住地下贮水，测墒补充灌溉水，减少土壤水分蒸发，达到节水省肥高产的效果。

三、适用范围

适用于黄淮海麦区。

四、技术模式

麦田耕作前测定土壤容重和田间持水量

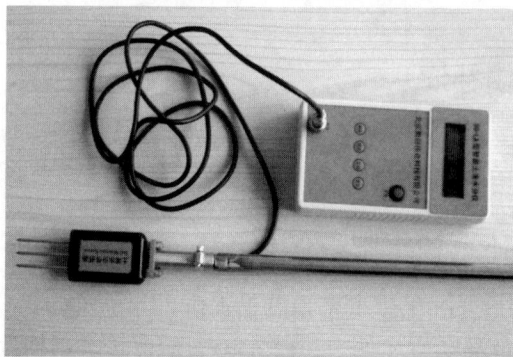

各关键生育时期利用仪器法（SU-LA 型水分测定仪）测定土壤含水量

利用微喷的方式于各关键生育时期进行补灌

（胡　斌，石　玉，卢桂菊）

京津冀地区主要粮食作物喷灌水肥一体化技术

一、概述

针对京津冀地区主要粮食作物（冬小麦—夏玉米）传统喷灌中存在的水肥相分离、人工投入多、资源利用率低等问题，从喷灌方式改进、灌溉施肥设备研发和灌溉施肥制度优化等三面开展技术研究并集成技术体系。宽喷幅、大流量固定式喷灌系统和地埋式自动伸缩喷灌系统，解决了半固定式喷灌系统人工投入多、劳动强度大的问题；一键式喷灌施肥机等设备，解决了传统生产中施肥和灌溉环节互相脱离，水肥无法耦合的问题；冬小麦—夏玉米喷灌水肥一体化制度实现了在控制灌溉量和施肥量的同时提高产量和效益，同步提高了水肥资源利用率、劳动生产率和土地产出率。

二、技术要点

（一）选择适宜的喷灌系统

1. 管道式喷灌系统

（1）半固定式喷灌系统　由输水主管、支管和喷枪三部分组成。输水主管埋设于地下，铝合金支管、立杆和喷枪三部分可移动。使用前先根据地块面积排管道组装，一般两个喷枪之间的距离为12～18m，两组喷灌系统之间的距离不超过18m。灌溉结束后人工移动到下一个灌溉区。

（2）固定管道式喷灌系统　由输水主管、支管和喷枪三部分组成。包括不同的类型，一类是输水主管和支管均埋设于地下，立杆和喷枪可拆卸。建议喷枪要选择高压远射程喷头（压力大于0.4MPa，大于40m），以减少主管道和支管的投入，降低成本。田间可根据地块形状和面积规划主管和支管的排布。需要灌溉时只需安装好喷枪，打开阀门即可，整个生育期结束后将喷枪拆下保养。另一类是地埋伸缩式喷灌系统。输水主管、支管和喷枪均全部埋于地下，立杆和喷枪一体化可伸缩。灌溉时打开控制阀门，喷枪在水压驱动下从距离地面35～40cm的地下钻出，高出地面80cm左右进行灌溉，到灌溉结束后再缩回到地面以下35～40cm处。

2. 机组式喷灌系统　包括圆形喷灌机和平移式喷灌机等。

（1）圆形喷灌机　又称中心支轴式喷灌机或指针式喷灌机，由中心支座、桁架、悬臂、塔架车和电控同步系统等部分组成。装有喷头的桁架（一个桁架成为一跨）支撑在若干个塔架车上，各桁架彼此柔性联接，围绕中心支点边行走边灌溉，灌溉区域如圆形。国内圆形喷灌机的单跨以 40m 和 50m 为主，控制面积在 100 亩左右。灌溉特点是行走速度可调，灌溉量与行走速度呈反比。

（2）平移式喷灌机　跟中心支轴式喷灌机相似，由塔架支承装有喷头的桁架，边行走边喷洒灌溉。它的运动方式和中心支轴式不同，中心支轴式的支管是转动，而平移式的支管是横向平移，灌溉区域一般是方形。灌溉特点是行走速度可调，灌溉量与行走速度呈反比。

（二）选择合适的施肥设备

施肥设备一般包括：压差式施肥罐、文丘里施肥器、注肥泵、自动施肥机等。大田作物灌溉施肥不建议选择压差式施肥罐、文丘里施肥器等水动力施肥设备，建议根据不同的喷灌系统，选择不同类型的注肥泵或泵注入式施肥机（系统）。

1. 固定管道式喷灌施肥设备　注肥泵或施肥机的动力泵可选择离心泵、旋涡泵、喷射泵等，要求泵的扬程（工作时的压力）大于管道中灌溉水的压力。

2. 行走式喷灌系统施肥设备　建议采用容积式泵或可无级变速的注入泵，注肥速度要求可调节且不受管道水压力的影响，以便与行走式喷灌机组的行走速度匹配。

（三）灌溉施肥策略

坚持水肥一体，少量多次。

1. 冬小麦灌溉施肥策略

（1）灌溉策略　足墒播种后，建议全生育期灌溉 4～5 水：冬季亩灌溉越冬水 20～40m³，春季灌溉返青水 0～20m³、拔节水 20～30m³、抽穗扬花水 0～30m³ 和灌浆水 15～30m³。单次灌溉量根据土壤墒情、降水和小麦苗情适当调整。

（2）施肥策略　参照测《测土配方施肥技术规程》（NY/T 2911）确定总施肥量。氮肥总量的 30%～50% 用作基肥，50%～70% 用作追肥，磷肥全部基施或 50% 采用水溶性磷肥追施，钾肥全部基施或 50% 追施。有条件的地区追施含有锌、硼、锰等元素的大量元素水溶肥。春季追肥时期宜以拔节期为主，其他时期根据苗情确定追肥量。

2. 夏玉米灌溉施肥策略

（1）灌溉策略　华北地区夏玉米生育期雨热同步，建议根据墒情和苗情全生育期灌溉 2～3m³：苗期水 0～20m³、拔节—大喇叭口水 20～30m³ 和灌浆水 15～30m³。单次灌溉量根据土壤墒情、降水和玉米苗情适当调整。

（2）施肥策略　参照测《测土配方施肥技术规程》（NY/T 2911）确定总施肥量。氮肥总量的 50%～70% 用作基肥，30%～50% 用作追肥，磷肥全部基施或 50% 采用水溶性磷肥追施，钾肥全部基施或 50% 追施。有条件的地区追施含有锌、硼、锰等元素的大量元素水溶肥。追肥时期宜以拔节期到大喇叭口期为主，其他时期根据苗情确定追肥量。

（四）水肥一体化操作步骤

第一步：在机井出水口和喷灌系统之间安装喷灌施肥机（注肥泵），施肥机（注肥泵）

与喷灌管道在出水逆止阀后端连接，注肥管上安装控制开关，随时控制肥液向喷灌管道的输入，注肥时，通过动力泵将溶肥桶中的肥液注入浇水管道。

第二步：施肥前，先喷灌总水量的 1/3～1/2 左右。

第三步：在执行步骤 1 的过程中，将按地块面积大小计划施入的水溶肥溶解在肥液桶中，循环溶解。

第四步：待喷水 1/3～1/2 后，打开施肥机开关和注肥管上的控制开关，将溶解好的肥液注入主管道，肥液随水喷到麦田。

第五步：水肥混合液喷完后，继续灌溉冲洗净主管道和小麦叶片，使肥液完全淋到土壤里，以免发生肥液倒流或肥液附着在叶片造成烧苗。

（五）配套措施

选用节水抗旱品种、精细整地、足墒播种、测墒节灌、一喷综防、适时收获。

（六）注意事项

水源（机井）首部需要安装逆止阀，防止水肥混合液逆向流入水源（机井）。

施肥设备需配备过滤器，以防堵塞喷灌系统。

追肥选用水溶性好的肥料或水溶肥。

三、应用效果

（一）技术示范推广情况

该技术 2016—2020 年在北京地区推广 28.0 万亩次，亩节水 27.2m³，亩节约纯养分 3.7kg，亩省工 1.2 个，亩增产 43.2kg，亩增收 188.6 元。5 年间已在京津冀三地推广应用近 700 万亩次，共节水 3 亿多 m³，节约纯养分近 1 660 万 kg，节约人工 320 多万工日。

（二）提质增效情况

2015 年通州试验站，在小麦全生育期灌水量和施肥量相同的前提下，采用水肥一体化 4 次追肥亩产 607kg，比撒施畦灌方式增产 41.1%。综合分析，与传统灌溉和施肥技术相比，应用喷灌水肥一体化技术可增产小麦 8.2%～12.5%，水分生产效率提高 10.5%～15.3%，养分生产效率提高 18.5%～22.1%，亩节本增收 100 元以上。

（三）技术获奖情况

以该技术为核心的成果 2019 年获得国家节水农业科技奖一等奖和北京市农业技术推广奖二等奖。

四、适用范围

适用于京津冀冬小麦—夏玉米一年两熟区。

五、技术模式

地埋伸缩式喷灌

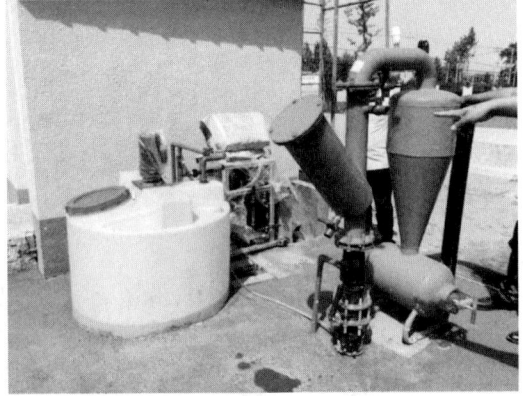
过滤施肥装置

圆形喷灌机

（孟范玉，周吉红）

河北冬小麦测墒补灌水肥一体化技术

一、概述

针对河北当前生产上水资源匮乏、耕地紧张、农业劳动力不足及农田水肥高效面临的技术挑战，研发冬小麦测墒补灌与水肥一体化技术。该技术模式高度融合生物节水、农艺节水、工程节水措施与信息化技术，在墒情监测和微喷灌施肥设施配套的基础上，通过水肥少量多次、精准补灌和水肥耦合实现节水省肥、水肥高效和小麦增产，兼顾了河北省的地下水压采和粮食生产指标的双目标。

二、技术要点

通过小麦需水关键生育期对土壤墒情、苗情监测，结合气象预报，决定是否在该期补水的节水增产技术措施。

采用节水高产小麦品种，均衡施肥，播期适当推迟，足墒播种、播后镇压。

利用土壤水分速测技术，分别在小麦播种整地前、越冬前、返青拔节前等水分管理关键期，对麦田开展土壤墒情监测。

每个调查时期，麦田多点取样，取点层次 0～10cm、10～20cm、20～100cm，根据取样点土壤水分含量结果形成麦田土壤墒情和旱情评价意见。

土壤墒情调查的同时，开展小麦群体生长发育指标的考查：调查其叶龄、叶面积指数等，根据适时的小麦墒情和苗情数据，监测土壤墒情和小麦长势。

根据墒情、苗情和不同生育时期对水分亏缺的分级评价指标确定灌溉指标，结合天气预报，当田间土壤含水量达到灌溉指标且近期无有效降雨时进行灌溉，既防旱灾减产，又避免盲目灌溉实现节水增产。

保定以北地区尽量播后镇压不浇冻水，拔节期适度进行水分胁迫，适当推迟春一水，一般年份灌 2 水，拔节、开花各一水；干旱年份浇 3 水（拔节、抽穗、灌浆）；丰水年份浇 1～2 水（拔节或抽穗）。根据节水灌溉技术制定墒情、苗情指标。

借助指针式喷灌、滴灌、微喷灌等工程节灌方式，实现水肥一体精准定时定量灌溉。

三、应用效果

采用冬小麦测墒补灌水肥一体化技术，亩均节水 36.3m³，水分利用效率提高 10％以上，节电 30～35kW，实现总节水 12.83 亿 m³，在低碳节能的同时，减少了地下水超采。既可提高水肥和土地资源利用率，又减少了用工量和深层地下水的超采量，具有良好的经济、社会和生态效益。

四、适用范围

适用于河北平原有灌溉条件的壤土类冬小麦—夏玉米一年两熟种植区。

五、技术模式

水溶肥

墒情监测设备

微喷灌

指针式喷灌

地埋伸缩式喷灌

桁架淋灌

（郑春莲，郭明霞，陈 帅）

河北平原区冬小麦测墒补灌水肥一体化技术

一、概述

冬小麦测墒补灌水肥一体化技术就是在前茬作物收获后，测定麦田 0～40cm 土壤容重和田间持水量，实现足墒播种。于小麦需要灌溉的关键时期（拔节期、开花期和灌浆期）测定土壤含水量。根据 0～40cm 土层适宜墒情指标（土壤相对含水量 75%～80%）进行补灌，采用测墒补灌的灌水量计算公式计算灌水量，利用管道灌溉系统，将肥料溶解在水中，拔节期进行灌溉与施肥，适时适量地将水分、养分运送到根部附近的土壤，实现小麦按需精准灌水、施肥，提高水肥利用效率，达到省工、节本、提质、增产增效目的。

二、技术要点

(一) 灌溉系统

生产上，喷灌水肥一体化系统由水源、首部枢纽、输配水管道、灌水器等几部分组成，其中，首部枢纽是水肥一体化系统的操作控制中心，包括水泵、过滤器、施肥装置、加压泵等设备。浇水施肥时，施肥装置输出的肥液与灌溉水混合，然后通过过滤器过滤，由输水管道输送到小麦大田中。目前生产上应用的喷灌主要有指针式喷灌、卷盘式淋灌机、滴灌、微喷带等模式。

(二) 农艺栽培措施

1. 节水丰产小麦品种选择 适宜河北平原区种植的抗旱节水高产稳产的冬小麦品种，未包衣的种子播种前要进行药剂拌种。

2. 足墒播种 底墒不足时，要造好底墒。提倡一水两用，即玉米收获前 10～15d 带棵洇地，根据土壤墒情每亩灌水量 20～40m³。

3. 秸秆还田 玉米收获后，及时将秸秆进行粉碎，长度 3～5cm，做到"烂、细"，并铺匀。

4. 施用底肥 根据地力基础和肥源情况合理施肥，适量施用有机肥。一般亩施纯氮 7～8kg、五氧化磷 7～8kg、氧化钾 6～8kg、硫酸锌 1～1.5kg，做底肥施用。

5. 精细整地 可旋耕 2 遍，旋耕深度 15cm 左右。已连续 3 年以上旋耕的地块，需深松 25cm 以上。深耕或旋耕后进行耱压、耢地，做到耕层上虚下实，土面细平、无秸秆和杂草。

6. 病虫草害综合防治 及时防治病虫草害，有禾本科恶性杂草的地块，用甲基二磺隆、二磺·甲碘隆等进行冬前防治，一般在小麦3～5叶时，杂草2～3叶期进行喷洒防治。返青期至拔节期，以防治麦田阔叶杂草为主。根据病虫害发生情况，灌浆前及时防治病虫害。灌浆中后期叶面喷施"杀虫剂＋杀菌剂＋叶面肥＋植物生长调节剂"，做好"一喷综防"，防治病虫害、预防早衰和后期干热风。

7. 适时收获 完熟初期（籽粒含水量18%左右）及时收获，做到颗粒归仓。

（三）墒情苗情结合的测墒补灌

小麦苗情与土壤墒情监测按照《冬小麦测墒灌溉技术规程》（DB13/T 2364—2016）规定执行。测墒补灌技术就是"因时定墒、因墒灌溉、因苗灌溉"，根据作物种类和土壤类型，按照一定的比例在作物主要种植区域选择具有代表性的地点，定期定点监测土壤墒情和作物长势，结合作物需水规律和气象条件，根据土壤墒情和作物旱情分级评价指标，对农田墒情和作物旱情进行分析和判定，提出具体的灌溉指导方案和抗旱措施，并通过现代先进传媒传播出去。针对小麦作物，在墒情监测和苗情指标调查相结合的基础上，实现生物节水、农艺节水与信息化技术高度融合。通过调亏灌溉、精准补灌和水肥耦合的方法，提高水肥利用效率和产量。

（四）水肥一体化技术

水肥一体化借助压力灌溉系统，将可溶性固体肥料或液体肥料配兑而成的肥液与灌溉水一起，均匀、准确地输送到小麦根系土壤，实现水肥效率提高。结合墒情与需肥规律，小麦起身拔节期0～60cm土层含水量低于70%，亩灌溉25～30m³，亩追施纯氮4.0～4.5kg；抽穗扬花期0～80cm土层含水量低于70%，亩灌溉25～30m³，亩追施纯氮2.0～2.5kg；灌浆期0～80cm土层含水量低于70%，亩灌溉15～20m³，亩追施纯氮1.5～2.0kg。

三、应用效果

比传统灌溉可节水30%；施肥均匀，提高肥料利用率20%以上；不用做畦埂，提高土地利用率6%～8%；小麦季增产10%以上；不做畦，不用撒肥，操作简便，节约灌溉用工成本35%以上；可提高单井控制面积，缩短低平原区深井灌溉周期30%以上，实现高效灌溉。

四、适用范围

适用于河北平原地区冬小麦喷灌或微灌水肥一体化生产。技术可辐射华北平原有灌溉条件的小麦玉米一年两熟种植区。

五、技术模式

水源首部

液体肥计量配肥

墒情监测与喷灌系统

伸缩喷灌模式田间效果

指针式喷灌模式田间效果

浅埋滴灌模式田间效果

（李科江，张忠义，徐灵丽）

河北冬小麦—夏玉米贮墒旱作栽培技术

一、概述

在地下水超采的河北低平原限灌区，以大幅压减农田灌溉量和简化作物管理的双重需求为目标，集成创立"贮墒旱作"新型节水增效栽培模式，即冬小麦浇足底墒水、夏玉米限浇出苗水，全年两作生育期内均不再灌溉，配套抗旱优质品种和抗旱丰产技术，实现全年亩产稳定达到 900kg，周年亩灌水量减少 100m³，氮肥投入量减少 20％～30％，同时，节工节本、提质增效。

二、技术要点

冬小麦—夏玉米一年两熟，播前或播后浇水贮墒，生育期内旱作。

（一）冬小麦关键技术

1. **播前贮墒**　浇足底墒，使 2m 土体贮水量达田间最大持水量 90％以上，常年亩浇水 50m³。

2. **优选品种**　选用抗旱耐寒、穗容量大、后期叶片持绿性好、灌浆快的节水品种，种子质量合格，大小均匀。

3. **增加播量**　适期播种，入冬苗龄 4～5 叶，亩基本苗 38 万～45 万（随播期调整）。常年以 10 月 12～16 日为最适播期。

4. **精耕匀播**

①精细整地：前茬收获后及时粉碎秸秆，以碎丝状（＜5cm）均匀铺撒还田，在适耕期旋耕 2～3 遍，耕深 13～15cm，适当耙压，使耕层上虚下实，土面细平。

②窄行匀播：行距 15cm，播深一致（3～5cm），落籽均匀，避免漏播、跳播。

5. **二次镇压**　采用自走式均匀镇压机，播后待表土现干时，强力均匀镇压一遍。早春返青期，再适时镇压（带锄划装置）一遍。

6. **集中施肥**　中上等地力下，冬小麦—夏玉米全年亩施纯氮 25kg 左右，60％～70％用于小麦集中基施。基肥中除氮肥外，亩施磷肥（P_2O_5）7～8kg、钾肥（K_2O）7～8kg、硫酸锌 1kg。

（二）夏玉米关键技术

1. **及时早播**　旱作小麦成熟早，收获后应及时播种玉米。

2. **精量匀播** 依据品种特性，确定适宜密度，等行等深播种，提高机播质量。

3. **适量施肥** 种肥同播，种、肥间距 10cm，采用氮磷钾复合肥，氮素为全年总量 30%～40%（8～10kg）。

4. **播后补墒** 播后立即浇出苗水，亩浇水量 50m³。

5. **田间管理** 化控与病虫草害防治同常规。

三、应用效果

与常规技术比较，全年亩节水 120～150m³，节氮 20% 左右，水分利用效率约为 2.0kg/m³。

四、适用范围

适用于河北省中南部地下水严重超采区砂壤、轻壤和中壤地块。

五、技术模式

足墒播种

适期早播，合理施肥

播前拌种

适度增加播量保证群体

田间跟踪观察，适期收获

墒情不足，抢浇玉米蒙头水

（王志敏）

河北冬小麦限水灌溉稳产增效技术

一、概述

在河北省太行山山前平原小麦高产区，以减少地下水开采和稳定小麦种植面积为目标，实施冬小麦限水灌溉稳产增效技术（足墒播种条件下，结合追肥只灌溉拔节期一次水），虽然比充分灌溉的冬小麦平均减产 10%～15%，但农田耗水量可降低 70～90mm，水分利用效率提高 15% 以上，实现真正意义上的节水。此外，现有小麦品种在同等生长条件下，品种间的水分利用效率差异高达 20%，生物节水潜力很大。目前，河北省已培育出一大批春季灌溉一水，产量稳定、质量高的冬小麦优良品种。发挥其生物节水潜力，限定产量，走优质稳产和补充灌溉的技术路径。实施冬小麦亏缺灌溉，每亩减少一次灌水量（50m³），亩产稳定在 400～500kg，产品质量提高，农民收入不减还增。

二、技术要点

在河北省太行山山前平原小麦高产区，利用光温变化及水肥运筹规律分析，在春季浇一水情况下各地不同年份每亩实现稳产 400～500kg 的关键技术。

（一）一水两用

在玉米成熟前 7～10d 浇灌浆水，提高玉米千粒重，实现玉米增产，同时创造小麦适墒播种条件，提高播种质量，且为小麦储存深层底墒。

（二）节水品种

选用分蘖力强、成穗率高的节水小麦品种。

（三）晚播增量

适当推迟播期，加大播量。播期掌握在冬前积温 450～500℃，4 叶 1 心或 5 叶越冬。播期 10 月 16 日左右，亩播量 20kg。

（四）等行全密

采用 16cm 等行距种植形式。

（五）播后镇压

在小麦播种后出苗前，表层土壤适宜时用强力镇压器进行镇压（单延米重量 125kg 左右），起到保墒抗寒的作用。

（六）春浇一水

在小麦起身拔节期灌水一次，亩灌水量 50～60m³。

三、应用效果

比充分灌溉每亩减少用水 50m 左右，产量比充分灌溉减少 10％～15％，亩产出减少 100～150 元。减少 1～2 次灌水，相当于每亩减少电费投入 10～20 元、减少灌水的劳动力成本 20～40 元，每亩总效益减少 70～120 元。

四、适用范围

适用于太行山山前平原灌溉农区。

五、技术模式

播后镇压

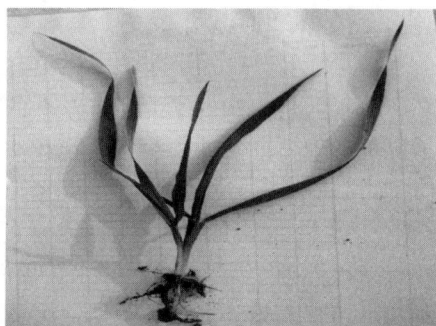

关注冬前苗情转化

开展田间调查指导

浇好春一水，巧施拔节肥

一喷三防

适期收获

（张喜英，康振宇）

黑龙港流域冬小麦春灌一水稳产增效技术

一、概述

在黑龙港流域小麦中低产区，以稳定小麦种植面积和减少地下水开采为目标，实施冬小麦春灌一水稳产增效技术（足墒播种条件下，结合拔节期追肥春季仅灌一水）。推广冬小麦春灌一水稳产配套技术，选择蓄水保墒能力较好的麦田，在小麦起身拔节期灌水一次，亩灌水量 80m³ 左右。干旱年和群体小时早浇，丰水年和群体大时晚浇。田间畦子是方畦的，在前期整畦时要适当加大畦子面积，保证畦子大小在 70～80m³/个，从而保证春季灌水量。结合生物和农艺节水等配套措施，实现小麦稳产。

二、技术要点

冬小麦有限灌溉和适量施肥相结合，配套关键调控技术，实现水肥高效和优质高产。

（一）优选良种

选用节水耐寒、穗容量大、灌浆较快的优质品种，种子质量合格、大小均匀。

（二）适墒晚播

适浇底墒水，使耕层土壤相对含水量达到田间最大持水量的 75％以上。适当晚播，越冬苗龄 3～5.5 叶，亩基本苗 30 万～43 万株（随播期调整）。

（三）精耕匀播

前茬收获后及时粉碎秸秆，以碎丝状（＜5cm）均匀铺撒还田；在适耕期旋耕 2～3 遍，耕深 13～15cm，使耕层上虚下实，土面细平；窄行匀播，行距 15cm，播深一致（3～5cm），落籽均匀。

（四）播后镇压

采用自走式均匀镇压机，播后待表土现干时，强力均匀镇压一遍。

（五）适期补灌

春灌一水适宜时期为拔节—孕穗期。

（六）集中施肥

"适氮稳磷补钾锌，集中基施，调优补施"，氮肥亩纯氮用量 10～13kg，全部基施，或以基肥为主（70%），拔节期看苗补施（30%）。基肥中亩施磷肥（P_2O_5）7～8kg、钾肥（K_2O）7～8kg、硫酸锌 1kg。强筋小麦为提高籽粒蛋白质含量，花后可叶面喷氮（2%尿素）1～2 次。

三、应用效果

比常规生产田亩减灌 50～80m^3，水分利用效率＞1.6kg/m^3。

四、适用范围

适用于黑龙港低平原区，适合土壤类型为砂壤、轻壤和中壤。

五、技术模式

优选良种　发掘生物节水潜力

均衡施肥　培肥地力

播后镇压　保墒保苗

春季适期补水

病虫害统防统治

适时收获

（党红凯，康振宇）

鲁中地区冬小麦"二高四低"高低畦栽培技术模式

一、概述

冬小麦高低畦栽培是一种只灌溉低畦，高畦畦面不直接过水的栽培技术，由滨州市农业科学院耿爱民研究员探索形成，先后在滨州、淄博、泰安等地区示范。小麦高低畦栽培模式有 3 种，四高三低模式、二高四低高低畦模式、两高两低模式，其中以二高四低模式效果最好。

二、技术要点

（一）播前准备

1. 精细整地 播前进行秸秆还田，水浇地翻耕 23～25cm，达到深、细、透、平、实、足（墒）的标准；旱地 20～25cm，耕后耙细（碎）、耙透、整平、踏实，达到上松下实。

2. 增施有机肥 一般亩施农家肥 2 000～3 000kg，没有农家肥源的可施商品有机肥或生物有机肥，亩用量 100～200kg。优质专用小麦可根据土壤肥力和目标产量适当增加有机肥用量。农家肥一定要腐熟后再施用。还田地块要撒施适量的氮肥，一般较没有秸秆还田的地块每亩多施 3～5kg 尿素或碳酸氢铵 8～10kg，以调节 C/N 比，加快秸秆腐熟，有条件的地块还可亩施微生物菌剂或有机物料腐熟剂 2kg。

3. 配方施肥 优化氮磷钾配比，减少化肥用量，提高肥料利用效率。一般大田推荐氮磷钾比例为 17：20：5 或 16：20：6 的配方肥 40～60kg，硫酸锌 1～1.5kg，硼砂 0.5kg，硫酸锰 1kg。60% 的化肥混匀后于耕地前施用，40% 的化肥整畦后施于畦面。

高产田要根据实际情况适当调整配方或制定小配方。

4. 做畦开沟 传统小畦种植畦面宽 1m 左右，畦埂 0.4～0.5m，该技术是将传统的畦埂扩宽整平，播种两个苗带，畦面播种 4 个苗带，成为二高四低模式的高低畦。

（二）适期播种

1. 药剂拌种 选用品质优良、单株生产力高、抗逆性强、经济系数高、不早衰的良种。播种前进行药剂拌种或直接选用包衣种子。

2. 适期播种 适播期应满足冬前 0℃以上积温 570～650℃，即平均气温 16～18℃时播种为宜。鲁中地区小麦适宜播种期为 10 月 1～20 日，最佳播期为 10 月 3～10 日。抢墒早播或者晚茬麦，以及借墒晚播的要做到播期播量相结合。

（三）肥水管理

1. 冬前管理　对于地力差、施肥不足、群体偏小、长势较差的弱苗麦田，可结合浇越冬水亩追尿素 10kg 左右，亩灌水量 80m³ 左右，以促进生长。

2. 春季肥水管理　春季灌溉亩灌水量 50～60m³，一般结合施肥进行，不同苗情施肥量不同，施肥次数也不尽相同。

（1）一类麦田　对于一类麦田，要在小麦拔节期结合浇水亩追施尿素 10～15kg，以获得更高产量。

（2）二类、三类麦田　对于二、三类麦田，春季施肥的重点是促进冬小麦春季分蘖和根系生长，提高分蘖成穗率。春季灌水追肥应分别在起身期和拔节后期进行，起身期亩追施尿素 7～8kg，有条件的可以另外亩施适量的磷酸二铵 5～10kg；拔节后期亩追施尿素 7～10kg。

（3）旺苗麦田　对于旺苗麦田，施肥应采取以控为主，控促结合的措施，因苗确定春季追肥浇水时间。对于年前植株营养体生长过旺、有"脱肥"现象的麦田，可在起身期追肥浇水，亩追施尿素 7～10kg，防止旺苗转弱苗。对于没有出现脱肥现象的过旺麦田，早春不要急于施肥浇水，应在镇压的基础上，推迟到拔节后期，亩追施尿素 15kg 左右。

（4）"土里捂"或"一根针"麦田　在早春土壤化冻后，借返浆期开沟酌情亩施用氮肥和磷肥 5～7kg，促根增蘖保穗数。

三、应用效果

（一）减少土地浪费，提高土地利用率

传统种植模式只在畦内播种，畦埂土地被浪费，种植由传统的 4 个播种苗带，增加到 6 个播种苗带，扣除边际效应因素外，净增加土地利用面积 20%，显著提高了土地利用率。

（二）减少灌溉用水，提高水分利用率

以壤土种植小麦、大水漫灌的灌溉方式为例，普通栽培方式亩用水量为 80m³ 左右，而采用该技术模式亩用水量为 60～70m³ 左右，节约用水 10%～20%，且保墒时间比普通栽培方式长 7～10d。

据中国农业科学院灌溉研究所研究，相同灌水处理下，HLC（高低畦）栽培方式下的冬小麦土壤储水利用率显著高于 TC（畦作）和 RC（垄作）种植方式，分别提升 65.76% 和 116.26%。

（三）减少漏光损失，提高小麦产量

高低畦栽培的高畦比低畦土壤透气性好，三态协调，利于根呼吸，根系发达，基部节

间短，植株矮，抗倒伏能力强，病害轻。高低畦栽培比传统小畦种植，可以减少漏光损失20％以上，提高了光能利用率，有效增加小麦生物产量与籽粒产量。据试验，2018年采用高低畦种植技术，60亩地实打平均亩产672.5kg，比常规种植增产14％。

四、适用范围

适用于"冬季雨雪涵养不足、春季干旱少雨"的鲁中地区，不适用于盐碱地。

五、技术模式

高低畦播种

播种机械

高低畦浇水（一）

高低畦浇水（二）

（刘成静，孙立新，王少山）

皖北地区小麦水肥一体化应用技术

一、概述

小麦的生产十分依赖于灌溉，水分和氮肥管理对小麦生长发育的调控存在互补效应，水氮之间的耦合效应是"以肥调水，以水促肥"的理论基础。传统的灌溉施氮方法是在人工施撒氮肥后再进行畦灌，水氮资源浪费严重且分布不均匀，易造成灌溉水的大量下渗和地下水污染，使农田发生涝渍盐碱灾害而丧失生产力。

微喷水肥一体化技术是节水高产高效的有效技术，将肥料溶解在水中，借助微喷带，灌溉与施肥同时进行，将水分、养分均匀持续地运送到根部附近的土壤，实现小麦按需灌水、施肥，适时适量地满足作物对水分和养分的需求，提高水肥利用效率，达到节本增效、提质增效、增产增效的目的。

2021年五河县在头铺镇龙潭湖良种繁殖场设立了小麦水肥一体化示范片，取得了很好的效果。

二、技术要点

（一）水源及喷灌带

水源为水井灌溉水，水质符合有关标准要求。首部枢纽包括提水、加压、过滤、施肥和控制测量等设备。根据水源的供水能力和耕地面积，以及灌溉需求等，组成适配型号的设备组件；过滤设备采用离心加网式两级过滤；施肥设备采用注肥泵等控量精准的施肥器，水泵型号的选择满足设计流量扬程要求。

根据种植情况采用N35、N40、N50和N65等型号的斜5孔微喷带，铺设长度不超过50～70m，与小麦种植行平行，微喷带工作压力为0.03～0.06MPa。微喷灌水量是地面灌溉的63%。

（二）田间布设

以地边为起点向内0.6m铺设第一条微喷带，微喷带铺设长度不超过70m，与作物种植行平行，间隔按照所选微喷带最大喷幅布置。根据龙潭湖土壤质地为壤土的特点，选择1.8m喷幅；微喷带的铺设采用播种铺带一体机。

微喷带铺设时应喷口向上，平整顺直，不打弯，铺设完微喷带后，将微喷带尾部封堵。灌溉水利用系数达到0.9以上，灌溉均匀系数达到0.8以上。

试验设 8 个处理，包括常规施肥无氮、常规施肥无磷、常规施肥无钾、常规施肥、水肥一体化施肥无氮、水肥一体化施肥无磷、水肥一体化施肥无钾、水肥一体化施肥。

（三）水肥一体化技术模式

足墒播种后，春季肥水管理关键时期分别为返青期、拔节期、孕穗期、扬花期、灌浆期。冬小麦全生育期微喷灌溉 4～5 次。

冬小麦施肥：追肥用水溶性肥料，施肥量参照《测土配方施肥技术规程》（NY/T2911）规定的方法确定，并用水肥一体化条件下的肥料利用率代替土壤施肥条件下的肥料利用率进行计算。40％氮肥做底肥，全部磷、钾肥作底肥一次性施入，60％氮肥作追肥。

灌溉施肥时，每次先用约 1/4 灌水量清水灌溉，然后打开施肥器的控制开关，使肥料进入灌溉系统，通过调节施肥装置的水肥混合比例或调节施肥器阀门大小，使肥液以一定比例与灌溉水混合后施入田间。每次加肥时须控制好肥液浓度。施肥开始后，用干净的杯子从离首部最近的喷水口接一定量的肥液，用便携式电导率仪测定 EC 值，确保肥液EC＜5mS/cm。每次施肥结束后要继续用约 1/5 灌水量清水灌溉，冲洗管道，防止肥液沉淀堵塞灌水器，减少氮肥挥发损失。

示范片小麦灌溉施肥总量和不同时期用量按表 1 执行。施用肥料名称：尿素（含 N 46％）、过磷酸钙（含 P_2O_5 12％）、氯化钾（含 K_2O 60％）。对照区（常规施肥）亩施 N 量 15.5kg，40％作基肥，60％作追肥（拔节期、孕穗期），磷钾肥同示范区，全部作基肥于播种前一次性施入。

表 1 五河县微喷灌溉示范片不同生育期施肥量

生育期	亩灌水量（m³）	亩施肥量（kg）		
		N	P_2O_5	K_2O
基肥	0	4.2	6	3
越冬	10	—	—	—
拔节	20	2.1	—	—
孕穗	25	2.1	—	—
扬花	20	1.1	—	—
灌浆	15	1.0	—	—
总计	90	10.5	6	3

三、应用效果

比传统灌溉可节水 33.3％，减氮 32.3％，减肥 20.4％，增产 11.7％，节省用工 40％（表 2 至表 4）。

表2　五河县微喷灌溉示范片小麦节水节肥效果

处理	亩灌水量 （m³）	节水 （%）	亩施肥量（kg）			减氮 （%）	减肥 （%）
			N	P₂O₅	K₂O		
常规施肥	135	——	15.5	6	3		
水肥一体化	90	33.3	10.5	6	3	32.3	20.4

表3　五河县微喷灌溉示范片小麦生育期及产量结构

处理	播种期	出苗期	拔节期	抽穗期	成熟期	冻害 （春季）	抗病性		亩穗数 （万）	穗粒数 （粒）	千粒重 （g）	籽粒 亩产 （kg）	秸秆 亩产 （kg）
	（月/日）						叶锈	赤霉					
常规施肥	10/27	11/6	3/19	4/20	6/1	1	1	1	42.4	39.3	46.2	623	645
水肥一体化	10/27	11/6	3/19	4/20	6/1	1	1	1	46.2	41.1	46.1	696	711

表4　五河县微喷灌溉示范片小麦增产节支效果

处理	小麦亩产 （kg）	增产 （%）	亩用工 （个）	节工 （%）	小麦亩增收 （元）	化肥亩节支 （元）	亩节工 （元）
常规施肥	623	—	5	—			
水肥一体化	696	11.7	3	40.0	131	18	200

四、适用范围

适用于沿淮、淮北地区冬小麦微喷水肥一体化生产。

五、技术模式

灌溉水源——机井

配电设备

主管道

配肥

过滤器

田间喷灌

（白善军，曹阿翔，胡芹远）

西北旱地冬小麦周年覆膜栽培技术

一、概述

地膜的透水透气性差，覆盖后在地表形成一个物理阻隔层，切断了土壤蒸发面与大气间的水气交换渠道，限制了膜下土壤水分蒸发，从而增加了土壤贮水量。此外，覆盖地膜还能减弱降雨对地面的直接冲击，防止地表径流产生。在西北旱地，采用冬小麦周年覆膜栽培技术，实现增产增收。

二、技术要点

（一）适合地区

覆膜栽培技术适用于干旱少雨、无灌溉条件地区，在年均降雨量为 200～300mm 的地区增产效果较好，这与覆膜栽培改善作物生长的土壤环境因子密切相关。覆膜栽培技术可有效地减少表层土壤水分蒸发，增加土壤含水量，在降雨量较少地区提高土壤含水量的效果更佳。此外，覆膜栽培技术也能较好地提高土壤温度，在气温较高或较低地区，增温效果可能受到一定限制，随之也会减弱增产效益。在年均气温 7～13℃ 的地区增产效果较好。

（二）地膜选择

应选择厚度为 0.01mm（＋0.000 3mm，－0.000 2mm）的地膜，地膜颜色分为黑色和白色（表1），有效积温高的地区使用黑膜增产效果更好，产品质量应符合《聚乙烯吹塑农用地面覆盖薄膜》国家标准（GB 13735—2017）。

表1 不同颜色地膜特性

颜色	透光能力	地温提升能力	抑制杂草生长	保水能力
黑	弱	弱	强	强
白	强	强	弱	强

（三）播前整地与施肥

于 9 月初，进行冬小麦播前的地面疏松平整工作，并将覆盖的小麦秸秆翻压还田。根据当地土壤肥力和小麦产量确定施肥量，氮肥用量通常增加 10％～15％。撒施肥料后进行旋耕，将肥料翻压入土，以减少养分损失。

（四）起垄覆膜

于冬小麦播前进行起垄覆膜，具体为：垄高 10cm、垄宽 30cm、沟宽 30cm。地膜宽度为 40cm，覆盖于垄上，覆盖时将地膜拉紧、铺平，膜面要求平整，使地膜紧贴垄面，膜两侧用土压实，以防大风揭掉地膜。

（五）播种

与 9 月中下旬，选择强冬性、分蘖力强、成穗率高、抗旱、抗倒伏、适合当地气候环境的冬小麦品种，亩播量为 10kg。

（六）田间管理

出苗后及时查苗，缺苗处要及时补种经过催芽的种子。经常检查覆盖的地膜，防治大风揭膜，确保地膜完整，以充分发挥其增温保墒功能。在冬小麦越冬期或返青期及时喷施农药，防治杂草。冬小麦开花期进行"一喷三防"，防治白粉病、锈病、麦蚜等病虫害。

（七）收获

冬小麦适宜收获期为蜡熟末期，收获前应注意天气状况，及时进行收获工作。

（八）收获后秸秆和地膜管理

冬小麦收获后，将秸秆均匀地归还到沟内，垄上继续保持地膜覆盖，整个夏季休闲期不揭膜，从而达到地膜周年覆盖。于 9 月初（夏季休闲期末），将沟内覆盖的秸秆和垄上残留的地膜翻压入土。

三、应用效果

覆膜后土壤蒸发损失降低，相比露地栽培土壤贮水量增加 30％、蒸散量降低 50％、水分亏缺减少 15％以上。来自陕西渭北旱塬连续 6 年的定位试验结果显示，应用周年覆膜栽培技术使冬小麦产量平均提高 11％，经济收入增加 12％，收获期土壤硝酸盐残留量减少 51％，温室气体排放量减少 12％，实现了增产、增收、减排。

四、适用范围

适用于西北旱作农业区的冬小麦生产。

五、技术模式

周年覆膜栽培的冬小麦（开花期）

周年覆膜栽培的冬小麦（成熟期）

（何　刚）

西北旱地冬小麦高留茬覆盖栽培技术

一、概述

冬小麦高留茬覆盖栽培技术是指收获小麦时，将麦茬保留 30cm 左右，并将其余秸秆粉碎均匀还田。高留茬覆盖栽培技术是一种重要的蓄水保墒技术，一方面可削弱土壤与大气间的气体交换，降低地温，从而有效地减少土壤水分蒸发，增加土壤蓄水能力；另一方面，增加外源有机物料投入，改善土壤结构，提高土壤有机质含量，协同提升作物产能和水肥利用效率。

二、技术要点

（一）覆盖时期

小麦秸秆覆盖一般分为周年覆盖与夏闲期覆盖。周年覆盖指小麦收割后将粉碎秸秆均匀覆盖在耕地表面，整个小麦生育期不移走；夏闲期覆盖指在小麦收获后，将秸秆覆盖于地表，在下茬小麦播种前将秸秆翻压还田。西北旱地大多数区域的有效积温有限，秸秆周年覆盖会降低土壤积温，故多采用夏闲期覆盖技术。

（二）高留茬覆盖还田

冬小麦收割时控制留茬高度在 30cm 左右，其余秸秆归还于麦田，均匀覆盖在地表，可创造一个有利于蓄水保墒的土壤条件。

（三）夏季休闲期管理

为促进秸秆腐熟，可在小麦秸秆覆盖后施用秸秆腐熟剂，每亩 3kg 即可。此外，覆盖的小麦秸秆在有效保持土壤含水量的同时，也利于病虫害潜伏和杂草生长，需注意观察，及时喷施除草剂，消灭杂草。

（四）播前准备

覆盖的小麦秸秆在经历夏季休闲，待到小麦播前一碰即碎。于冬麦播前 1 周左右，将地表覆盖的秸秆翻压还田，能起到覆盖保水和培肥地力的作用。小麦秸秆翻压还田后，用旋耕机整地，旋耕深度为 15～20cm，在整地的同时可进一步粉碎秸秆，便于秸秆腐解和养分释放，利于播种。

（五）播种

选择强冬性、分蘖力强、成穗率高、抗旱、抗倒伏、适合当地气候环境的冬小麦品种，亩播量为 10kg。

（六）田间管理

出苗后及时检查苗情，缺苗地块及时补苗，以保证产量。若发现鼠害严重，应及时消灭鼠害，防止田鼠对麦苗的破坏。在冬小麦越冬期或返青期及时喷施农药，防治杂草。冬小麦开花期进行"一喷三防"，防治白粉病、锈病、麦蚜等病虫害。

三、应用效果

高留茬覆盖栽培技术能有效地抑制土壤水分的无效蒸发，提高土壤贮水量。与对照处理相比，使用高留茬覆盖栽培技术可使 0～60cm 土层的土壤含水量增加 20～30mm，小麦产量增加 10％～15％，水分利用效率增加 15％～25％，从而实现增产增效。

四、适用范围

适用于西北旱作农业区的冬小麦生产。

五、技术模式

小麦秸秆

秸秆粉碎还田

秸秆高茬覆盖

翻耕灭茬

（何　刚）

甘肃旱作区夏休闲覆膜秋播冬小麦抗旱栽培技术

一、概述

夏休闲覆膜秋播冬小麦技术是指冬小麦收获后深耕晒垡，雨后条带施肥覆膜，到秋季播种时不揭膜直接在膜上穴播小麦，直到次年收获为止。该项技术模式最大的特点为充分蓄保夏休闲期降水，能够有效解决北方旱地冬小麦在生产中遇到的干旱问题。

二、技术要点

（一）选择中上等地块、精细整地

夏季作物收获后，选择土壤肥力较高的地块深耕晒垡，遇大雨后及时深耕灭茬，耕后耙实土壤，达到地面平整、无坷垃。

（二）增施肥料

一般比常规施肥量增加 15% 以上。一次性把有机肥、化肥基施，化肥最好使用控释肥。施肥方法：所有肥料可在深耕前撒施，随耕地翻入土壤。

（三）覆膜方法

在整地和施肥后，选用幅宽 120cm，厚度大于 0.01mm 地膜，立即覆膜，膜面宽 100cm，地膜之间留 20cm 宽的露地。梯田和小地块用人工覆膜，地势平坦的大地块可选用机械覆膜。

（四）土壤消毒

对地下害虫为害严重的田块，可用 3% 辛硫磷颗粒剂均匀撒施于地面，随耕地将其翻入土中。

（五）选择良种，适期播种

选用抗寒耐旱的中矮秆丰产品种，比当地最佳露地播期推迟 7～10d 左右，采用地膜穴播机播种，基本苗 300 万～375 万株/hm²。

（六）加强田间管理

及时放苗，防治病虫害，适时收获。

三、应用效果

夏休闲期覆膜使更多的降水贮存在土壤水库中，冬小麦播前 2m 土层土壤有效贮水平均达到129.9mm，较休闲期裸露地的 63.8mm 增加近 1 倍，相当于亩增加 40m³ 的土壤有效贮水，使夏休闲期降雨的保蓄效率平均达到 70.8%，较露地条播产量增加 67.3%。

四、适用范围

该技术主要用于降雨量集中在 7 月、8 月、9 月 3 个月的旱作冬麦区。

五、技术模式

播前准备

精细播种

田间管理

（樊廷录，郭世乾）

山西旱地冬小麦宽窄行探墒沟播增产技术

一、概述

冬小麦宽窄行探墒沟播技术是融合了农艺技术与农机技术的一种宽窄行种植方式。采用带有锯齿圆盘开沟器的播种机,一次完成灭茬、开沟、起垄、施肥、播种、覆土、镇压等多道工序,实现秸秆残茬和表土分离于垄背上,化肥条施于沟底部中央,种子着床于沟内两侧的湿土中,形成宽行 20～25cm,窄行 10～12cm 的种植模式。

二、技术要点

(一) 播前整地

1. **正茬麦田** 小麦收获后根据墒情及早深耕或深松,深度 25～30cm,播前 25～30d 旋耕、耙耱。

2. **回茬麦田** 前茬作物收获后,立即粉碎秸秆,长度小于 10cm,均匀摊铺地表,免耕实施沟播技术,每隔 2～3 年深耕或深松 1 次。或前茬秸秆直立不进行粉碎,直接采用 90 型(65.88kW)以上拖拉机牵引免耕沟播机播种,同样每隔 2～3 年深耕或深松 1 次。

(二) 播种要求

①开沟深度 7～8cm,起垄高度 3～4cm,施肥处比下种处深 2～4cm,种子着床于沟底上方 3～4cm,覆土厚度 3～4cm,窄行 10～12cm,宽行 20～25cm。

②采用全秸秆覆盖防缠绕宽窄行施肥沟播一体机,播种速度不大于 5km/h。

③播种期。山西南部中熟冬麦区南片播期 10 月 1～10 日,南部中熟麦区北片区播期 9 月 25 日至 10 月 5 日,中部晚熟冬麦区播期 9 月 20 日至 10 月 1 日。

④播种量。适播期内山西南部中熟冬麦区南片亩播量为 10～12kg,北片亩播量为 12～14kg,中晚熟冬麦区亩播量为 13～15kg。适播期后每推迟 3d,每亩播量增加 0.5kg。

⑤种子处理。播种前对种子进行包衣处理或药剂拌种,预防全蚀病、腥黑穗病、纹枯病、白粉病、锈病等病害,以及苗期地下害虫、红蜘蛛、蚜虫等虫害。

(三) 选用良种

根据不同地力选择高产稳产、抗病性强、抗旱性好,且通过国家或山西省农作物品种审定委员会审定的适宜本地区旱地种植的小麦品种。山西南部中熟冬麦区宜选用冬性或半冬性品种，中部晚熟冬麦区宜选用强冬性、冬性产品。

（四）科学用肥

①利用施肥沟播机进行肥料深施，深度为 7～8cm。

②推荐应用缓释型复合肥或缓释型氮肥，减少追肥作业投入。

③在相同施肥技术情况下，施肥量相比平播可适当提高 10％左右。若进行秸秆还田，每亩应在原施肥基础上增施纯氮 2kg 左右。

④根据目标产量确定施肥量，亩产量 300kg 以上，推荐亩施纯氮 10～12kg、P_2O_5 7～9kg、K_2O 4～6kg，亩产量 200～300kg，推荐亩施纯氮 8～10kg、P_2O_5 5～7kg、K_2O 3～5kg；缺锌土壤每亩施硫酸锌 1～1.5kg。

三、应用效果

通过该项技术可以实现节本增效、节水提墒、提高肥效，一播全苗、苗齐苗壮等效果。该项技术实行硬茬免耕播种，播种沟镇压，复式作业，集中沟施肥料等，可减少耕作次数 1～2 次，比常规种植方式亩节本 20～40 元，一般增产幅度在 10％～20％，实现抗旱节本增产增效的效果。

四、应用范围

适用于山西等旱地冬小麦种植区。

五、技术模式

播种机械及小麦出苗情况

（陈广锋，陈海鹏，赵建明）

陕西旱地小麦节水补灌技术

一、概述

陕西旱地小麦节水补灌技术是集"优良抗旱品种＋宽幅沟播＋节水补灌＋传统旱作/生物抗旱＋绿色防控"一体化的陕西旱地小麦节水增效技术模式。通过改变补灌时期，实现水资源高效利用，改常规条播为宽幅沟播，优化小麦群体结构，克服缺苗断垄，改善群体通风透光，有利于个体发育、播种质量提高，为高产稳产打下基础。

二、技术要点

（一）适时节水补灌

根据小麦关键生育时期的需水特点，结合不同产量和地区生态条件，在考虑当年当地实际降水量的基础上，在小麦各个生产关键时期 $0\sim40$cm 土层的目标土壤相对含水量为 70% 或 $75\%\sim80\%$，当土壤缺墒时，通过实测土壤含水量或不同灌水量试验结果判定补充灌水量，计算补充到目标土壤相对含水量的灌溉量，采用移动公式喷灌、微喷灌、滴灌等方式进行节水补灌，实现水资源高效利用，进而高产稳产（表 1）。

采用软管式微喷灌方式在"越冬期＋拔节期"定量补灌，该方式灵活、机动、成本较低，能有效避免传统灌溉设备投入大，管网铺设影响机械操作等缺点，实现旱地小麦节水增效。

表 1　小麦补灌时期和灌溉量

补灌时期	灌溉量（m³）
越冬期	24
拔节期	24

（二）宽幅沟播

推荐采用亚奥 2BMG-4/7 和鑫乐 2BMQF-6/12 等机型，播种带幅宽 14cm，开沟深度 13cm，播种深度 $3\sim4$cm，施肥深度 $7\sim8$cm。9 月 18 日至 9 月 24 日为全省大部分旱地小麦的最佳播种期。结合 $350\sim500$kg 的目标亩产，亩基本苗应控制在 18 万～22 万株，对应亩播种量控制在 $12\sim13$kg。

（三）优良抗旱品种

秦岭北麓大部采用丰产节水模式推荐中麦 175、中麦 895 等优质丰产品种；渭北西部大部采用抗旱稳产模式推荐西农 928、铜麦 6 号等抗旱节水品种；渭北中东部采用保墒抗旱模式推荐铜麦 6 号和长旱 58 等抗旱稳产品种。

（四）配套技术

1. 播种　可根据播种迟早、地力高低、整地质量和土壤墒情，酌情增减。一般超过播种适宜期的，每晚播 1d，亩播量增加 0.5kg。

2. 田间管理　根据降水量采取适宜保墒措施。①秋播后降水较少，及时进行碾压提墒保墒。②秋播后降水适中，采用轻耙细耱，破除板结保墒。③秋播后降水量大，及时中耕除草破除板结，蓄水保墒。对苗小、苗弱、基本苗或群体不足的田块，应趁墒每亩补施尿素 4~8kg 促进转化升级；对群体偏大、稠旺田块，冬前应进行机械碾压控旺。化学控旺可在 12 月上中旬晴天午后，亩用麦巨金 25~30ml 加水 15~30kg 喷施。在 11 月中、下旬至 12 月上旬，日平均气温 10℃ 左右时，每亩用 75% 苯磺隆干悬浮剂 1~1.5g，对水 30~40kg 进行化学除草。

春季应及时顶凌耙耱，返青期宜浅锄，雨后应及时中耕蓄水保墒。返青期至拔节期，应趁墒每亩追肥 4~8kg。弱苗田块应早施，壮苗田块适当晚施。对旺长田块可以在返青期进行深中耕、碾压，或每亩用 20% 壮丰安乳剂 30~40ml，对水 25~30kg 均匀喷施，抑制旺长，防止春季倒春寒和后期倒伏。

3. 病虫害防治　种子包衣或药剂拌种可有效预防小麦纹枯病、全蚀病、茎基腐病、根腐病等病害和地下害虫。①多种病虫混发重发区，可选用 21% 戊唑吡虫啉悬浮种衣剂按照种子量的 0.5%~0.6% 拌种，或用 27% 的苯醚甲环唑咯菌腈噻虫嗪按照种子量的 0.5% 拌种。②根病发生较重的地块，可选用 4.8% 苯醚咯菌腈（适麦丹）按照种子量的 0.2%~0.3% 拌种，或选用 2% 戊唑醇（立克莠）按照种子量的 0.1%~0.15% 拌种。③地下害虫发生较重的地块，可选用 40% 辛硫磷乳油按照种子量的 0.2% 拌种。

（五）收获和贮藏

适宜收获期为完熟期初期，应及时晾晒小麦籽粒防止霉变。含水量控制在 10.5% 左右放到仓库进行贮藏。应采用干燥、趁热密闭和"三低"（低温、低氧、低氧化铝剂量）小麦贮藏技术贮藏。

三、应用效果

与传统雨养旱地小麦相比，节水补灌平均亩增产 100kg，增幅 26% 以上，节水 10% 以上。

四、适用范围

适用于陕西旱地小麦种植。

五、技术模式

水源首部

开渠接水

铺设铺管

微喷灌

（杨　林，李晓荣，佟佳俊）

水稻及其他粮食作物

北方地区水稻旱直播
降解地膜覆盖节水保墒技术

一、概述

针对北方地区旱直播水稻生物降解地膜技术，不仅可以增加土壤温度，尤其是水稻生育前期土壤温度，减少生育期耗水量，有效抑制杂草，也可以起到减少残膜污染的作用。

二、技术要点

（一）播前准备

1. 选地　选择地势平坦，土质肥沃，前茬对水稻没有药害，有膜下滴灌设备的地块。地块土壤 pH 不超过 7.5，硫酸盐的含量不超过 0.3%。

2. 品种选择　选择当地种植的旱水稻品种，要求比当地的插秧水稻生育期早熟 7~10d，且米质好、抗性强、产量较高。

3. 浸种　晒种时，清除秕谷、草籽和杂物，然后在晴天阳光下晒种 3~4d（提高种子的发芽率和发芽势）。每 50kg 水加食盐 10kg 充分搅拌溶解后加入经过处理的稻种，捞除漂浮的秕谷和杂物，然后用清水将稻种洗净。用浓度为 25% 咪鲜胺 2 000~3 000 倍液（即 2ml 兑水 5kg，浸种 4~5kg）浸种 5~7d，捞出晾干用水稻种衣剂（如卫福或适乐时）包衣阴干，备用。

4. 整地　整地要细致，要土碎、地平、无明暗坷垃，用旋耕犁旋耕 2 遍。

5. 施肥　通过施肥机将肥料混拌于至少 20cm 深的耕层中，其中，腐熟农家肥每亩用量为 2~3m³，51% 水稻复合肥每亩用量为 20kg。

6. 地膜选择　选择厚度为 0.01mm 以上的黑色全生物降解地膜，安全期在 70d 以上，黑色透光率在 5% 以下，最大负荷（纵/横）均在 1.5N 以上，初始透湿率为 800g/（m²·d）以下。

（二）播种

1. 播种时间　4 月下旬到 5 月初，若距离地面 5cm 处的温度稳定超过 10℃，即可以开始播种。

2. 播种覆膜　用旱水稻专用播种机播种，覆膜、铺滴灌管、播种覆土一次完成，每次播 8 行（4 行×2 行），大行距 25cm，小行距 12cm，相邻穴距 12cm。

3. 播种量　亩播种量为 8~10kg，每穴播种 15 粒左右，播种深度不超过 3cm。

（三）田间管理

1. 出苗水　播种完成后开始滴出苗水，亩滴水量为 30m³。

2. 出苗后滴水　一般根据降水情况，水稻生育期内需滴水 5～6 次，分蘖前期 3～4 叶、6～7 叶期、分蘖期、拔节孕穗期和抽穗结实期亩滴水量 30m³。

3. 追肥　结合滴水追施氮钾肥 2 次，分蘖前期 3～4 叶追氮肥 1 次（亩追施 5kg），6～7 叶期追肥 1 次（每亩追施尿素 5kg、氯化钾 2.5kg）。

4. 控水　水稻 4 叶前可适当控水，水稻苗期旱长有利于保证稻苗的扎根和蹲苗，增强抗旱能力和抗倒伏能力。

5. 除草　行间杂草可通过中耕犁中耕除草，苗眼少量杂草通过人工除草。

（四）适时收获

在水稻灌浆期，每亩用磷酸二氢钾 0.2kg 兑水 25kg，叶面喷施，促早熟；95% 以上的水稻颖壳呈黄色，谷粒定型变硬，米粒呈透明状，即可收获。

三、应用效果

水稻旱直播降解地膜覆盖节水保墒技术较常规水稻栽培减少叶面蒸腾、水面蒸发和地下渗漏，可以实现节水 70%；水稻苗期旱长有利于保证稻苗的扎根和蹲苗，增强抗旱能力和抗倒伏能力；技术的实施，减少了田间作业次数和劳动强度，降低了作业成本，省去了扣棚、育秧泡田、耙地、插秧等环节。

四、适用范围

适用于东北地区灌溉农田旱直播水稻种植。

五、技术模式

旱直播水稻机械化覆膜播种现场

旱直播水稻田间长势情况

（严昌荣，刘　勤）

再生稻全生物降解
地膜覆盖绿色生产技术

一、概述

为解决再生稻易受干旱、低温等自然灾害影响，以及生产用水量大、灌溉难和稻田杂草抗性发展快、除草难等问题，安徽围绕再生稻种植，探索集成再生稻全生物降解地膜覆盖技术，该技术能在增温保墒的基础上，促进水稻早发快长，平均成秧率95％，较对照高5％，有效提高了作物产量，增加了农户种粮收益。此外，覆膜后水稻病虫害轻，地膜能够有效降解，有利于水稻质量安全和生态环境安全。

二、技术要点

1. **选用良种**　选择头季生育期135d以内、再生季70d左右，头季高产、分蘖性强、耐肥抗旱、抗倒伏、抗逆性好、高再生能力的优质水稻品种。确保头季稻8月15日前收获，再生季9月15日前齐穗。

2. **精细整田**　选择面积大、形状较方正、利于农机作业田块。整地质量要高，做到田平泥融，田面无硬块、秸秆等易顶破地膜杂物影响。

3. **覆膜种植**　3月中下旬采用大棚育秧，使用育秧基质或基质与营养土混配育秧，控制秧龄25～30d。注意药剂浸种预防病害，加强水分、温度调控，防止高温烧苗。4月中下旬，选择覆膜插秧机，一次完成地膜覆盖、镇压、膜边覆泥和插秧作业，地膜宜选黑色可降解地膜。适当稀植，行株距30cm×18cm，每穴3～4苗。也可以覆膜穴播或人工栽插。水稻覆膜栽插后尽量不要下田，避免破膜影响增温保墒保肥控草性能。病虫害防控、追肥等选择植保无人机。

4. **节水灌溉**　精确水分管理，全生育期以湿润灌溉为主，灌溉与降雨相结合。头季栽插后，可建立2～3cm水层，保持7～10d以上，以水控草、促分蘖，分蘖盛期够苗烤田，控制无效分蘖，孕穗期保持湿润，抽穗期建立3～5cm浅水层，抽穗后保持湿润，成熟前一周断水。再生季全程以湿润灌溉为主。头季抽穗扬花期如遇高温或再生季遇低温，适当加深水层。

5. **合理施肥**　覆膜后土壤保温保墒保肥，供肥性能好，头季稻一次性施足底肥，可选择水稻专用控释肥或45％的三元复合肥，每亩施用30～40kg，适当增施有机肥。中后期结合病虫害防治喷施叶面肥和生长调节剂。头季稻收割前10～15d，每亩追施45％三元复合肥 15kg；收割后 3d，每亩再追施尿素 5～6kg。

6. **绿色防控** 病虫害防控主要对象为"三虫三病"（稻飞虱、稻纵卷叶螟、二化螟、纹枯病、稻瘟病、稻曲病），坚持以农业防治、物理防治和生物防治为重点，如灌水灭蛹、性诱、食诱、灯诱、释放天敌等。辅以必要的化学防治，优先选择井冈霉素、春雷霉素、苏云金杆菌、金龟子绿僵菌等生物制剂，科学用药，提高防治效果。

7. **适时机收** 头季稻接近九成黄熟时抢晴收割，留茬高度 35～40cm，确保再生季在 9 月 15 日左右安全抽穗。再生季收割在气候相宜时尽量推迟，达到充分成熟收割为宜。

三、应用效果

一是增温保墒。栽后覆膜较无膜对照土壤温度平均提高 0.7～2.0℃，土壤含水量平均提高 3.7%～10%。覆膜减少水分蒸发，全程以湿润灌溉为主，节省灌溉用水 50% 以上。二是早发快长。覆膜缓苗较对照快 2d；平均成秧率 95%，较对照高 5%，并且抽穗扬花期提前，避免高温热害影响。收获时提前 5～7d 收获，避免再生季受低温影响，稳产增产。三是减肥减药。覆膜控草效果好，可不使用除草剂。对照使用除草剂 2 次，亩均用量 330g。覆膜后生育进程加快，不追分蘖肥，亩均少施尿素 5kg。四是增产增效。在来安县试验示范表明，覆膜较对照两季平均增产 281.5kg，增幅 34.3%。覆膜减少农药使用成本 65 元、肥料 14 元、灌溉 30 元，扣除降解膜成本，亩均增收 535.3 元。

四、适用范围

适用于安徽沿江及江淮可种植再生稻地区。

（吴　勇，陈广锋，刘利平）

内蒙古水稻旱作膜下
滴灌水肥一体化技术

一、概述

水稻旱作又称膜下滴灌水稻，是突破传统水稻"水作"方式，将水稻栽培与膜下滴灌技术相结合，采用专用播种机播种，一次性完成覆膜、铺滴灌管、播种、覆土等程序，整个生育期灌水追肥均采用膜下滴灌水肥一体化技术，因需滴水、随水施肥、水肥一体，提高水肥利用效率，实现节水、节肥、减药、增产、增效的目的。

二、技术要点

（一）播前准备

1. 地块选择 选择地势平坦、土质肥沃、土壤 pH≤7.5、土壤盐分含量≤0.3%、前茬对水稻没有药害、有灌溉系统的地块。

2. 种子选择 选择比当地的插秧水稻品种生育期早熟 7～10d 左右、米质好、抗性强、产量较高的品种。在≥10℃的活动积温 2 400～2 500℃的地区，选择生育期不超过135d 的品种；在≥10℃的活动积温 2 300～2 400℃的地区，选择生育期不超过 130d的品种；在≥10℃的活动积温 2 200～2 300℃的地区，选择生育期不超过 125d 的品种。

3. 种子处理 播前要处理种子，提高种子的发芽率和芽势。首先清除秕谷、草籽和杂物，然后在晴天阳光下晒种 3～4d，再用盐水洗种，每 50kg 水加食盐 10kg，充分搅拌溶解后加入稻种，捞除漂浮的秕谷和杂物后用清水将稻种洗净，再用咪鲜胺浸种 5～7d，捞出晾干即可播种。

4. 整地 整地要细致，深翻深度 30cm 以上，用旋耕犁旋耕 2 遍，做到土面平整、土壤细绵、无坷垃、无根茬，为覆膜、播种创造良好条件。

5. 施底肥 结合整地，用施肥机将底肥施入，亩施入腐熟的农家肥 2～3m³、水稻配方肥 20kg 左右。

（二）覆膜播种

采用种植模式为直播两膜八行（图1）。地膜选择厚 0.016mm 的黑膜，膜宽 170cm。播种时间为当土壤 5cm 土层温度稳定达到 10℃时，最佳适宜播种时间。一般每亩播种量在 8～10kg，用水稻旱作专用播种机播种、覆膜、铺滴灌管、播种、覆土一次完成，每次播 8（4×2）行，大行距 24cm，在大行间铺滴灌管，小行距 12cm，穴距 12cm，每穴播种 15 粒左右，播种深度不超过 3cm。

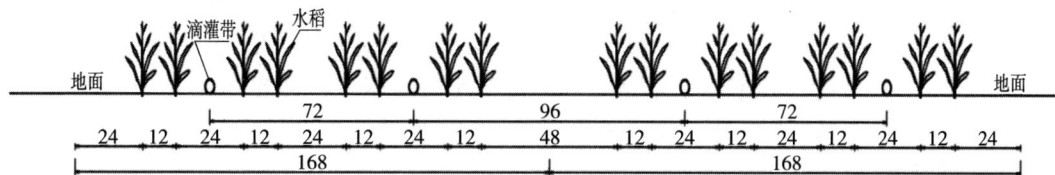

图 1　水稻旱作覆膜铺滴灌带播种示意
（注：图中尺寸单位为 cm）

（三）水肥一体化技术

1. **灌溉制度**　水稻灌溉制度是根据旱作水稻的需水规律、降水量、农田土壤墒情和水稻生长状况进行适当调整，采用膜下滴灌灌溉方式。

土壤墒情监测按照《土壤墒情监测技术规范》（NY/T 1782）规定执行；地下输水管网、田间出水栓、水量计量设施和田间管带工程符合《微灌工程技术规范》（GB/T 50485—2009）要求。滴灌灌溉系统首部设有逆止阀、排气阀、压力表、水表、水嘴、过滤器、施肥罐。过滤器作用是将水中的固体大颗粒、藻类、漂浮物沉淀过滤，防止这些污物进入滴灌系统堵塞滴头或在系统中形成沉淀；施肥罐的作用是使易溶于水并适于根施的肥料在施肥罐内充分溶解，然后再通过滴灌系统输送到作物根部。

在水稻的整个生育期中，发芽出苗期和幼苗期需水量少，拔节以后逐渐增加，分蘖期仍需较多的水分，结实期需水量达到最高峰，以后才显著减少。水稻整个生育期 5～9 月共滴水 6～8 次，每亩总需水量约为 300m^3（表 1、表 2）。

表 1　水稻旱作生育期各旬需水量

月旬	5 月	6 月	7 月中旬	8 月下旬	9 月上旬	总计
亩需水量（m³）	37.5	75	37.94	42.94	33.64	300

表 2　水稻旱作灌溉制度

灌水日期	灌水次数	亩灌溉定额（m³）
5 月	1	38.75
6 月	2	77.50
7 月	2	77.50
8 月	2	77.50
9 月	1	38.75
合计	8	310.00

2. 施肥制度　施肥制度按照目标产量、作物需肥规律、土壤养分含量和灌溉施肥特点而制定，包括施肥量、施肥次数、施肥时间、养分配比、肥料品种等。水稻旱作膜下滴灌水肥一体化施肥制度的制定坚持以下原则：一是选用水溶性好的含氨基酸肥料，能被作物的根系和叶面直接吸收利用，提高水稻产量，改善产品品质。二是降低施肥量，滴灌施肥肥料直接作用于作物根区，能提高肥料的利用效率。水稻整个生育期内结合滴水追肥 2 次，分蘖前期 3～4 叶期，亩追施新型高效水溶性肥料氨基酸液体肥 3kg（或尿素 5kg），6～7 叶期，亩追施氨基酸液体肥 4kg（或尿素 5kg＋氯化钾 2.5kg），在水稻孕穗期看叶色决定是否追施氮肥。

（四）田间管理

1. 除草　由于覆黑色地膜，膜下不长草，只在行间和苗眼长草，行间杂草可通过中耕犁中耕除草，苗眼少量杂草可通过人工除草，尽量不要用除草剂。如需要化学除草可在杂草三叶期前用"苯达松"＋"千金"叶面喷施除草。

2. 促早熟措施　在水稻灌浆期每亩用磷酸二氢钾 0.2kg 兑水 25kg 叶面喷施。

（五）适时收获

一般水稻 95％以上颖壳呈黄色，谷粒定型变硬，米粒呈透明状，即可收割。如天气晴好或条件允许，最好分段割晒，可有效提高千粒重，增加产量，也可避免灾害造成损失。

（六）回收残膜

水稻收获后，依托企业，回收田间残膜以旧换新。

三、应用效果

水稻旱作使用膜下滴灌水肥一体化技术，结合滴水追施氮钾肥，灌溉水利用系数可达 0.9，比常规水稻种植灌溉可节水 60％以上、节肥 20％以上；水稻旱作覆膜种植省时省工，免去了扣棚、育秧、插秧等环节，全程机械化，降低各种投入成本，抗旱、抗倒伏、抗病能力强，减少农药使用量，出米率高，增产增收率可达到 10％以上。

四、适用范围

适用于平原地区旱作农业滴灌水肥一体化生产。

五、技术模式

水稻播种覆膜铺管覆土一体

水稻苗期

水稻分蘖期

田间管理

滴灌灌溉系统

水稻灌浆期

（春　兰，白云龙）

广西水稻浅湿控制灌溉节水技术

一、概述

水稻浅湿控制灌溉是一项稻田节水灌溉技术，要求浅水灌溉，等上一次灌水落干后再灌第二次水。这种灌溉方法可改变土壤的通气状况，增强土壤通透性，使土壤有益微生物活跃，改善土壤理化性状，促使植株根系发达，吸收养分能力增强，增产效果明显。

二、技术要点

水稻控制灌溉是指移栽至返青期，田面保持 0.5～2.5cm 的浅水层，返青以后田面不再建立水层。根据水稻生理生态需水特点，以土壤含水量作为控制指标（控制耕层土壤含水量在 60%～80%），确定灌水时间和灌水定额，促进和控制水稻生长，较大幅度地减少水稻生理生态需水量。

（一）前期（插秧到拔节期）

由于移栽时秧苗根部受损，吸水能力弱，因此，要浅水浅插，并保持薄水层（2～3cm），以减少叶面蒸发，缓和低温、高温和风的不利影响，促进早生新根新叶。插秧后第三天左右要求落干露田，这次落干程度要轻，在田面无水、"蜂泥"出现时即可结合第一次追肥和化学除草灌薄水，并保持水层 5d 左右，以保证除草效果。此后每次灌水过后，都要自然落干露田再灌薄水。

（二）中期（孕穗期至抽穗扬花期）

拔节孕穗是营养生长和生殖生长同时并进的时期，植物生育旺盛，对水分的吸收以及光合作用都进入最高峰，是水稻的耗水高峰期。这个时期灌溉上仍用薄水，但露田的程度比前期轻，在田面将断水时灌薄水，使稻田土壤水分饱和度保持 100%。但如果长期水层覆盖，会造成还原作用加强，根系生长不良，并易引发病虫害和倒伏。在遇到高温或低温时（中稻高于 40℃，晚稻低于 15℃），还应采取以深水降温或保温的措施。对于地下水位高，保水力强和生长过旺的稻田，在抽穗前 3～5d，穗的各部分发育完成时，可露田轻晒1～2d，以改善土壤通透性，防止根系早衰。

（三）后期（乳熟期和黄熟期）

乳熟期要求土壤有适当的水分和空气，以保证根系仍有较强的活力，因此露田程度可加重，可在田面表土开裂时再灌薄水。黄熟期水稻已渐趋衰老，为防止根系木质化，土壤更要增氧，露田程度要加重，可在田面表土开裂 4～5cm 时再灌水。收割前提前断水，早稻一般提前 5d，晚稻提前 10d 左右。过早断水会影响产量与米质。

三、应用效果

浅湿灌溉与传统灌溉相比，节水 30％～40％，增产 5％～10％，能在保证水稻后期根系与功能叶片活力的基础上增加成穗率，防止无效分蘖，增加千粒重，防止水稻后期早衰。

四、适用范围

适用于南方水稻种植地区。

五、技术模式

水稻浅湿控制灌溉技术

（于孟生，宋敏讷）

广西水稻半旱式垄沟灌溉技术

一、概述

水稻半旱式垄沟灌溉，指的是稻田实行开沟起垄，垄上种稻，沟中灌水的一种节水灌溉技术。此项技术是把常规的水中种稻改为垄面种稻，改常规的大水漫灌为蓄水润灌。通过垄沟灌溉，能显著改善土壤的通气状况，增强土壤通透性，协调水气关系，使土壤有益微生物活动旺盛，改善土壤理化性状，促使水稻根系发达，吸收养分能力增强。

二、技术要点

(一) 开沟

抛秧前开好四周和田间排灌沟。四周排灌沟要求沟宽 30cm、沟深 20~25cm；田间沟按间隔 2m 左右开一条沟，沟要直，两沟之间成垄，将沟泥扶到垄面上，结合施基肥把垄面整平待插秧或抛秧。

(二) 管水

总的原则是：水稻移栽后，全生育期田面几乎不留水层。

前期（移栽回青到分蘖盛期）：保持平沟水至半沟水。移栽回青到分蘖初期灌平沟水，因为刚移栽的秧苗根部受损，吸水能力弱，要有充足的水分供应。此时，保持平沟水，使垄面土壤水分达到饱和状态，能满足水稻根系生长的需要。当水稻分蘖达到盛期时，其根系比较发达，吸收水分养分能力强，此时保持半沟水，能增加土壤通透性，促进养分释放，利于水稻吸收利用。

中期（分蘖后期到拔节孕穗初期）：让沟水自然落干，进行露晒田。当分蘖盛期够苗之后拔节之前进行露晒田，露晒田的标准是根据稻田肥力和水稻长势情况而定，稻田比较肥、禾苗长势较旺盛的田块，需重晒，一般干水晒田 7d 左右，晒到叶片坚挺，田面发白根时即回水。而稻田比较瘦、长势比较弱的田块，晒田则要轻一些。

后期（抽穗前后）：进入拔节孕穗期时，沟中要灌满水；抽穗扬花时，灌至垄面有 1~2cm 的薄水层，这一阶段是水稻对水分吸收的高峰期光合作用也进入高峰期，需水量特别大。灌浆至成熟期，要保持半沟水，使垄面保持湿润，直到成熟收割前 7d 左右，让其自然落干。

（三）施肥

基肥的施用方法：结合开沟起垄将基肥均匀撒在湿润的垄面上。

追肥的施用方法：在垄面湿润，无水层的状态下追肥，分垄撒肥，把肥料均匀地撒在垄面上。

三、应用效果

水稻半旱式垄沟灌溉技术与常规水稻栽培技术相比，可每亩减少灌水量 100m³ 左右，提高产量 5%～10%。

四、适用范围

适用于南方水稻种植地区。

五、技术模式

水稻半旱式垄沟灌溉技术

（于孟生，宋敏讷）

湖北"菇—稻"种植综合利用秸秆、地膜覆盖技术

一、概述

该项技术是指在中稻收获后，利用水稻、玉米秸秆作为基料，大田种植大球盖菇，用地膜进行覆盖保墒，是一项集合了秸秆综合利用、覆膜保墒、防渍防病、节水节肥和培肥地力的技术。

二、技术要点

（一）播前准备

1. 原料准备

（1）主要材料　10月中旬开始准备主要原料，每亩水稻秸秆 5t、玉米蕊粉 250kg，前者是主料，生物学转化率约 30％，后者是次料，主要作用是隔离稻草与土壤，以免发生烂草现象，转化率比稻草高，但因其成本较高，作为次料。

（2）辅助材料　黑色地膜、遮阳网等。地膜应符合《聚乙烯吹塑农用地面覆盖薄膜》（GB13735）要求，厚度 0.03mm，膜宽 0.6～0.8m，主要作用是保湿、增温、除草。遮阳网遮光率达到 80％左右，主要作用是防晒，前期保温，后期保证菇体美观，提高商品性。

2. 耕整消毒施肥防虫　首先，耕整机将大田耕整，在场地四周开好排水沟，沟深 30～50cm。其次，人工整地作畦，把地整成垄形，菌床稍低、两畦稍高，畦宽 80～100cm，畦与畦间距 40～50cm。最后，建堆之前进行场地消毒。覆膜前，在畦上每平方米撒 0.5kg 菜籽粕，既可防止蚯蚓危害，又能被菌丝吸收利用提高产量，同时在畦上和四周撒 5％辛硫磷颗粒防治地下害虫。

（二）播种

1. 浸草预湿　把秸秆草料放在地面上，每天喷水 3～5 次，连续喷水 5～7d。将浸泡过的秸秆草料自然沥水 12～24h，让其含水量达到 65％～70％。

2. 播种覆膜　10月下旬开始建堆播种，堆制菌床时把秸秆压平踏实，草料厚度 20～30cm，原料每亩约用干料 5.2t，用种量为原料重量的 5％左右。堆料时第一层离畦边约 10cm，一般堆 2 层，每层厚度约 10cm。菌种掰成约鸽蛋大小，在两层草料上各撒

播一次。第二次播种后用细料掩盖，播种尽量均匀。建堆播种完毕后，在料上加盖覆盖物（用无纺布、草帘、旧报纸等），覆盖物浇足浇透水后覆盖黑色地膜，最后悬挂遮阳网。

（三）发菌期管理

1. **温湿调控**　大球盖菇菌丝生长阶段要求料温 22～28℃，培养料的含水量为 65%～70%，空气中相对湿度为 85%～90%。播种后，根据实际情况采取相应的调控措施，保持其适宜的温度、湿度指标。

2. **残膜处理**　覆土前，人工回收地膜，进入环保处理（保存得当，可循环利用两年）。

3. **播后覆土**　播种后 30d 左右，菌丝接近长满培养料时，在料面覆土促进子实体形成。

（四）子实体期间管理

菌丝长满且覆土后逐渐转为生殖生长阶段，一般覆土后 15～20d 就可出菇。此阶段的管理是保湿及加强通风透气，出菇阶段适宜的空气相对湿度为 90%～95%，温度为 12～25℃。

（五）病虫害防治

大球盖菇抗性强，易栽培，目前尚未发现危害大球盖菇生长的病害。常见的害虫有螨类、跳虫、菇蚊、蚂蚁、蛞蝓等，可采取场地及四周撒施四聚乙醛颗粒剂诱杀。

（六）采收与销售

根据成熟程度、市场需求，当年 11 月下旬至次年 4 月中旬人工分批采收销售。

三、应用效果

"菇—稻"种植收益比"油—稻"种植收益高 30 倍，每亩可增收 1 万元以上，同时综合利用了前茬秸秆。

四、适用范围

适用于长江中下游"油—稻"种植主产区。

五、技术模式

机械耕整

铺设稻草

人工播种

播种覆膜

子实体形成

鲜菇采摘

（刘启梅，徐东波）

内蒙古干旱半干旱区马铃薯高垄精准滴灌节水农业技术

一、概述

内蒙古自治区干旱半干旱地区马铃薯高垄滴灌精准水肥一体化技术采用单垄双行。垄高 30～50cm，底宽 70～90cm，株距为 33cm，每亩保苗 3 300～4 000 株，播种深度为 8～10cm。滴灌带每垄铺在垄顶正中，每间隔 2～3m 横向覆土压管。连接滴灌带与预先设计好的支管，封堵滴灌带末端。合理的水肥管理措施可提高马铃薯水肥利用效率，达到节本增效、提质增效、增产增效的目的。

二、技术要点

(一) 播前准备

1. 地块选择　选择耕作层深厚、地势平坦、土质疏松、比较集中的地块，便于机械作业的砂壤土或壤土。前茬以禾谷类作物、豆类等为宜，不宜以茄科作物为前茬，以减轻病害的发生。

2. 整地起垄　前茬收获后及时深耕整地保墒，耕翻深度以 25～30cm 为宜，翌年春耕后及时耕翻耙磨。播前机械起梯形垄，垄高 40cm，上垄宽 0.30～0.5m，下垄宽 0.70～0.9m，两垄中心相距 0.90m，播种时滴灌带铺设到垄台中央灌溉。

3. 种薯　根据各地无霜期长短，选择按照 NY/T 1212 要求生产的早熟品种费乌瑞它、中早熟品种克新 1 号和中晚熟品种夏坡蒂等脱毒种薯，选择薯型规整、薯皮光滑、色泽鲜明，具有本品种典型特征的健康种薯作种。将种薯提前 15d 出窖，将健壮薯放在室内温度 12～18℃下催芽晒种，当薯芽伸出 0.5cm 左右，在播种前 2～3d 时切块，切块大小不小于 30～50g，每块 1～2 个芽眼。切刀要用 75% 酒精溶液或 0.1% 高锰酸钾溶液消毒。切块后的种薯用 40% 福尔马林稀释 200 倍溶液或 0.5% 硫脲喷洒混匀，平铺、通风、晾干。

一般土壤表层下地温稳定通过 8～10℃时即可播种，一般在 4 月下旬到 5 月上旬播种。机器播种时用拖拉机驱动带有铺设滴灌带辅助装置的马铃薯播种机，先施入种肥，再播种、起垄、铺滴灌带一次性完成。滴灌带铺在垄顶正中，每隔 2～3m 横向用土压住管路。

每亩保苗 3 500～4 000 株，生产中根据马铃薯品种熟期确定适宜种植密度。一般播种深度 8～10cm，用土封严，若土壤黏重适当浅播。

（二）施肥管理

在常规施肥基础上减施，肥料使用应符合 NY/T 496 规定。土壤养分少可每亩添加腐熟农家肥 1 500～2 000kg，无机肥使用尿素、硫酸钾、磷酸氢二铵等。

1. 基肥　在起垄时将肥料施入垄中。施 $N27kg/hm^2$、P_2O_5 $90kg/hm^2$、K_2O $157.5kg/hm^2$，或施与 N、P_2O_5、K_2O 含量相当的复混肥 $900kg/hm^2$。严禁种、肥混合。

2. 追肥　追肥应依据马铃薯营养特性、目标产量及土壤肥力确定养分施用量、施用时期及分配比例。在确定追肥时期时，应重点满足主要生育时期的养分需求，其他生育时期养分仍主要依靠基肥供给。在不同生育时期应参考其养分吸收积累量追施不同养分配比的肥料，以实现作物养分需求与供给的精量配置。

追肥以氮、钾肥为主，占总施氮量 85%，氮肥遵循前控、中促、后补，分别在苗期追施 15%，开花初期追施 40%，块茎膨大期追施 30%；钾肥追肥在开花初期、块茎膨大期各占 15%（表1）。追肥结合滴水进行，施肥前先滴清水 30min 以上，待滴灌带得到充分清洗，检查田间给水一切正常后开始施肥。施肥结束后，再连续滴灌 30min 以上，将管道中残留的肥液冲净，防止化肥残留结晶阻塞滴灌毛孔。

表1　施肥量与灌水量

施肥量（kg/hm²）								灌水量（mm）		
N				P₂O₅	K₂O			苗期	开花期	膨大期
基肥	追肥			基肥	基肥	追肥		5.15～7.10	7.10～7.25	7.25～8.80
播种15%	苗期15%	开花初40%	块茎膨大期30%	100%	播种70%	开花初期15%	块茎膨大期15%	1水	2～4水	3～4水
27	27	72	54	90	157.5	33.75	33.75	50	70	120
180				90	225			240		

注①：种肥 $N27kg/hm^2$（占总施肥量 15%），P_2O_5 $90kg/hm^2$，$K_2O157.5kg/hm^2$（占总施肥量 70%）；追肥肥料为尿素和 50% 硫酸钾。

　②：此表以干旱半干旱地区常年降水状况下降水量为依据制定。

（三）灌溉

具体滴灌时间和灌水量依据马铃薯需水量、降雨情况及土壤墒情确定灌溉定额，保证马铃薯生长季内需水特性，在确定灌溉定额分配比例上应当是开花期＞膨大期＞苗期。苗期一般不灌水，进行蹲苗，促进根系发育。有条件地区，在苗期、开花期、膨大期、淀粉积累期可采用 TDR 剖面土壤水分测量仪测定 0～40cm 土层平均土壤含水量，根据实测土壤含水量和田间持水量的下线，计算灌水定额，实现作物水分需求与供给的精量配置。

灌溉定额及灌溉次数：整个生育期灌水量为 240mm，滴灌 7～10 次。在确定灌溉定额分配比例上应当是开花期＞膨大期＞苗期。播种后早进行滴灌有利于出苗，如无有效降雨，一般在播种后 3～5d 进行保苗水滴灌，灌水量 10mm。苗期滴灌 1 次水约 40mm（15％）；开花期滴灌 2～3 次水约 70mm（30％）；膨大期滴灌 3～5 次水约 120mm（50％）。适时灌水：具体滴灌时间和灌水量根据降水情况确定。

（四）减药措施

马铃薯生育期进行中耕除草 1～2 次。在出苗约 30％时进行第一次中耕培土除草，苗高 15～20cm 时进行第二次中耕培土除草。

在符合 GB/T 8321 规定的合理用药基础条件下，基于高垄滴灌水肥一体化模式，减少常规用药量的 15％～20％。农药安全使用应符合 NY/T 1276 中的规定。

以早疫病、晚疫病预防为主。如果有间隔 2～3d 的高频率降雨，在雨后预防性施药 1～2 次，喷洒市售可湿性粉剂；在没有间隔 2～3d 的高频率降雨，但植株生长不良，在雨后施药 1～2 次，施药间隔 7d。

（五）收获及储藏

收获前保证土壤适度干旱，马铃薯茎叶 80％～90％枯黄萎蔫。9 月末至 10 月初，收获前回收滴灌带，以便第二年继续使用。选用适宜的收获机械，块茎及时运回，避免在烈日下暴晒和低温冻害，储藏参照 GB/T 25872 规定。

三、应用效果

试验与对照水肥一体化技术模式相比平均增产 19.5％，节本增收 8 150 万元；节约氮、磷和钾肥（折纯）分别为 23.1％、43.7％和 29.0％。化肥利用率分别提高 9.3、6.5、10.1 个百分点，节水 6.25％。改进与优化的精准滴灌施肥装置及集成的综合配套控制技术，其作业效率是人工施肥模式的 10.46 倍。

四、适用范围

适用于内蒙古自治区干旱半干旱地区马铃薯高垄滴灌精准水肥一体化技术，适宜种植的环境条件多年平均温度 3～5℃，无霜期 110d 左右，≥0℃年积温 2 500℃左右，土壤类型为栗钙土的砂壤土或壤土。

五、技术模式

种薯切块

机器起垄、滴灌带铺设

苗期培土

开花期追肥

膨大期测光合

收获期

窖储

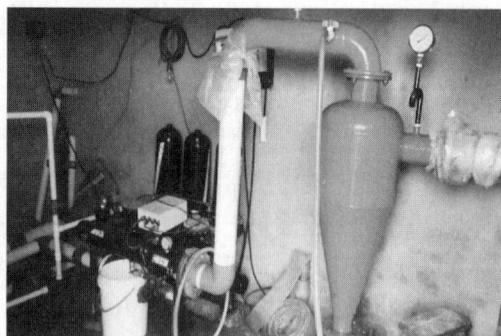

施肥系统

（赵　举，傅晓杰，乌朝鲁门）

马铃薯保水剂拌肥底施抗旱节水技术

一、概述

保水剂是指用于农林生产中改善植物根系或种子周围土壤水分性状的土壤调理剂，可吸收自身 200～400 倍甚至更高倍数的纯水，每一颗保水剂都是一个"微型水库"，后期缓慢释放供作物吸收。保水剂具有提高作物水分利用效率、节约灌溉用水、减少化肥使用量、疏松土壤、改善土壤团粒结构等作用，可在旱作区农业生产中大面积推广使用。

二、技术要点

（一）播前准备

1. 前茬作物选择 选择前茬作物为麦类、豆类，不宜与茄科、十字花科作物轮作，避免重茬。

2. 整地 前茬作物收获后，选择平整、肥沃的土地，及时深翻，深度 20～30cm，播前浅耕，浅旋耙耱平整。

3. 品种选择 选用高产、稳产、优质、抗逆性强的马铃薯脱毒种薯。

4. 种薯处理 播种前 4～7d，晒种催芽。种薯进行切块，切块大小 25～40g 之间，每个切块保证 1～2 个芽眼。催芽过程中淘汰病、烂薯块。切刀使用 10min 后或切到病、烂薯时，及时用 5% 的高锰酸钾或 75% 酒精进行消毒。

（二）基肥选择

每亩施氮肥（N）13.5kg、磷肥（P_2O_5）5kg。

（三）播种

1. 播种时间 适宜播种期 4 月上旬至 5 月上旬。

2. 播种量 播种量每亩 120～150kg。每亩保苗 2 700～4 500 株。

3. 施用保水剂 保水剂与化肥混合拌匀后，通过播种施肥一体机均匀施入种薯犁沟内，或撒施后旋耕施用。在海拔 2 100m 以下的区域，保水剂可以替代地膜进行马铃薯种植。

（1）旋耕施用 将保水剂与化肥拌匀，撒施在地面后进行旋耕，保水剂每亩施用

3kg，旋耕深度为 20～30cm，保水剂的施用最佳深度为 15～20cm。然后起垄，垄下底宽宜 90～110cm，垄上面宽宜 30～40cm，垄高宜 20～30cm（图 1）。

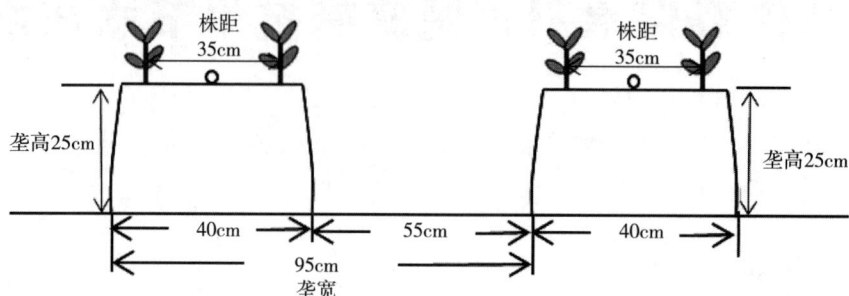

图 1　保水剂施用

（2）马铃薯播种施肥一体机施用　大型播种机行距 90cm，株距 15～20cm。小型播种机大多是单垄双行种植，大行距 80～90cm，小行距 30～40cm。起垄、施肥、施用保水剂、播种一次完成。将保水剂与底肥充分拌匀后通过播种机的肥料箱均匀施于种薯的犁沟里。有副肥料箱的机械可将保水剂置于其中单独施入。

（3）平作　秋季翻地之后磨耙平整，春播时直接开犁沟播种，播种时保水剂与底肥拌匀，防止化肥伤种，和种薯隔行撒施入犁沟即可。既一行犁沟撒施化肥和保水剂，隔一行点种。

（四）田间管理

1. 追肥　根据土壤肥力、植株长势进行科学追肥，在 5 月上旬及 6 月上旬，分别进行两次追肥，两次施肥每亩施氮肥（N）6kg、磷肥（P_2O_5）5kg、钾肥（K_2O）10kg 和氮肥（N）6.4kg、磷肥（P_2O_5）5kg、钾肥（K_2O）14kg。

2. 病虫害防治

①物理防治。铲除田间、地边杂草，切断蚜虫中间寄主和栖息场所，现蕾期用黄板进行诱杀。

②药剂防治。采用低毒低残留药剂防治马铃薯早、晚疫病，优先使用生物制剂。

（五）收获与贮藏

1. 收获时期　一般于 9 月上旬至 10 月上旬收获；收获前 3～5d 用杀秧机进行作业，便于机械收获。

2. 收获方法　机械收获，避免机械损伤块茎和长时间在日光下暴晒。

3. 贮藏　收获后的马铃薯块茎在散光、通风的阴凉放置 2～3d 入窖。在收获运输、贮藏过程中，轻拿轻放，防止造成损伤。

三、应用效果

通过对不同地区 20 个试验点土壤水分含量测定，15 个试验点施用保水剂处理的土壤水分含量高于露地对照处理，其余 5 个试验点差异不大。与覆盖地膜处理相比，8 个施用保水剂处理的试验点土壤水分含量高于覆膜处理，其他试验点差别不明显。2017—2018年，通过 55 个点的测产表明，施用保水剂每亩可增产 182～1 331kg，亩平均增产 533kg，平均增收 170 元以上。

四、适用范围

多年试验示范表明，保水剂最适宜的使用区域为降雨量 300～800mm 地区，在降雨量 400～600mm 时效果最为突出。

五、技术模式

保水剂吸水前状态

保水剂吸水后状态

保水剂种植马铃薯播种现场

保水剂种植马铃薯出苗初期

保水剂种植马铃薯出苗盛期

保水剂种植马铃薯田间长势

（钟永红，陈广锋，水明海）

内蒙古赤峰地区马铃薯节水栽培技术

一、概述

马铃薯节水栽培技术，采用大垄双行高台和滴灌节水施肥技术相结合，根据马铃薯不同生育时期需水需肥规律，实现马铃薯栽培水肥一体化。

二、操作要点

（一）滴灌系统模式

滴灌系统由水源工程、首部枢纽、输配水管网、施肥器及控制、量测和保护装置等组成，为固定式滴灌系统。

水源为井水，过滤系统采用离心＋网式组合过滤器，过滤精度 120 目，施肥装置采用压差式施肥罐，容积根据系统地块大小而定。输配水管网：地下采用 PE 管，地面为薄壁支管＋辅管＋毛管的形式，毛管选用单翼迷宫式滴灌带。

系统采用支管＋辅管＋毛管的模式，每个辅管为一个灌水区。

（二）滴灌系统的安装

①按照水源供水能力确定首部大小。在播种前安装主管道、支管道、控制闸阀及接头。

②在播种覆膜的同时铺设滴灌带，也可采用播种后人工铺带的方法。

③安装后系统试运行，对管道漏水处进行处理，达到运行要求。

（三）膜下滴灌马铃薯栽培技术

1. **选地**　选地要求热量条件≥10℃活动积温 2 200℃以上，选择有机质含量≥15g/kg，土层厚度 40cm 以上，碱解氮 90mg/kg 以上，有效磷 25mg/kg 以上，速效钾 100mg/kg 以上，盐碱化轻、排水良好，要求 3 年以上轮作、壤质或砂壤质土壤。

2. **整地施肥**　前茬作物收获后及时进行深翻，深耕要大于 30cm，结合施基肥，播前用旋耕机仔细旋耕，达到 15cm 表土层细碎均匀，便于覆膜。在早春整地时结合土地旋耕亩施 1 500～2 000kg 腐熟的优质农家肥。

3. **播种**　播种密度视种植品种不同而定，栽培模式有两种：67cm 等行距种植；一膜一带双行大小垄种植，行距配置为（80＋40）cm，株距根据品种而定，费乌瑞它、夏波蒂 22cm，大西洋 18cm，一般亩种植 5 000～6 000 株。薯块种植在滴灌两侧，深度不超过 12cm，对于 2g 以下的微型薯播深 2～3cm。每亩施磷酸二铵 10kg、硝酸钾 12kg、尿素 10kg，播种时施入。

4. 田间管理

（1）滴水与施肥 出苗后视幼苗的生长状况和天气情况及时进行滴灌，灌水周期可控制在 10d 左右，全生育期滴水 4～6 次，亩滴灌量 60～80m³，每次亩滴水量在 15m³ 左右。现蕾—开花期是块茎增长期，不能缺水缺肥，因此在水肥管理过程中，需要根据土壤墒情和降雨情况，进行滴水追肥，降雨量大，土壤墒情是宜，可少滴或不滴水。

在苗期、花期、块茎膨大期按 3∶6∶6 的比例每亩追施氮磷钾水溶肥 15kg。为了获得高产，生产中应用多效唑和膨大素，在蕾期均匀喷在茎叶上，可抑制徒长，增产 10%～20%。

（2）中耕与病虫草害防治 主要有以下田间管理作业。除草：出苗前后要及时进行杂草防治，最好采用化学防治办法，根据草的种类选择相应的除草剂，稀释后对地表进行均匀喷雾，一般两次即可有效地防止杂草的危害。中耕：蕾前要及时进行中耕，将膜间空地中耕松土，促进膜下土壤气体交换和幼苗根系发育。中耕过程中，应避免损伤滴灌带。滴灌带出现损坏时，用直通及时连接。培土：现蕾后初花期要及时进行培土，培土可分次进行，最终培土厚度要达到 10cm 以上。机械化管理：除播种外，膜带铺设、中耕培土、农药的喷施及果实收获全部可由机械完成。

马铃薯的主要虫害有：蛴螬、金针虫、地老虎、蚜虫，前 3 种害虫可亩用 2.5% 劲彪乳油或者 5% 的百事达乳油和农家肥混拌均匀后随施肥施入防治；对蚜虫的防治可在苗期至封垄前，用扑杀蚜或增效氧化乐果 2 000 倍液，每亩 30～45kg 对植株进行喷雾，喷洒时间和次数根据蚜虫的出现时间和危害程度决定，一般 2～3 次即可有效防治蚜虫的危害。

马铃薯的主要病害是晚疫病。防治措施，首先严格检疫，不从病区调种；第二，要做好种薯处理，实行整薯整种，需要切块的，要注意切刀消毒；第三，在生长期，如发现晚疫病发病植株，应及时喷药防治，可用 50% 的代森锰锌可湿性粉剂 1 000 倍或 25% 瑞毒霉可湿性粉剂 800 倍液进行防治。每 7d 1 次，连喷 3～4d。

5. 收获 生育后期，当茎叶由绿变黄并枯萎时收获。选土壤不潮湿，天气晴好的日子收获，机械收获或人工收获。收货后，薯块要按要求分类装袋，干燥后再入窖。在晾晒干燥的过程中要严格防止暴晒、霜冻。收货前 1 周应冲洗滴灌系统中支管、辅管、滴灌带，然后及时拆收。

6. 滴灌带及残膜回收 采用人工或机械回收滴灌带及残膜，减轻对土壤的污染。

三、技术适用范围

适用于内蒙古中南部牧农区马铃薯节水栽培。

四、效果

种植地膜覆盖马铃薯，采用滴灌技术，每亩灌溉一次仅需水量 10～15m³，节水

60%～70%，灌溉一次需水费 5～6 元，是习惯灌水水费的 20%。滴灌每亩可节水 60～90m³，节约水费 50～60 元，节水效果明显，是马铃薯节本增效、增产增收的重要措施。

五、技术模式

（刘亚茹，苑喜军）

内蒙古旱作谷子膜侧精量穴播栽培技术

一、概述

谷子在我国栽培历史悠久，因其抗旱性强，耐贫瘠、营养价值高而成为旱作农业区的主要粮食作物之一。谷子种植区域为旱作区，存在降水严重不足且春旱严重，播种保苗难，作物生育期降水不均和水分利用效率低等问题，农民种植的谷子品种大多为农家品种，没有具体优化的品种及配套的农艺农机栽培技术，特推出"优质高产抗旱品种膜侧精量穴播栽培技术"旱作区谷子集成配套种植技术体系，并进行示范推广。

所谓膜侧栽培，就是将谷子种植于地膜两侧的栽培方法。该技术具有明显的集雨、保水、增湿效果，播种期不受墒情的影响，可以适时播种；不需要破膜放苗，节约了破膜用工，减少了土壤水分蒸发量，保肥、保全苗、保温保湿，抗旱效果更好；保证盖膜质量、抑制杂草生长、减少病虫害等。

二、技术要点

(一) 播前准备

1. 选地整地 选取耕层深厚、土壤肥沃、保水保肥能力强的地块进行种植，需做好整地与施肥处理，确保所选择地块的土壤吸纳足够水分，每亩施入 1 500kg 腐熟水肥、3kg 碳酸氢铵作为底肥，保障施肥的均匀度。

2. 因地制宜选用良种 选用优良品种是夺取高产的关键措施。选用适合本地条件的抗旱、抗逆性强、生育期适中、丰产性能好的优质高产谷子品种，如张杂谷系列或赤谷系列、峰红 6 号、金苗 K1 等谷子品种。

在播种前晒种 1～2d，并对种子进行"三洗一闷一拌"处理（三洗：先用清水去秕籽，再用 10%盐水漂去饱籽，然后用清水清洗；一拌：用种子量 0.1%的内吸磷类农药拌种防治地下害虫，用种子量 0.2%～0.3%的瑞毒霉拌种防治白发病和黑穗病；一闷：拌种后堆闷 6～12h 后播种。）

(二) 播种

谷子播种期以苗期避开晚霜冻为原则，一般在 4 月 20 日至 5 月 20 日播种，谷子播种量为 9～10kg/hm²。

地膜厚度约 0.007～0.008mm。采用膜侧精量播种机穴播谷子，机器完成覆膜、铺滴灌管、施肥作业，播深 2～3cm。谷子膜侧播种地膜膜面宽度为 0.55m，宽窄行种植，宽行 70cm，窄行 40cm，距膜侧 3～5cm 种植谷子，穴距 20cm，每穴保苗 3～4 株，亩保苗 2.0 万～2.5 万株。随播种亩施入谷子专用肥 20kg。

（三）适时田间管理

膜侧栽培技术是继地膜穴播后的又一次技术创新。膜侧种植技术将传统农业种植技术与现代栽培技术进行整合，通过改良土壤结构、增大光照强度培育壮苗，保障苗期的完整性，缩短生育周期，以此实现高产栽培目标。在实际生产过程中需把握好选种处理、播种育苗、膜侧种植、水肥管理、病虫防治等环节的技术要点，提高栽培质量与效益。

待春季持续降雨 3～5d 或累积降雨量达到 20mm 后，即可将地膜覆盖在垄面上，利用过筛细土将地膜四周压实，起到保水保温效果。

谷子出苗后及时检查苗情，发现缺苗断垄时，可用温水浸泡种子，然后拌药闷种催芽，待胚芽突破种皮立即补种，以保证全苗。对田间杂草严重地块及雨后板结地块，及时中耕破除板结疏松土壤，改善土壤通气条件，及时除草。在谷子拔节期和抽穗期，可根据长势及时追肥，可追加尿素，也可以用 5mg/kg 磷酸二氢钾与尿素的混合液进行田间喷雾，每隔 7～10d 喷施 1 次，喷 2～3 次，促使籽粒饱满，提高千粒重。

在病虫害防治环节，采取预防为主、综合防控的措施，应注意把控好 1～2 龄幼虫高峰期，选用高效低毒的农药进行害虫防治。

（四）适时收获

谷子适宜收获期一般在腊熟末期或完熟期最好。收获过早，籽粒不饱满，谷粒含水量高，出谷率低，产量和品质下降；收获过迟，纤维素分解，茎秆干枯，穗码干脆，落粒严重，如遇雨则生芽，使品质下降。谷子脱粒后应及时晾晒，一般籽粒含水量在 13% 以下可入库贮存。

（五）残膜处理

谷子收后，将埋在地里和地表的废膜及时清理干净，以防止白色污染。

三、应用效果

旱地谷子实行膜侧栽培，其增产效应十分明显。在干旱地区，谷子采用膜侧栽培，每公顷有 50% 的地面面积被地膜覆盖，土壤水分蒸发量明显减少；与此同时，膜侧能最大限度地集中接纳自然降水，从而双向增强抗旱保墒性能，使有限降水发挥最大效应。膜侧栽培通风透光性强，病害率下降，能充分利用边行优势，加快了光合产物的转化，达到穗大粒饱产量高。膜侧谷子不需要放苗，追肥、除草、壅土容易，有利于改良土壤结构，提高肥料利用率。能明显改变田间小气候，使谷子生长发育所需的水、肥、气、热等条件得到改善，从而达到苗全、苗壮、灌浆快、成熟好，单株生产能力和单位面积产量得到大幅度提高。

四、适用范围

适用于华北、西北谷子干旱种植区。

五、技术模式

核心技术是"膜侧精量穴播栽培技术"，以膜侧播种和测土配方施肥为核心，将适应性品种筛选、探墒播种保苗、植保化控、全程机械化作业等技术进行集成，推广抗旱膜侧栽培技术。

膜侧播种栽培

覆膜全过程

谷子不同生育期田间监测

（吴金花，关　菁）

宁夏南部山区马铃薯滴灌大垄宽行全程机械化旱作栽培技术

一、概述

宁夏南部山区十年九旱，且降雨量分布不均，降雨多在 8 月、9 月、10 月。马铃薯滴灌大垄宽行全程机械化旱作栽培技术是在马铃薯生产过程中，从施肥、耕地、整地、起垄、播种、中耕、培土、病虫草害防治至收获，全部采用机械作业完成，人工辅助机械操作，并在马铃薯生长关键期补充灌溉，有效缓解干旱影响，达到提高化肥及农药利用率，减少投入，增加大薯率，增加产量，实现高产稳产。

二、技术要点

（一）播前准备

1. 选地 选择有利于机械化作业，前茬未种过茄科作物的地块，有残膜的地块清除残膜。

2. 施肥 根据测土结果和目标产量确定施肥量，全生育期亩需 N 18～23kg、P_2O_5 7～9kg、K_2O 5～7kg、商品有机肥 200kg。其中，全部有机肥、磷钾肥及 2/3 氮肥用撒肥机撒施。

3. 土壤处理 每亩选择 70% 吡虫啉颗粒剂 20～30g、3% 辛硫磷颗粒剂 150～200g 拌沙土 5kg 撒施，进行土壤处理，防除地下害虫。

4. 整地 种植前用轮式拖拉机携带铧式液压翻转犁，翻深 35～40cm，每犁间结合紧密，无沟无垄。然后选择 66.2kW（90 马力）以上轮式拖拉机携带幅宽 300cm 旋耕机旋耕，使地面平整，无土块，旋耕后待土壤沉实后播种。

5. 种薯选择和处理 选择健康无病害侵染、表皮完整无损伤的优质脱毒种薯，从贮藏库中取出，晒种。于播前 3d 左右切种，将种薯切成 30～50g 薯块，留 1～2 个健壮芽；切刀用 5% 高锰酸钾溶液，或 75% 酒精，或 0.1% 敌克松溶液浸泡。每人准备两把切刀，一刀浸泡，一刀切种，一薯一换。切块后，每 100kg 种薯采用 58% 甲霜灵·锰锌可湿性粉剂 100g（或 25% 咯菌晴种衣剂 10g，或 25% 嘧菌酯悬浮剂 20g）＋72% 农用链霉素 10g＋500g 滑石粉配制成药粉（或＋水配制成 200 倍溶液）干拌或喷淋，阴干后包装保存，预防土传病害。

（二）播种

当 10cm 土层温度稳定在 10℃左右时，采用 66.2kW（90 马力）以上轮式拖拉机带四行马铃薯播种机一次性完成开沟、施肥、起垄、播种作业。单行垄作，垄底宽 40cm，垄高 15cm，垄沟 50cm，行距 90cm，株距 18.5cm。于 4 月中、下旬播种，播深 15cm，亩播种密度 4 000 株。

（三）田间管理

1. 中耕培土及铺设滴灌带　马铃薯播种后约 25～30d，马铃薯顶芽距垄面 1～3cm，用 1204 型轮式拖拉机带中耕培土铺设滴灌带一体机，沿播种垄沟培土形成大垄，垄底宽 90cm，垄面宽 40cm，垄高 30cm；滴灌带铺在每垄中间，每垄铺设一条滴灌带。

2. 追肥　结合中耕追施剩余 1/3 的氮肥。

3. 灌溉　滴灌第一次马铃薯全苗期，用水量 40m³；第二次马铃薯现蕾期，用水量 30m³；第三次马铃薯开花末期，用水量 20m³。之后根据田间土壤含水量及气候，适时进行滴灌。

4. 病虫草害防治

（1）草害　马铃薯出苗后未封垄前，每亩可用 11％砜嘧·精喹可分散油悬剂 50～60g，或 25％砜嘧磺隆水分散粒剂 5～6g，或 23.2％砜·喹·嗪草酮可分散油悬浮剂 70～85g，兑水 45kg 均匀喷雾防除。

（2）病害　根据马铃薯预测预报系统及时安排施药。第一次于 6 月中旬，马铃薯团棵期采取保护性药剂（有效成分为代森锰锌）防治早疫病、晚疫病；第二次在第一次施药后 7～10d 继续采取保护性药剂（有效成分为代森锰）；第三次根据田间发病情况选择药剂，田间出现晚疫病中心病株时，及时拔除，带出田外深埋，同时对病株周围 50m 范围内的植株喷施 58％甲霜灵锰锌进行控制；根据田间调查，如果再次出现病叶及病株，选择内吸性药剂（烯酰吗啉、霜脲氰、氟吡菌酰胺、恶霜菌酯、嘧菌酯等），间隔 7d 喷施一遍，交替使用防治 2～3 次即可。

（四）杀秧

当植株枯萎，茎叶 2/3 变黄时，用 55.1kW（75 马力）以上轮式拖拉机带幅宽 400cm 背负式四行杀秧机，在收获前 10～15d 杀秧，使马铃薯地上植株全部粉碎并抛洒均匀，根茬不高于 10cm。

（五）收获

选择晴天适时收获。选用马铃薯收获机收获，边收获边运输到分选地点分选预贮。

三、应用效果

比常规栽培可提高化肥利用率 30％以上，提高农药利用率 30％，大薯率提高 20％，增产 20％以上，合格薯商品率提高 20％以上。

四、适用范围

适用于降雨量在 300～400mm 之间，有补灌条件，集中连片生产马铃薯及商品薯生产基地种植。

五、技术模式

机械深耕

机械旋耕，平整土地

马铃薯切种、拌种

马铃薯机械播种

中耕培土

一垄一带

苗期机械化防病

马铃薯盛花期机械杀秧作业

（魏固宁，崔　勇）

甘肃民乐县马铃薯全程机械化膜下滴灌水肥一体化集成技术

一、概述

结合高标准农田建设，依托甘肃鼎丰马铃薯种业有限公司，按照"龙头企业（合作社）＋基地＋农户"模式，全县建成马铃薯膜下滴灌水肥一体化示范基地 6 个，总示范面积 1.2 万亩，配套约翰迪尔、格里莫等进口的机械设备，经过两年的生产推广应用，取得了节药 20%以上、节肥 30%以上、节水 40%以上、节省用工 50%以上，亩节本增效 1 000元以上的应用效果，总结出了一套适宜于民乐县马铃薯全程机械化膜下滴灌水肥一体化集成技术规范。

二、技术要点

（一）前期准备

1. **基本要求**　机具应符合安全标准要求，并适应当地马铃薯生产农艺要求，处于完好状奋。所选约翰迪尔、格里莫等进口的拖拉机功率与配套机具以及地块大小应匹配。机具在使用前按农艺要求设置或调整工作参数，并按其使用说明书规定调整至最佳工作状态。机具操作人员应是经过培训且具备相关资格要求的人员，作业前应详细阅读机具使用说明书，作业和维护应按机具使用说明书的要求操作。操作人员不得在酒后或身体过度疲劳状态下操作机器。作业时，操作人员应随时观察机具作业状态，如有异常应停机检查并排除故障，操作时应严格遵守安全规则。

2. **地块选择**　作业地块宜选择地势平坦或缓坡状地块，集中连片，适宜机械化作业。不宜选在排水能力差的低洼地、涝湿地。土壤应符合马铃薯栽培要求，宜选择土层深厚、透气性好的中性或微酸性砂壤土或壤土。

马铃薯种植应遵循 1～3 年轮作制度，不应 3 年以上连作种植。不应与茄科类、块根类作物轮作。在前茬作物收获后需要进行残膜回收时，应在深耕整地前选择适宜的残膜回收机械进行残膜回收。秸秆还田时，将秸秆、根茬粉碎，秸秆、根茬长度不超过 10cm，然后进行深耕或深松作业。

3. **播前施肥**　施肥方式可利用撒肥机撒肥，将肥料均匀地抛撒在地表，然后进行深耕整地作业；也可采用边耕边施肥的方式结合整地一次施入。配套使用测土配方施肥技术，亩施马铃薯配方肥（20-15-10）80kg 或施尿素 25kg、磷酸二铵 26kg。

4. 种薯品种选择 选用经过审定的，适应性好、抗逆性强、高产高效一级或二级种的脱毒种薯。一般情况下大西洋选择原种，克新 1 号等品种选用一级种。

5. 种薯处理 播种前 2～3d 选择具有品种特征、薯块完整、无病虫害、无伤病的种薯进行切块，每个薯块至少带 2 个芽眼，薯块重量为 30～50g。刀具用 75％的酒精或 0.5％高锰酸钾水溶液消毒，应一刀一蘸，切块时切出带病种薯要进行换刀，切刀浸泡时间必须在 5min 以上。

切块后的种薯选用甲霜灵锰锌 100g＋农用链霉素 20g＋滑石粉 3kg 拌薯块 200kg，以此比例进行药剂拌种处理，拌种后通风晾干，不得粘连。

（二）深耕整地

深耕整地作业一般在播种前 15～20d 进行。

整地作业可采用旋耕、耙、糖或联合整地等方式进行整地作业。深耕深度为 10～15cm，耙地深度为 8～15cm。深耕整地作业后应适度镇压，以保持土壤水分。整后的土地应地表平整，土壤疏松，碎土均匀一致，一般不应有影响播种作业质量的土块。

深耕整地根据作业方式选配灭茬、深松、深翻、旋耕、耙等机械。地表平坦，面积较大的地块宜选用多功能联合复式作业机具，一次性完成深耕整地作业。丘陵山地和缓坡耕地宜采用中小型机具作业。

（三）播种

马铃薯的种植模式宜采用垄作，垄作又分为单垄单行和单垄双行。单垄单行种薯位置处于垄中心线，呈直线分布；单垄双行种薯位置距垄边 10～15cm，呈三角形分布。

种植密度和种植垄距应根据马铃薯品种特征、目标产量、水肥条件、土地肥力、气候条件和农艺要求等确定。单垄单行种植垄距宜选择 60～90cm，种植株距 16～30cm、垄高 20～25cm；单垄双行种植垄距宜选择 100～130cm，垄上行距 17～36cm，种植株距 15～35cm、垄高 15～30cm。垄高旱作区宜低，灌溉区宜高。播种深度 8～12cm，覆土应严实。

播种应在田间地表 10cm 以下的地温稳定在 7～10℃时进行，民乐县一般在 4 月 10 日到 5 月 10 日进行播种，大西洋株距为 16cm，亩播种 6 600 株，克新 1 号株距为 20cm，亩播种 5 500 株。播种方式采用马铃薯播种机播种，播种、起垄、铺滴灌带、覆膜、覆土一次完成。

（四）田间管理

中耕培土作业一般进行 2 次。第一次作业在出苗率达到 20％时进行，培土厚度 3～5cm；第二次作业在苗高 15～20cm 时进行，培土厚度 5cm 左右。两次中耕培土深度控制在 10cm 左右。

中耕机应选择具有良好的行间通过性能的机械。配套动力应选用适应中耕作业的拖拉机。中耕作业一般配合除草和培土同时进行，除草和培土作业应无明显伤根，伤苗率不大于 3%。

（五）滴灌施肥

根据马铃薯苗期、块茎形成期、块茎增长期和淀粉积累期不同生长阶段需水量的不同，实时进行灌溉。苗期需水量占全生育期需水量的 10%～15%，块茎形成期为 20%～30%，块茎增长期为 50%，淀粉积累期为 10%左右。

灌溉水水质必须符合 GB5084《农田灌溉水质标准》的要求。灌溉可采用滴灌、垄作沟灌等高效节水灌溉技术和装备进行灌溉，不得大水漫灌。灌溉要根据天气情况和土壤墒情进行。在收获前 10d 停止灌溉。灌溉施肥制度详见表 1。

表 1　马铃薯膜下滴灌水肥一体化灌溉施肥制度

灌溉时间	灌水量（m³）	含微量元素硼铁锌水溶肥施用		尿素施用量（kg）
		N-P₂O₅-K₂O	施肥量（kg）	
出苗率达到 80%时	15	—	—	—
上一次灌水 10d 后	20	20-18-12	3	1
上一次灌水 10d 后	20	20-18-12	3	1
上一次灌水 10d 后	20	10-20-20	3	1
上一次灌水 10d 后	20	10-20-20	3	1
上一次灌水 10d 后	25	10-20-20	3	1
上一次灌水 10d 后	20	10-20-20	3	1
收获前 20d	20	—	—	—

（六）植保

植保机械应根据地块大小、马铃薯病虫草害发生情况及控制要求选用药剂及用量，选用喷杆式喷雾机、机动喷雾机和植保无人机等进行病虫害防控及化学除草。也可在灌溉时利用水肥药一体化施药技术进行适时防控。

（七）收获

马铃薯打秧一般应在收获作业前 7～10d 进行，应选用结构形式、工作幅宽符合马铃薯种植垄距要求的打秧机械。打秧时，调节打秧机限深轮的高度来控制适宜的留茬高度。

民乐县一般在 9～10 月进行收获。根据地块大小、土壤类型、马铃薯品种及用途等，选择马铃薯分段收获（即机械起收，人工捡拾分级）或机械联合收获、机械分级收获工艺和配套机械。依据种植条件宜选用马铃薯联合收获机。

马铃薯收获机工作幅宽应比马铃薯种植行距宽 20～30cm 或大于马铃薯生长宽度两边各 10cm 以上，挖掘深度应比马铃薯种植深度深 10cm 以上。

三、应用效果

应用马铃薯全程机械化膜下滴灌水肥一体化集成技术，比传统种植可实现节药20％以上、节肥30％以上、节水40％以上、节省用工50％以上，亩节本增效1 000元以上。

四、适用范围

适用于华北、西北地区马铃薯全程机械化膜下滴灌水肥一体化生产。

五、技术模式

马铃薯切种、拌种

马铃薯机械施肥、起垄

马铃薯机械点种、覆膜、铺设滴灌带一体化种植

马铃薯机械中耕、除草、培土

马铃薯水肥一体化蓄水池

马铃薯水肥一体化设备

（林　东，郑　杰）

湖北马铃薯宽垄双行地膜覆盖技术

一、概述

马铃薯宽垄双行地膜覆盖技术是指在田间用机械起宽垄，一次性完成双行播种、起垄、施肥、除草、覆膜作业，是一项具有防渍防病、增温保墒和节水节肥的技术。

二、技术要点

（一）整地坑田

马铃薯根系入土浅，需要选择透水性好、质地偏砂、深厚疏松的土壤环境，故前茬小麦秸秆粉碎还田后，马铃薯播种前每亩施腐熟优质农家肥 3 000～4 000kg 或鸡粪 2 000kg，采取深耕坑田，一般深耕 25～30cm，30d 左右后机械耙细整平待播，保证土壤细绵、无根茬，为机械播种、覆膜创造良好条件。

（二）播前准备

1. 种薯选择 种薯选用适合当地生产条件的优质脱毒马铃薯品种，50g 以上的薯块进行切块和药剂拌种，切刀需用高锰酸钾消毒。种薯以 25～45g 为宜，每个薯块留有 1～2 个健壮芽眼，12月至次年元月播种，亩用种量 150～175kg。

2. 地膜要求 地膜应符合《聚乙烯吹塑农用地面覆盖薄膜》（GB13735）要求，厚度 0.01mm，膜宽 1.2m。杂草较多的地块可采用双色地膜，有条件的地方探索应用强度与效果满足要求的全生物降解地膜。

3. 肥料选择 根据作物品种、目标产量、地块土壤养分含量确定化肥用量和比例，科学增施中微量元素肥料。马铃薯覆膜后难追肥，推荐选用适合机械施用的长效、缓控释肥料以及硫酸钾型复合肥，一般选用 45％（15-8-22）硫酸钾型复合肥；叶面肥推荐选用磷酸二氢钾和持力硼等中微量元素肥料。

4. 机械选择 播种机选择种植行数 2 行、行距 60～85cm 的根茎类种子播种机；培土选择双行培土机，进行单次或双次培土；收获时选用作业幅宽为 85cm 的马铃薯专用收获机。

（三）机械播种起垄施肥除草覆膜一次性作业

选用加装喷洒农药装置的马铃薯专业播种机，调至垄宽约 80cm、垄高约 20cm，中间留 30~35cm 宽播种沟；每垄播种两行，行间距 30cm、株距 25~27cm，每亩播种量4 800株以上。肥料选用适合机械施用的 45％（15-8-22）硫酸钾型复合肥或长效缓控释肥，亩用量 75kg，同时每亩按 300g 混施硼肥；在播种的同时喷洒含异噁草松·乙草胺类除草剂，并同时施肥、覆膜，两侧盖土压膜。

（四）培土保墒

在齐苗前后三天，一般出苗达 75％~80％左右，用培土机进行培浅土覆盖，土厚 10cm 左右，培土后确保垄高达 25~30cm。培土可提高地温保墒节水，同时可防止马铃薯"青头"现象发生，提高马铃薯品质。

（五）田间管理

1. 沟厢配套　田间垄沟、围沟和田外大沟相通，确保降雨时垄沟不积水。

2. 追肥促长　马铃薯齐苗封垄后，根据长势喷施 1~2 次矮壮素，防止陡长，促进薯块生长；出苗 3 叶和株高 20cm 时各施用碧护一次，每次每亩用量 2~3g；看苗喷施磷酸二氢钾（晶体状），每亩用量 100g。

3. 病虫害防治　密切关注病虫害发生，重点做好晚疫病、疮痂病、黑胫病、地老虎等病虫害防治。

（六）适时收获

5 月上中旬，马铃薯单薯重 200g 左右，根据市场行情，即可用专业马铃薯收获机陆续采挖上市。

（七）残膜处理

马铃薯收获后，采用人工或机械回收地膜，进入环保处理。

三、应用效果

亩均增产 10％以上、节肥 8％以上、节约人工成本 700 元以上、节本增效可达 1 000元。

四、适用范围

适用于长江中游冬播马铃薯种植。

五、技术模式

机械播种施肥除草覆膜一次完成

机械培土

苗期生长

病虫防治及喷洒叶面肥

机械采收

（吴　润，舒　静）

云南曲靖冬马铃薯单垄
双行膜下滴灌水肥一体化技术

一、概述

云南省常年冬马铃薯种植面积300多万亩，是全国冬马铃薯的最大产区，曲靖市是云南省冬马铃薯的主产区之一。本技术重点针对曲靖冬春季降雨偏少，冬马铃薯缺水灌溉或灌溉施肥水平低严重影响产量和品质问题，通过采取单垄双行栽培、机械化覆盖地膜、配套安装灌溉施肥系统、建立灌溉施肥制度等，实现精准灌溉施肥。经过多年的推广实践，已在曲靖市推广应用本技术20万亩。

二、技术要点

（一）水源准备

水源以井水、河流、塘坝、水库等为主，灌溉水水质应符合有关标准要求。首部枢纽包括提水、加压、过滤、施肥和控制测量等设备。根据水源供水能力、耕地面积、灌溉需求等确定首部设备型号和配件组成；过滤设备采用离心加叠片或者离心加网式两级过滤；施肥设备宜采用注肥泵等控量精准的施肥器。水泵型号的选择应满足设计流量、扬程要求，如供水压力不足，需安装加压泵。

（二）设备选择和安装

1. **首部自动反冲洗过滤系统**　根据水源状况和种植面积，过滤器选择自动反冲洗沙石过滤器＋自动反冲洗叠片过滤系统。电子控制系统通过压差来控制自清洗过程。压差表将压差信号送至电子控制单元，电子控制单元通过电磁阀来控制排污阀的开启和关闭。如果一次自清洗周期后压差并无改变，第二次自清洗过程将会在30s后进行，最终起到保障过滤器高效、稳定运行，切实起到去除水体悬浮物、颗粒物，降低浊度，净化水质的作用。

2. **首部过滤系统保护装置**　为了保证系统的正常运行，泵房首部还需要安装逆止阀、水表、持压阀、安全阀等。其中逆止阀安装在整个泵房的出水口处，防止水泵停止工作时管道内的水回流，对过滤器产生强的冲击，将过滤叠片打坏。逆止阀前端，安装旁路式安全阀，管道水回流会瞬时增大逆止阀局部的压力，通过安全阀将这部分压力释放到外部，保护逆止阀局部的管件，管道安全。在泵房内合适位置安装水表。通过水表读数，可初步判断水泵工作是否正常，田间是否有管道破裂、灌溉用水跑漏现象，也可通过读数进行一系列计算。当系统压力不够时，过滤器自动反冲洗功能受阻，所以在过滤器的末端安装一台持压阀，对过滤器末端的水进行压力调节，保证过滤器的自动反冲洗正常运行。

3. 首部施肥系统　采用智能施肥机。智能施肥机可根据不同用户的条件，提供适合的流量输出，合理控制肥料施加，保证以极低的投入获得极高的收益。根据地块大小及施肥量需求配置施肥泵及流量计，最大限度满足应用需求。智能施肥机具有以下优势：①拥有自动报警系统，设备运行出现问题，系统能够自动停止及报警；②耐腐蚀的 PVC 管道及附属管件；③与首部系统连接简单；④最多 4 条通道可同时工作；⑤可以根据客户需求单独定制；⑥高质量配件和 PVC 管路连接；⑦铝合金防蚀支撑平台；⑧安装方便，维护便利。

4. 田间滴溉系统调压电磁阀　调压电磁阀门是自动水肥一体化的关键设备，有了它，田块要灌溉施肥，人在手机上一点就可以了，不需要人走到田里开管道开关，把 100～1 000亩田划成 5～10 亩若干个种植单元，在每个种植区的首部控制系统中，都必须安装压力调节设备——电磁调压阀。选用高质量的电磁阀门：①玻璃纤维加强尼龙、大流量、低水头损失；阀门结构简单，由阀体、阀盖、隔膜三部分组成；②RAF-P 阀门专利的加强横膈膜，不需要金属弹簧，特殊的弹性设计保证了阀门可以渐进，精确的开启和关闭，使 RAF-P 阀门成为免维护阀门；多种连接方式：螺纹、法兰、丝扣；③阀体可以安装1～2 个导阀；在多种压力和流速下都能平稳地运行，不产生噪音和振动；④开启和关闭需要的压力很低；唯一没有金属运动部件的阀门。

5. 田间安全保护装置　在灌溉系统田间网络部分设有 $1''$、$2''$ 空气阀，作用如下：空气阀——在系统开/关时排/进气以保护系统，避免滴灌管因负压产生倒吸现象。在所有供水管道中，对管道危害最深的除了人为的破坏以及因为天气原因而破裂外，危害最深的是管道中的无形杀手——水锤。这是在所有管道中不可避免地都要发生的问题。消灭水锤的有效方法是让管道中的空气尽可能地流畅。

6. 安装滴灌管　从首部系统安装主管、支管到各个马铃薯种植单元，再从支管上安装滴灌管到地里，每行马铃薯安装一根滴灌管，滴灌管参数：①采用非压力补偿滴灌管，滴头为内镶式结构，滴头在生产过程中直接"焊"于滴灌管的内侧壁上，最大限度地防止机械损伤。②滴头：流道窄长，有效防止滴头堵塞，滴头间距 20cm，流量 1.20L/h，壁厚 0.38mm。③压力/流量关系：流态指数 $x=0.45$，流量系数 $K=0.39$，$Q=K*P_x=0.39*0.45P$。④毛管材质——由低密度聚乙烯拉制而成。滴管材质的化学配方具有抗环境应力破坏的能力，例如在极端的气象条件（高温、冰冻温度等）。同时内含有抗紫外线的添加剂，可防止暴露在田野中管线的老化，延长其使用寿命。⑤偏差系数=0.03。

（三）种植和地膜覆盖

冬马铃薯掌握在 11 月上旬至 12 月底播种。种植冬马铃薯采用单垄双行膜下滴灌自动水肥一体化技术，垄距 1.2m，垄高 0.3m，每垄种植两行，小行距 0.4m，大行距 0.8m，株距 0.3m，每亩种植 3 700 株。机械做垄、做墒，采用全覆膜覆土 3～4cm。每行马铃薯安装一根滴灌管。用马铃薯播种机一次性完成播种、布设滴灌管、覆膜。

（四）灌水施肥方案

1. 底肥　亩施农家肥 1 000～1 500kg。

2. 追肥　根据土壤肥力、马铃薯长势，出苗前，亩滴高磷水溶肥 5～10kg，苗期亩滴尿素 10～15kg，现蕾期亩滴平衡型水溶肥 10～15kg，花期亩滴高钾水溶肥 15～20kg。每次每亩滴肥不超过 5kg，少量多次，减少化肥的流失，提高化肥的利用率。追施 8～11 次水溶肥 40～55kg。

3. 灌水　灌水 8～11 次，106.56～146.52m³（表1）。

表1　马铃薯水肥一体化技术灌水施肥表

阶段	水溶肥配比	每亩每次施肥量（kg）	施用次数	亩施肥量（kg）	间隔天数（d）	亩灌水量（m³）
出苗前	15-35-10	5	1	5	0	8.88
苗期	尿素46%	5	2～3	10～15	7	17.76～26.64
现蕾期	19-19-19	5	2～3	10～15	5	26.64～39.96
开花期	12-5-40	5	3～4	15～20	3	53.28～71.04
合计			8～11	40～55		106.56～146.52

三、应用效果

滴灌自动水肥一体化技术比传统施肥、灌溉可节水 30%～60%，节肥 50%～70%，增产 15%～30%，增收 10%～20%，节省用工 500%。

四、适用范围

适用于云南省冬作马铃薯生产区。

五、技术模式

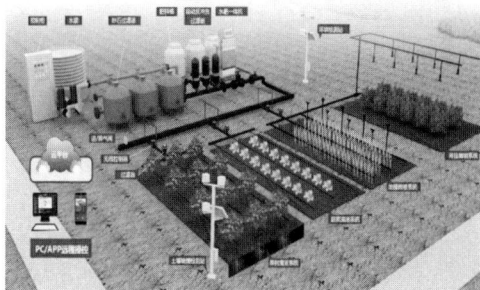

水肥一体化系统示意

播种、安滴灌管、覆膜

田间管网

马铃薯苗期

马铃薯现蕾期

马铃薯收获

（李聪平，赵德柱，赵金玉）

第四部分 | DISIBUFEN

蔬菜及水果

华北地区设施蔬菜智慧灌溉技术

一、概述

设施蔬菜智慧灌溉技术是在充分应用现代传感技术、物联网技术、自动控制技术和人工智能技术的基础上，实现根据设施作物水分需求的精量化灌溉，以达到节约水资源、提高作物产量的目的。设施蔬菜智慧灌溉系统主要由环境感知设备和灌溉控制设备构成，环境感知设备实时采集温室内空气温湿度、土壤温湿度、二氧化碳浓度、光照强度等环境参数，系统利用相关数据进行智能化的灌溉决策，并通过对灌溉控制设备的自动控制实现智慧灌溉。

二、技术要点

(一) 系统的构成

设施蔬菜智慧灌溉系统是一个由环境感知设备、灌溉控制设备、灌溉系统服务器等硬件设备和灌溉服务平台构成的农业物联网系统。环境感知和灌溉控制设备通过无线移动网络与服务器实现信息交互，运行在服务器上的灌溉服务平台利用灌溉决策算法结合获取的环境信息进行灌溉决策，并通过向灌溉控制设备发送控制指令的方式实现自动灌溉控制。系统的拓扑结构如图1。

(二) 环境感知设备

温室环境感知通过布设温室环境采集设备，实现对温室中与作物需水紧密相关的环境参数的实时在线监测。

环境监测设备的监测参数主要包括空气温度、空气湿度、二氧化碳浓度、光照强度、光合有效辐射、土壤温度、土壤湿度等。监测参数的选择与监测设备的布设密度与温室的种植方式和规模相关。对于种植模式和作物品种单一的温室，可选择典型区域布设一组环境监测设备进行环境参数采集。而对于规模较大或种植模式和作物品种多样的温室可对温室进行合理分区，每个分区分别布设监测设备，以获取较为准确的环境参数。

(三) 灌溉控制设备

灌溉控制设备主要包括首部控制设备和田间控制设备。首部控制设备通常选择水肥一体化设备，可根据温室生产的需要和投入成本选择首部控制器，根据生产的需要，可增加比例施肥泵等施肥设施，利用首部控制器在控制首部供水的同时实现肥料的加注，实现首

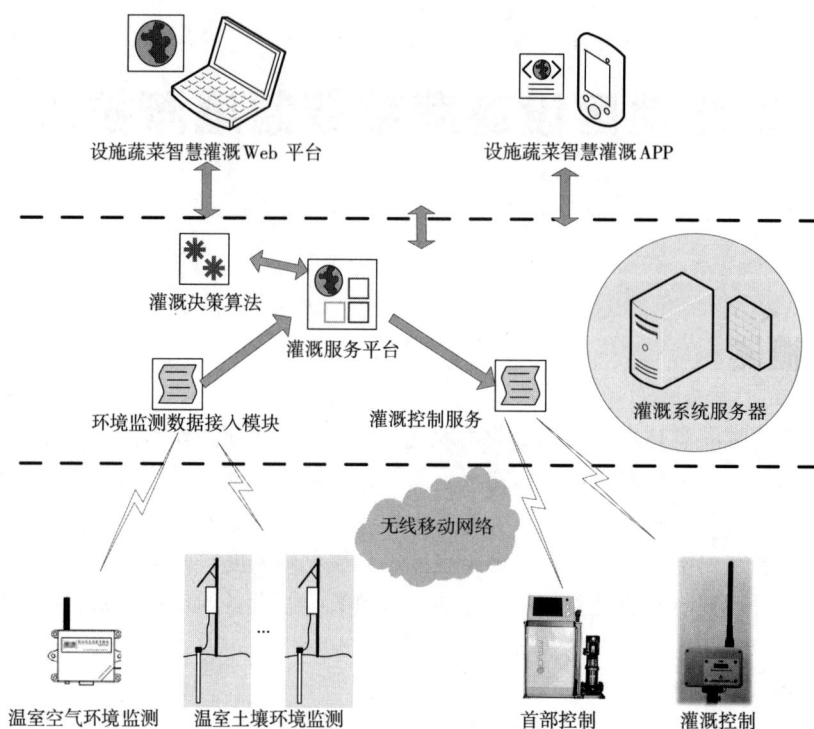

图1 设施蔬菜智慧灌溉系统的拓扑结构

部开关和施肥的一体化控制。水肥一体化设备布设和施肥管理可参照行业标准《设施蔬菜水肥一体化技术规范》（NY/T 3696—2020）执行。田间控制设备主要包括自动灌溉控制器和无线阀门控制器，自动灌溉控制器作为无线阀门控制器的集中器可控制多个阀门开关，通过接收网络指令，实现定时、定量或基于传感器反馈的田间自动灌溉控制。灌溉设备的安装布设可参照行业标准《设施蔬菜灌溉施肥技术通则》（NY/T 3244—2018）执行（表1）。

表1 主要灌溉控制设备

设备名称	适用范围	功能描述	通讯方式
灌溉泵	首部控制	首部供水控制	有线
比例施肥泵	首部控制	注肥	有线
首部控制器	首部控制	控制灌溉泵和比例施肥泵，实现设备的网络连接和自动控制	无线移动网络
自动灌溉控制器	田间控制	定时、定量和传感器反馈灌溉控制，接收服务器灌溉参数，向田间阀控器发送控制指令	无线移动网络、自组网
田间阀门控制器	田间控制	控制田间阀门开关，与自动灌溉控制器实现组网	自组网

（四）灌溉服务平台

灌溉服务平台由温室环境监测数据接入模块、灌溉控制服务模块、灌溉决策模块、设施蔬菜智慧灌溉 Web 平台和 APP 组成，其结构如图2。

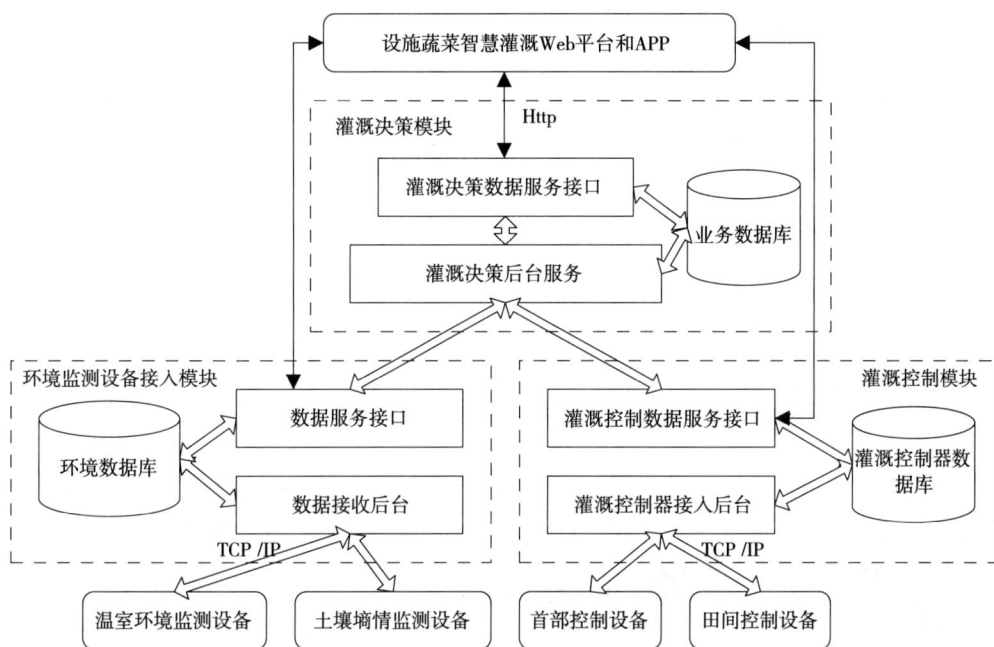

图 2　灌溉服务平台的结构

温室环境监测数据接入模块包括数据接收后台，数据服务接口和数据库。温室环境监测数据接入模块的主要功能是接收来自温室环境感知设备的监测数据，对数据进行处理、储存，同时向系统的其他各模块提供数据访问的接口。监测数据的存储结构、编码方式等可参照行业标准《设施蔬菜小气候数据应用存储规范》（QX/T 382—2017）执行。

灌溉控制模块与灌溉控制设备建立网络连接，向灌溉控制器发送灌溉指令。系统的其他部分可以通过灌溉控制接口向灌溉控制器发送指令，获取控制器的运行状态。

灌溉决策模块拥有一个业务数据库，业务数据库中存储了土质信息、作物生长信息，其通过业务数据库中的信息和获取的环境数据对灌溉进行决策，决策的结果能够通过灌溉控制接口发送到灌溉控制器。

设施蔬菜智慧灌溉 Web 平台和 APP 为用户提供了环境数据查询，灌溉状态监控和基础数据录入等功能，实现用户与灌溉服务平台的交互。

（五）智能灌溉决策算法

智能灌溉决策算法需要根据种植蔬菜的品种和种植方式选择与应用。在土壤栽培模式下，推荐采用"土壤水分轮廓线"决策方法进行灌溉决策。采用该方法需要在目标蔬菜所在位置处布设多剖面土壤水分传感器，由上至下预设多个土壤层的水分、土壤电导率以及土壤温度等参数，推荐监测间距 10cm。算法在获取各层土壤含水量变化后，自动判断蔬菜根系深度。用户可根据种植蔬菜的品种和生育期等信息设置作物生长最适土壤含水量的上下限，算法根据当前作物根系范围内土壤水分监测值和土壤水分最适上下限计算灌水时机和灌溉量，实现灌溉的智能化决策。常用的灌溉决策算法还包括基于累计有效辐射、累计蒸腾量等，针对不同温室类型、作物种类、种植方式进行的选择应用。

三、应用效果

比传统灌溉可节水 20％以上，增产 20％，节省用工 40％以上。

四、适用范围

适用于华北地区设施蔬菜生产。

五、技术模式

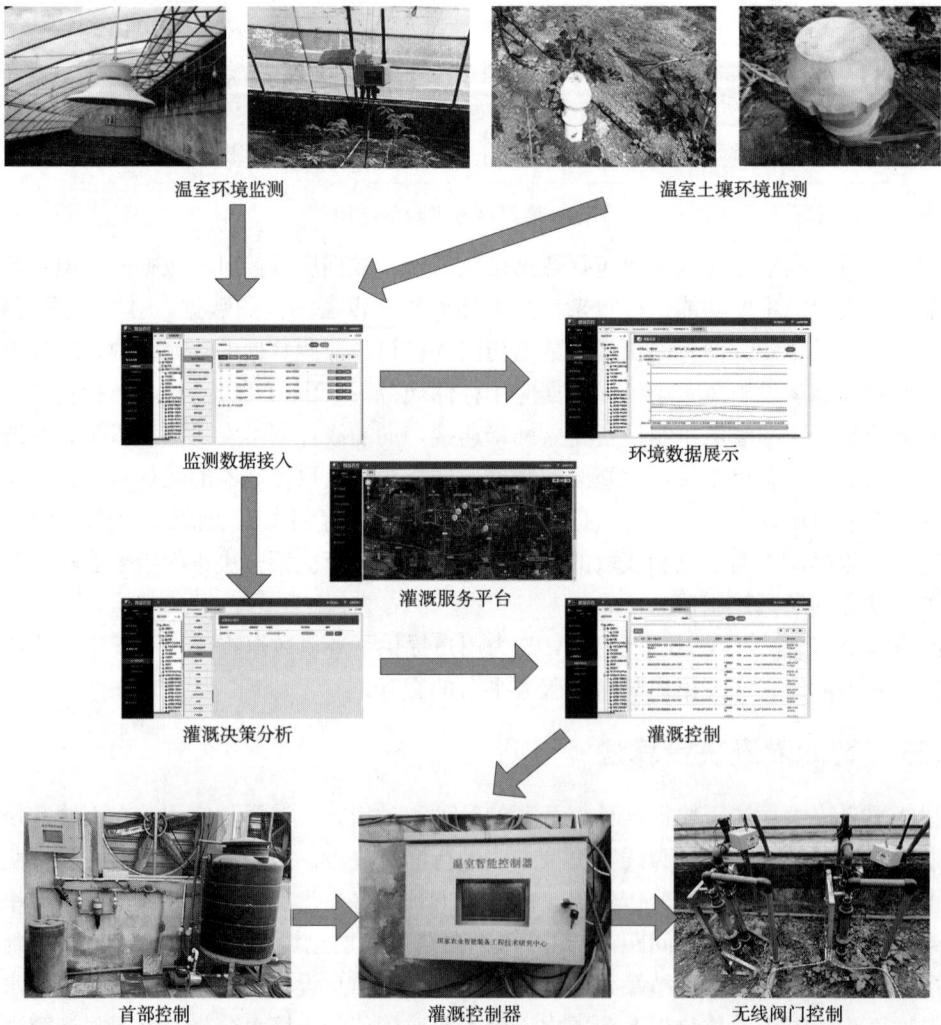

温室环境监测　　　　　　　　　　　　　　温室土壤环境监测

监测数据接入　　　　　　　　　　　　　　环境数据展示

灌溉服务平台

灌溉决策分析　　　　　　　　　　　　灌溉控制

首部控制　　　　　　　灌溉控制器　　　　　无线阀门控制

（郑文刚）

北京设施蔬菜精准灌溉施肥技术

一、技术概述

北京市水资源极度短缺已成为限制其都市型现代农业发展的"短板"，而设施蔬菜生产又是用水大户。针对设施蔬菜精准灌溉决策困难、高品质水溶肥缺乏、水肥协同调控设备落后等导致的水肥投入过量、果实品质差和地下水硝酸盐污染等问题，集成了北京设施蔬菜精准灌溉施肥技术。通过集成精准灌溉决策系统，实现了依据光照强度、土壤墒情进行精准灌溉，解决了灌溉依靠经验决策导致的灌溉过量问题；通过引进筛选出高品质水溶肥，提高了设施蔬菜果实品质；通过研发单棚精准灌溉施肥设备和轻简式智能灌溉施肥机，实现了蔬菜生产提质增效。该技术体系广泛适用于不同规模设施蔬菜生产。

二、技术要点

(一)采用精准灌溉决策系统

在设施内安装由土壤墒情监测设备、中央控制器、无线解码器、大数据平台等组成的精准灌溉决策系统。通过墒情监测设备实时采集土壤含水量数据，上传至大数据平台，根据预先设置的灌溉策略，计算出需要的灌溉量，将指令发送至用户端，实现精准灌溉决策。以设施黄瓜为例，灌溉策略参数见表1。

表1 设施黄瓜基于土壤墒情精准灌溉策略基本参数

参数	苗期	开花期	坐果期
灌溉后土壤相对含水量 $\theta_{后}$	0.90	0.80	0.95
灌溉前土壤相对含水量 $\theta_{前}$	0.60	0.55	0.60
计划湿润层深度 H（cm）	10	20	30
亩灌水定额 W（m³）	4.7	7.8	16.5

在设施内安装由光照传感器、采集器、控制系统、电磁阀等组成的精准灌溉决策系统。通过光照传感器采集光辐射能上传至控制系统，当光辐射累积能量值达到预先设定的临界能量值时，控制系统执行预设灌溉策略，并发送信号到电磁阀，控制相应地块所对应输水管路的电磁阀开启，开始灌溉，达到灌溉策略设定的灌溉要求时，电磁阀关闭，完成此次灌溉。部分蔬菜土壤栽培条件下依据光辐射能灌溉系统参数见表2。

表2 土壤栽培下基于光辐射精准灌溉系统灌水参数

作物	苗期		开花期		结果期	
	灌溉启动 (J/cm²)	灌溉系数	灌溉启动 (J/cm²)	灌溉系数	灌溉启动 (J/cm²)	灌溉系数
春茬番茄	4 000	1.75	5 000	1.75	7 000	2.0
草莓	5 000	2.0	4 000	1.0	3 000	1.0
春茬小西瓜	8 000	1.0	10 000	0.8	7 000	1.5

注：灌溉启动：灌溉启动时光辐射累积值（J/cm²）；灌溉系数：单位面积灌溉量（ml/m²）与累积光辐射能（J/cm²）的比值。

（二）增施高品质水溶肥技术

设施番茄、草莓和网纹瓜等增施酵素、黄腐酸类等功能性水溶肥，可以有效提高果实品质。如施用酵素，番茄第一穗果坐果时开始，每15d用1次，每亩50ml/次，根据留果穗数确定用的次数，一般4～6次。网纹瓜伸蔓期、坐瓜期、膨瓜期、网纹形成期分别施用1次，每亩50ml/次，全生育期共施用4次。

（三）安装精准灌溉施肥设备

一家一户生产者可以采用由比例施肥泵和肥液桶以及控制器等组成的单棚精准灌溉施肥设备。比例施肥泵可以精准控制施肥量和施肥浓度，控制器可以实现水肥自动控制功能。中小规模生产者可以采用轻简式智能灌溉施肥机，主要由蓄水设备、施肥设备和控制器3部分组成，嵌入了依据光辐射智能控制系统，可实现精准灌溉。根据作物不同生育时期，确定所需要的肥液浓度，实现精准灌溉施肥。

（四）注意事项

生产者应该根据种植规模、蔬菜种类等选择相应技术。

三、应用效果

（一）技术示范推广情况

3年在北京郊区累计示范推广设施蔬菜精准灌溉施肥技术8.02万亩，设施蔬菜亩均增产270.2kg。

（二）提质增效情况

应用该技术，设施蔬菜亩均节水84.8m³，亩均节肥17.5kg，亩均节本增收662.6元，节水、节肥和增收效果显著。

（三）技术获奖情况

以该技术为核心的科技成果获得了2019年北京市农业技术推广奖三等奖；2019年国

家农业节水科技奖二等奖。

四、适用范围

该技术适用性广，安装有微灌施肥设施的北方设施蔬菜产区均适用。

五、技术模式

土壤墒情监测设备

精准灌溉决策系统

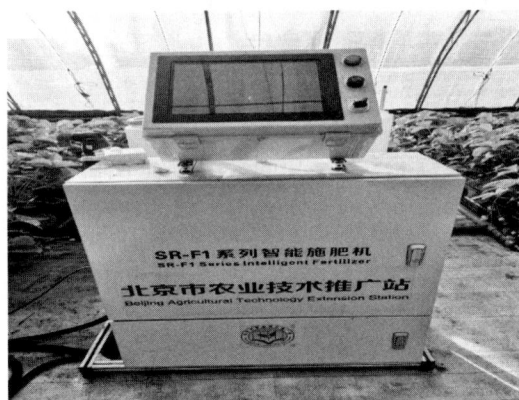

轻简式智能灌溉施肥机

（安顺伟，胡潇怡）

江苏设施蔬菜水肥一体化技术

一、概述

根据土壤墒情、养分供应特性和蔬菜水肥需求规律，将符合作物养分需求的肥料溶解在水中，利用管道灌溉系统，将水分和肥料均匀、准确、定时定量地供应到蔬菜根系，适时适量地满足蔬菜水肥需求。该技术将精准灌溉与精准施肥高度融合，使水分和肥料集中分布在蔬菜根层，避免深层渗漏，能有效提高肥料利用率，既节约成本，又生态环保。

二、技术要点

（一）水源准备

水源必须清洁、无污染。水源主要有井水、河（江、湖、塘）水、蓄水窖（池、箱）等，配套建设灌溉水蓄水池，沉淀澄清杂质。灌溉水质应符合《农田灌溉水质标准》（GB 5084—2021）要求的农田灌溉水质标准。

（二）滴灌系统

水肥一体化滴灌系统包括首部系统、田间管网和灌水器3个部分。首部系统包含施肥器、过滤器、水泵、水表、阀门、安全阀等。田间管网包含主管、支管、毛管。灌水器包括滴灌带、微喷头等。

1. 首部系统　依据设施蔬菜种植规模、地形地貌和管理水平等因素，优选首部系统，重点是施肥器（罐、机）和过滤器，解决肥料溶解性问题，防止水源杂质和肥料沉淀，防止管道阻塞，提高管道寿命。在设施蔬菜单体大棚中应用文丘里施肥器（比例式施肥泵），通过配置流量控制阀、可拆卸喷嘴或旋子流量计等部件，控制和改变其前后压差，达到控制施肥速度的目的。在蔬菜连栋大棚中使用泵注式施肥器，通过水力驱动泵、电机或者内燃机，驱动施肥泵、施肥机等将肥液注入灌溉系统，相对精确地控制肥料用量或施肥时间，实践中主要采用地面滴灌与高处微喷相结合的方式。在现代农业产业园区应用全自动物联网智能施肥机，应用"智能施肥机＋客户端远程控制＋管网系统"模式，通过监控计算机内嵌的节水灌溉模型和水肥配比模型，自动控制灌溉，调节肥料用量，实现高效水肥管理和精准调控。根据水源的水质情况、系统流量、肥料种类及灌水器要求选择过滤器，一般选择多级组合过滤，优化组合配比筛网过滤器、叠片过滤器、离心过滤器及砂石过滤器。

2. **田间管网**　输配水管道主要由主管、支管、毛管组成，根据蔬菜种植品种、株行距大小、土壤类型，确定支管铺设位置及毛管铺设的间距。在主管、支管设计布局后，重点是田间毛管配置。单体大棚一般在中间部位铺设2条支管，管上用接头连接滴灌带，向两侧输水滴灌。连体大棚两侧铺设支管，管上用接头连接滴灌带，相向或单向输水滴灌。

3. **灌水器**　根据蔬菜种类、种植密度、土壤类型合理选择灌水器，通过不同结构的流道或孔口，消减压力，使水流变成水滴、雾状、细流或喷洒状，直接作用于作物根部或叶面，以滴灌带和微喷头应用为主。滴灌带将滴头与毛管制成一体，兼有输水和滴水功能。膜厚 0.10～0.15mm，直径 30～50mm，软管上每隔 25～30cm 打 1 对直径为 0.07mm 大小的滴水孔，主要分为内镶式和薄壁滴灌带。滴头是滴灌带中最关键的部件，常用有孔口式滴头、长流道管式滴头、压力补偿式滴头，通过流道或孔口将毛管中的压力水变成滴状或细流状流出。微喷头将压力水以细小水滴喷洒在土壤表面，多应用射流式、离心式、折射式和缝隙式 4 种类型。

（三）灌溉制度

根据气象资料、蔬菜种植资料和土壤墒情监测数据等因素确定制度。

1. **灌溉定额**　设施农业中降水量数值为零，可采用蔬菜全生育期的需水量计算灌溉定额，蔬菜全生育期需水量通过作物日耗水强度计算。灌溉定额需要根据灌水次数和每次灌水量进行调整。

2. **灌水定额**　主要依据土壤的存储水能力来确定，以每次灌水达到田间持水量的90％计算，一般灌水定额：黏土＞壤土＞砂土。灌水定额计算时需要土壤湿润比、计划湿润深度、土壤容重、灌溉上限与灌溉下限的差值和灌溉水利用系数等参数。其中灌溉水利用系数在微灌条件下一般选取 0.90～0.95。

3. **灌水时间间隔**　依据上一次灌水定额和作物耗水强度确定。同一作物、不同质地土壤的灌水时间间隔：黏土＞壤土＞砂土。设施栽培的灌水时间间隔受气温影响较大，低温时，作物耗水强度下降，同样数量的水消耗的时间缩短。实际生产中根据气候和土壤墒情监测数据来调整灌水时间间隔。

4. **一次灌水延续时间**　在确定每次灌水定额的基础上，利用灌水器间距、毛管间距和灌水器的出水量计算灌水延续时间。

5. **灌水次数**　以灌溉定额与灌水定额相除计算灌水次数。根据土壤墒情监测结果、蔬菜生长不同生育期需水量等确定灌水的时间和次数。

（四）肥料运筹

1. **基肥施用**　蔬菜种植时应一次性施足基肥。基肥可采用有机无机结合，有机肥可选用商品有机肥、生物有机肥、腐熟粪肥等，在施用有机肥的基础上，补施部分配方肥。

2. **水溶肥料运筹**　根据土壤供肥性能、作物目标产量、需肥规律、基肥施用情况等参数以及天气状况和作物长势长相等因素，确定蔬菜不同生育期水肥一体化肥料品种用量、施肥次数、施肥间隔期等。设施蔬菜苗期水溶性肥料主要采用等养分型氮磷钾主推配方，如 60％（20-20-20）、45％（15-15-15）；叶菜类追肥主要采用高氮中磷中钾肥料配方，如西兰花水溶肥料系列配方为 50％（26-12-12）、40％（20-8-12）；茄果类追肥主要采用高氮中磷高钾配方和中氮中磷中钾配方肥料交替使用，如番茄相应肥料配方为 50％（22-12-16）、50％（19-6-25）、50％（20-10-20）、35％（15-10-10）；瓜菜类追肥主要采用高氮中磷高钾配方，如西瓜主推肥料配方为 50％（27-6-17）、50％（25-10-15）、55％（25-15-15），黄瓜主推肥料配方为 54％（19-8-27）、50％（25-10-15）、50％（20-8-22）。

（五）物联网智能决策系统

应用物联网智能控制的水肥耦合决策系统，包括：环境因子和作物生长数据采集系统、数据传输系统、自动控制系统、数据决策应用、水肥耦合智能系统、生长过程及农产品质量溯源系统等，对各种传感器自动采集的作物生长环境、天气与土壤墒情等信息进行系统数据分析，根据不同作物不同生长期需水需肥规律，按时按需按量进行灌溉施肥，实现水肥一体化智能化操作。

（六）栽培综合管理

实行优选良种、基质应用、适时播种（移栽）、整地平地、绿色防控、中耕松土、合理轮作、适时修剪等措施。

三、应用效果

水肥一体化技术自动化程度较高，促进了水肥管理技术的变革，实现了渠道输水向管道输水转变、浇地向浇庄稼转变、土壤施肥向作物施肥转变、水肥分开向水肥一体转变，具有节水、节肥、节工、提质、增产、改良土壤、改善生态环境等作用，经济、社会、生态效益十分显著。比传统灌溉可节水 40％～60％，节肥 30％～50％，增产 15％～30％，增收 10％左右，节省用工 50％以上。

四、适用范围

适用于华东地区设施大棚蔬菜优质高效栽培。

五、技术模式

主要采用"膜下滴灌＋N"模式，包括"膜下滴灌＋单体大棚蔬菜文丘里施肥器（比例式施肥泵）"、"膜下滴灌＋连栋大棚蔬菜泵注式（泵吸式）施肥器"、"膜下滴灌＋温室大棚蔬菜自动施肥机＋物联网智能控制"。根据种植规模和设施类型，施肥系统分别选用文丘里施肥器、泵注式施肥器、自动施肥机等，主管道和侧管道的大小根据田间实际情况设定，滴灌带于蔬菜定值后铺设，然后覆膜，根据作物生长发育进程适时施肥灌溉。草莓、黄瓜、番茄等主要采用这一模式。部分设施蔬菜起垄种植（如草莓、番茄），在覆盖地膜之前把滴灌软管先铺在小沟内，再盖地膜。

　　对于基质栽培（水培）的设施蔬菜采用"循环水利用＋水溶肥分期调控"模式。由控制系统、浇灌系统、栽植系统三部分组成。栽植系统由 PVC 管道和固定架等构成，PVC 管道卧式固定在固定架上。PVC 管道的上方钻出等距离圆孔，用于栽植蔬菜和草莓等作物。浇灌系统由营养液存储装置、循环装置等部分组成。

首部系统

智能施肥机

白菜水肥一体化技术

番茄水肥一体化技术

黄瓜水肥一体化技术

基质栽培（水培）设施蔬菜

（颜士敏）

山东鲁中地区大田露天蔬菜滴灌水肥一体化技术

一、概述

大田露天蔬菜滴灌水肥一体化技术是将肥料溶解在水中，借助低压管道系统和滴灌管，实现灌溉与施肥同时进行，将水分、养分均匀持续地运送到露天蔬菜根部附近的土壤，实现按需灌水施肥，适时适量地满足露天蔬菜对水分和养分的需求，提高水肥利用效率，达到节本增效、提质增效、增产增效的目的。

二、技术要点

（一）滴灌水肥一体设备

滴灌系统为半固定式灌溉系统，主要由水源工程、首部枢纽、输配水管网和滴水器4部分组成。

水源以井水、河流作为滴灌水源，水质需要符合滴灌要求。

首部枢纽包括水泵、动力机、压力需水容器、过滤器、肥液注入装置、测量控制仪表等。首部枢纽是整个系统操作控制中心。

输配水管网将首部枢纽处理过的水按照要求输送、分配到每个灌水单元和灌溉水器。

滴水器是滴灌系统的核心部件，水由毛管流入滴头，滴头再将灌溉水流在一定的工作压力下注入土壤。水通过滴水器，以一个恒定的低流量滴出或渗出后，在土壤中向四周扩散。

（二）田间布设

主管道埋入地下，埋深60cm，每隔50m设置1个出水口。田间铺设的地面支管道采用PE软管，为地下固定式，滴灌管直径16mm，孔距150mm，壁厚0.2mm，额定流量4.0L/h，额定工作压力0.6kPa。

（三）田间管理

1. 播前准备　选择地势平坦、土层深厚、土壤理化性状良好、保水保肥能力较强的地块。前茬作物收获后，每亩施用商品有机肥100kg，15-15-15的复合肥40kg做基肥，旋耕整地蓄墒。定植前苗床喷施百菌清，杀灭病菌。

2. **起垄** 使用起垄铺膜一体机，起垄和铺设滴灌管同时进行，一次起两垄，每个垄上铺设两条滴灌管，每个垄宽约 80cm，垄高约 20cm，垄间距 40cm，垄上滴灌管间距 40cm。定植前喷洒除草剂二甲戊灵进行土壤处理。

3. **定植** 通常在 3 月中旬移栽种苗。菜花垄上定植，每垄定植两行，分布在两行滴灌管两侧，株距 40cm，行距 45cm，每亩 3 500 株左右。芹菜每个畦宽 2.5m，株距 15cm，每两行行距 15cm，每两行之间铺设一条滴灌管，每亩 10 000 株左右。

4. **覆膜** 选用厚度 0.02mm 的白色地膜，覆盖在定植的种苗上。菜花一膜覆盖 3 垄。

5. **灌溉施肥** 以济南市商河县旭森种植家庭农场大田露天蔬菜种植的灌溉施肥制度为例。菜花移栽定植后应及时灌水，灌水 25m³，用时 4h，以浇透为标准，此次灌水不施肥。缓苗 20d 后大约每隔 10d 灌溉 1 次，每次灌水 25m³，间隔 1 次施肥。菜花一个生育期大约灌水 6 次，第一次每亩滴灌 30-0-5 水溶肥料 15kg，第二次和第三次每亩分别滴灌混含 20-20-20 的大量元素和黄腐酸钾的水溶肥料 10kg，共计追肥 3 次；喷施含硼锌钾钙的叶面肥 3 次，一次 50ml。灌溉施肥制度见表 1。芹菜一个生育期大约灌水 10 次，每亩滴灌混含 15-15-15 大量元素和黄腐酸钾的水溶肥料 50kg，共计 5 次；喷施含硼锌钾钙的叶面肥 3 次，一次 50ml。灌溉施肥制度见表 2。

表 1 菜花水肥一体化灌溉施肥制度

灌水日期	灌水次数	亩灌水定额（m³/次）	每次灌水推荐施肥的纯养分量（kg）				备注
			N	P₂O₅	K₂O	N+P₂O₅+K₂O	
3 月 22 日	1	25					缓苗水
4 月 11 日	1	25	4.5	0	0.75	5.25	滴灌
4 月 20 日	1	25					滴灌
4 月 30 日	1	25	2.0	2.0	2.0	6.0	滴灌
5 月 10 日	1	25					滴灌
5 月 20 日	1	25	2.0	2.0	2.0	6.0	滴灌
合计	6	150	8.5	4	4.75	17.25	

表 2 芹菜水肥一体化灌溉施肥制度

灌水日期	灌水次数	亩灌水定额（m³/次）	每次灌水推荐施肥的纯养分量（kg）				备注
			N	P₂O₅	K₂O	N+P₂O₅+K₂O	
3 月 28 日	1	25					缓苗水
4 月 16 日	1	20	1.5	1.5	1.5	4.5	滴灌
4 月 26 日	1	20					滴灌
5 月 6 日	1	25	2.25	2.25	2.25	6.75	滴灌
5 月 16 日	1	25					滴灌

（续）

灌水日期	灌水次数	亩灌水定额（m³/次）	每次灌水推荐施肥的纯养分量（kg）				备注
			N	P₂O₅	K₂O	N+P₂O₅+K₂O	
5月26日	1	25	2.25	2.25	2.25	6.75	滴灌
6月7日	1	25					滴灌
6月18日	1	25	2.25	2.25	2.25	6.75	滴灌
6月29日	1	25					滴灌
7月10日	1	25	2.25	2.25	2.25	6.75	滴灌
合计	10	240	10.5	10.5	10.5	31.5	

6. 病虫害防治　根据病虫害发生情况，菜花防治蚜虫、小菜蛾、黑霉病等，芹菜防治蚜虫、蝼蛄、软腐病、心腐病等，积极应用生物防治技术。

7. 适时收获　5月下旬陆续收获第一茬菜花，8月中下旬种植第二茬菜花，期间种植一茬糯玉米。

三、应用效果

与传统灌溉施肥相比，使用滴灌水肥一体化技术每亩大约可节水40%，提高化肥利用率30%，节省用工40%。菜花平均亩增产250kg，增幅14%；芹菜平均亩增产1 000kg，增幅20%。

四、适用范围

适用于黄淮海地区的大田露天蔬菜种植。

五、技术模式

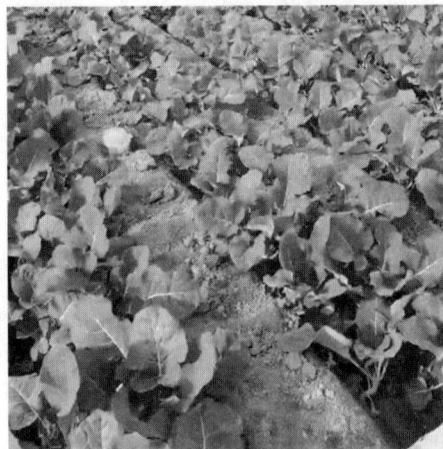

（徐延熙，王佳盟，郭文昌）

云南滇西南梯田蔬菜滴灌水肥一体化技术

一、概述

蔬菜滴灌水肥一体化技术是将肥料溶解在水中，借助微滴管，灌溉与施肥同时进行，将水分、养分均匀持续地运送到蔬菜根部的土壤，实现蔬菜按需灌水、施肥，适时适量地满足蔬菜对水分和养分的需求，提高水肥利用效率，达到节本增效、提质增效、增产增效的目的。

二、技术要点

（一）竹木大棚建设

建设材料就地取材，以大竹、杉木等竹木为主，大棚宽 5m，高 2.0～2.5m。沿等高梯田台面，按梯田形状灵活建设大棚。也可采用钢架大棚，但竹木大棚比较经济。

（二）水肥一体化设备

1. 水源准备　水源可以引自河流、塘坝、渠道、蓄水池等，灌溉水水质应符合有关标准要求。

2. 水肥一体化设备　灌水模式为滴灌模式，滴灌水肥一体化，从沟渠水或塘坝取水增压，送到灌溉系统中去。配置加压设备、注肥设备、过滤设备、控制阀、进排气阀、压力流量仪表等。根据水源供水能力、灌溉菜地面积、灌溉需求等确定设备型号和配件组成。

3. 田间布设　主管沿大棚田头架设，采用 PE 管（PE50 或 PE63），采用双行条栽，大行 120cm，小行 35cm，设置 1 个出水口。主管通过聚乙烯（PE）鸭嘴开关与支管连接。田间铺设的地面支管采用 PE 软管，间隔 50cm，设一个滴头，长度与种植带相同，微滴管铺设时应喷头向上，平整顺直，不打弯，铺设完微喷带后，将微喷带尾部封堵。

（三）水肥一体化技术

1. 灌溉施肥制度　大棚种植蔬菜需要的灌溉施肥用量较大，采用水肥一体化，肥随水走，省工省时节水，劳动效率高。施肥制度主要包括总施肥量、每次施肥量、养分配比、施肥时期和肥料品种等。施肥制度坚持以下原则：一是选用水溶性好的肥料，滴灌施肥必须采用全水溶性的肥料。二是总施肥量降低。灌溉施肥肥料直接作用于作物根区，利用率提高。三是"少量多次"。

示范地点种植品种为辣椒，底肥每亩施农家肥 500～1 000kg，或商品有机肥 400kg，再加 1 包复合肥（15∶15∶15）。移栽 15d 后用水溶性肥料提苗 1 次，开始挂果后每隔 15d 施肥 1 次，全部选用全水溶性（18∶18∶18 或 20∶20∶20）的肥料，每次用量 5kg。施肥次数根据蔬菜不同品种的生育期长短而定（表1）。

表1 蔬菜（辣椒）水肥一体化方案

生育时期	灌溉次数	亩灌水定额（m³）	每次灌溉加入灌溉水中的纯养分量（kg）				备注
			N	P_2O_5	K_2O	$N+P_2O_5+K_2O$	
基肥	1	15	6.0	6.0	6	18	穴施
花前	1	15	0.9	0.9	0.9	2.7	滴灌
初果期	1	15	0.9	0.9	0.9	2.7	滴灌
结果期	1	15	0.9	0.9	0.9	2.7	滴灌
结果期	1	15	0.9	0.9	0.9	2.7	滴灌
结果期	1	15	0.9	0.9	0.9	2.7	滴灌
结果期	1	15	0.9	0.9	0.9	2.7	滴灌
结果期	1	15	0.9	0.9	0.9	2.7	滴灌
结果期	1	15	0.9	0.9	0.9	2.7	滴灌
结果期	1	15	0.9	0.9	0.9	2.7	滴灌
结果期	1	15	0.9	0.9	0.9	2.7	滴灌
结果期	1	15	0.9	0.9	0.9	2.7	滴灌
结果期	1	15	0.9	0.9	0.9	2.7	滴灌
合计	13	195	16.8	16.8	16.8	50.4	

2. 其他配套措施 大棚宽 5m，每棚栽 4 墒，每墒栽 2 行，墒高 15cm，大行 120cm，小行 35cm，株距 50cm。覆盖地膜（银光膜）。注意病毒病、根腐病、白粉病，以及根结线虫、菜青虫、蚜虫等病虫病害的防治。辣椒成熟及时采收上市。

三、应用效果

辣椒产量可达 5t 以上，比传统灌溉可节水 50% 以上，提高化肥利用率 40% 以上，增产 40%，增收 30%，节省用工 60% 以上。

四、适用范围

适用于滇西南地区蔬菜微喷水肥一体化生产。

五、技术模式

建大棚

育苗

灌溉管道

配肥

滴灌水肥一体化

初花期

初果期

结果期

结果期

休闲期

（穆家伟，杨兆春，谢芹芳）

南方旱地蔬菜微喷灌技术

一、概述

微喷灌技术是通过低压管道系统，将水以较大的流速由微喷头喷出，在重力和空气阻力的作用下粉碎成细小的水滴降落在地面或作物叶面上，这是一项目前使用较多、投入较省的灌溉技术。

二、技术要点

（一）水源选择

可利用水库、河流、沟渠、湖泊、山塘、水井、蓄水池等作为水源。

（二）系统安装

包括抽水提水设施、过滤滴灌设施、田间输水管网和滴灌管（带）。这些系统安装全部按水肥一体化滴灌系统的做法进行。

（三）地膜覆盖

在地膜覆盖之前，应先起好垄，一般垄面宽 40～100cm，高 10～20cm，具体根据作物的种植规格而定。垄面平整或做成中间低的双高垄，垄面窄的布置一条滴灌管，垄面较宽作物需水量大的可布置两条滴灌管。铺滴灌管后，即铺上地膜，在盖完地膜后，在其边上用泥土把它压住，以防止风吹被掀翻，充分发挥地膜的功能效用。

（四）系统应用

主要是把握好灌溉时间。每种作物滴灌次数和滴灌数量的多少，要根据作物的生长时期和天气干旱程度而定。灌水量过多过密或过少对作物生长都不利，只有用量合适，才能使作物正常生长。一般可用张力计或经验法指导灌溉。如结合播种第一次灌水，亩灌水量 8～10m³，以后每亩每次灌水 3～5m³。

三、应用效果

微喷灌技术相比农民常规栽培技术具有投资少、灌溉速度快、操作简便等优点，比常规灌溉平均增产 10％以上，节水 30％以上。

四、适用范围

适用于南方旱地蔬菜作物。

五、技术模式

蔬菜微喷灌技术

（于孟生，陆思思）

鲁西南地区越冬茬茄子
水肥高效综合利用

一、概述

鲁西南地区越冬茬茄子水肥高效利用模式是将水肥技术与设施蔬菜现有的物联网控制技术、地膜覆盖技术、高畦栽培技术、科学管理技术等多项技术进行融合和改进，实现越冬茬茄子的稳产、优产，从而促进现代农业的可持续发展。

二、技术要点

（一）前期准备

1. 基肥技术 根据鲁西南部分设施大棚的取土化验结果，按越冬茬茄子的亩产量 15 000kg 计算，一般亩施牛粪 3 000kg、稻壳鸡粪 5 000kg、硫酸钾型复合肥（15-15-15）100kg、钙镁锌肥 75～100kg、豆粕 150～250kg。把充分腐熟的优质农家肥按一定的比例配施微生物菌剂——复合芽孢杆菌进行基施，可以提高茄子根部的抗病能力，减少黄枯萎病的发生概率。

2. 起垄标准 按行距 1.5m 起垄，垄深 30cm，1 垄双行，株距、行距各 50cm 进行定植。

（二）水肥一体化设备

水肥一体化系统通常包括水源、首部系统、田间输配水管网和灌水器 4 部分。

1. 水源 鲁西南地区越冬茬茄子的用水主要为地下井水，条件允许的可用河流、水库、池塘的水补充。

2. 首部系统 一般包括变频控制柜、过滤器、施肥机等。水源为深水井的，宜采用离心过滤器＋棚内网式过滤器组合，过滤精度 120 目，流量 50m³，Ø100mm。河流、水库、池塘的水源，宜采用砂石过滤器＋棚内网式过滤器组合。

3. 输配水管网系统 由主管、支管和毛管组成，主管和支管一般宜选用 PE 管，具有高强耐压韧性好、抗冻耐高温、稳定耐腐耐磨的特点，主管型号一般为 Ø110/0.8MPa，支管型号一般为 Ø63/0.8MPa，毛管的型号根据灌水方式进行选择，滴灌管选择滴头间距为 10cm 的毛管，喷水带选择 Ø25mm、斜 5 孔的毛管。

4. 灌水器 主要包括滴灌和喷水带。滴灌是在每行种植行铺设一条滴灌管，滴灌灌

水器的流量为 $2.0\sim2.4L/h$。微喷是在种植行间铺设一行微喷管，$\varnothing25mm$ 的 N40 微喷带，百米过水量 $3\sim4m^3/h$，壁厚 0.2mm，工作压力 $0.3\sim0.5kg$；壁厚 0.3mm，工作压力 $0.5\sim0.8kg$。选择微喷方式需要用 80cm 的铁丝每隔 30cm 左右把地膜两边支撑起来，把微喷管放在膜下。

（三）定植技术

1. 定植时间　一般在 8 月下旬至 9 月上旬。

2. 蘸根处理　为了预防立枯病、猝倒病、根腐病等土传病害的发生，定植前用甲霜恶霉灵、普力克等农药和生根剂（含氨基酸的水溶肥）进行蘸根。

3. 定植操作步骤　按照株距 50cm 的标准在线上做好标记，然后根据线上的点按照"深栽浅埋"的原则进行定植，覆盖土壤不要碰到嫁接口。2 亩的日光温室大约可以定植 78 垄×2 行×22 棵/行＝3 432 棵茄子苗。

（四）定植后水肥管理

1. 开花坐果前水肥管理

（1）定植时的水肥管理　这次需要浇空水，并且确保要浇透，因为大水可以加速茄子苗根系与土壤的结合，降低地温，有利于缓苗。

（2）缓苗期的水肥管理　一般在定植后 6d 左右浇灌，为了减小水温与地温的温差造成对根系的伤害，尽量在早晨 7 点左右进行浇水，水量不要过大，要比定植水小。一般配施枯草芽孢杆菌和含氨基酸的水溶肥。每亩建议用量为 60g 枯草芽孢杆菌（1 亿 CFU/g）＋350g 含氨基酸水溶肥（$\geqslant100g/L$）。

（3）促棵期的水肥管理　一般在缓苗水后 15d 左右进行浇灌，浇水量和缓苗水一样即可，以提高蔬菜的坐果能力。

除了定植水浇空水外，以后尽量不浇空水。

2. 开花坐果后水肥管理

（1）开花坐果期水肥管理　根据茄子的植株长势情况选择不同养分含量的水溶肥。若茄子植株长势相对弱，浇 1 次 20-20-20 的含微量元素的水溶肥，既利于植株健壮又促进坐果。若植株长势相对比较健壮，浇 1 次 16-6-36 或者 16-8-34 的含微量元素的水溶肥，提高茄子的坐果能力。

（2）采收期水肥管理　根据采摘的茄子数量及时进行水肥补充。20-20-20 的含微量元素的水溶肥和 16-6-36 或者 16-8-34 的含微量元素的水溶肥需要交替使用，一般肥料亩用量为 $5\sim10kg$。同时，为延缓根的老化时间，可以配合浇灌一些甲壳素、海藻酸、鱼蛋白、腐殖酸等有机营养，以诱发新根，同时补充一些含有益微生物的有机养分，抑制根部有害病菌侵害植株。

具体浇水次数可根据天气的变化和植株的长势情况灵活掌握，确保茄子正常生长为宜（表 1）。

表 1　鲁西南越冬茬茄子微喷施肥制度推荐

生育时期	灌溉次数	亩灌水定额（m³/次）	亩施肥的纯养分量（kg）				备注
			N	P₂O₅	K₂O	N+P₂O₅+K₂O	
定植时	1	10	0	0	0	0	微喷
苗期	2	5	0	0	0	0	微喷
开花坐果期	1	6	1.6	1.6	1.6	4.8	微喷
采收期	12	5	17.88	13.74	27.18	58.8	微喷
合计	16	86	19.48	15.34	28.78	63.6	

（五）其他农事管理

1. 开花坐果前农事操作

（1）划锄　浇完缓苗水之后进行划锄，一般在定植后的第 9 天左右进行第一次划锄，深度在 5cm 左右，主要是除草和引根下扎，但要注意尽量浅划，以免碰到嫁接口引起感染病虫害。第二次划锄在覆膜前进行，主要是锄草，可根据杂草的生长情况灵活掌握。

（2）覆地膜　根据地温的变化确定覆膜的时间，地膜可以选择银灰色，利于驱避蚜虫。

2. 开花坐果后农事操作

（1）整枝打岔　打叉工作在晴天的上午进行，下午或阴天打叉容易造成侧枝的疤口不易愈合，易感染病菌而发病。注意打叉时要留下 1cm 左右长的短茬，使疤口远离主干，避免主干发病。茄子的老叶、发病严重的叶片及早打掉。叶柄的基部与主干连接处清理干净，以免伤口感染病害。

（2）病虫害防治　要获得优质高产，必须加强病虫害防治，主要病害有枯黄萎病、病毒病、灰霉病、叶霉病、疫病等；主要虫害有白粉虱、蚜虫、蓟马等。可采取合理密植、降低田间湿度、及时摘除病叶病果等措施；病虫害严重田块可与非茄科作物进行轮作 3～4 年。

三、应用效果

与其他常规种植方式相比，水肥高效综合利用栽培模式的越冬茬茄子平均亩增产1 500kg，增幅 30％以上，而且由于湿度大幅度降低，病虫害发生的概率明显降低。

四、适用范围

适用于鲁西南地区越冬茬茄子种植。

五、技术模式

首部设备

高畦整地

微喷模式

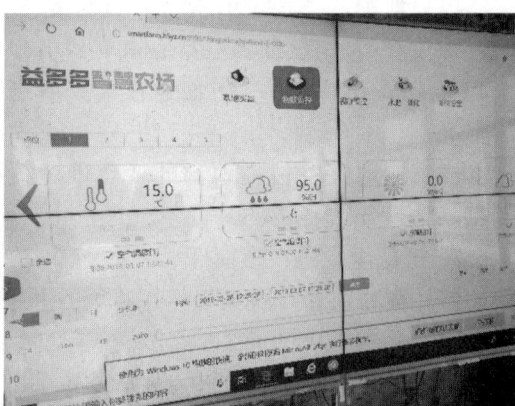

平台控制

地膜覆盖

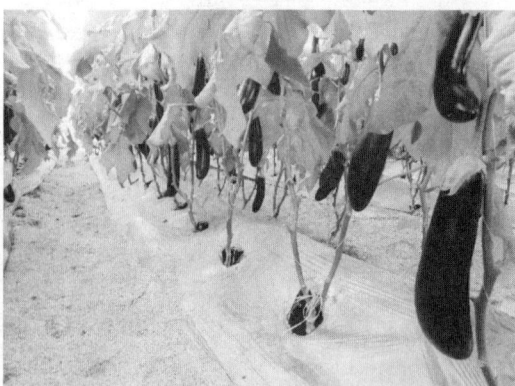

稻壳控湿

（于孟生，李　彬）

浙西南膜下滴灌茄子水肥一体化技术

一、概述

茄子膜下滴灌水肥一体化技术是将肥料溶解在水中，借助水肥一体化滴灌设施，灌溉与施肥同时进行，将水分、养分均匀持续地运送到根部附近的土壤，用地膜对地表全覆盖，起到增温保墒、抑制杂草的作用，实现了"三节两省一提质"，即节水、节肥、节药、省地、省工、增产、增效与提质。

二、技术要点

（一）模式分解

浙西南膜下滴灌茄子水肥一体化技术模式由水肥控制系统、灌溉系统和供水系统组成，主要有储水池和肥料池、水泵、提水和喷滴灌加压等水肥一体化设备、管道及滴灌设施。

水肥控制系统由智能施肥机组成，通过 EC-PH 实施监测，自动配肥，中文操作页面简单，同时手机可远程控制运行，加强了可操作性及便利性。

大棚内由压力补偿式滴灌带将水分、养分均匀持续地运送到根部附近的土壤，室外由 PE 给水管连接供水系统，将灌溉系统铺设于土方下，更有针对性地提高水肥利用率。

对智能施肥机实施监测，连接供水系统的母液罐，通过灌溉系统实现标准化、自动化水肥一体化。

（二）水肥一体化技术

1. 施肥方案　滴灌时养分利用率通常为氮 70%～85%，磷 25%～75%，钾 70%～85%。根据数据资料就可以计算出茄子的理论需肥量（表1）。

表1　茄子不同目标亩产的需肥量

目标亩产（kg）	亩需肥量（kg）		
	N	P_2O_5	K_2O
2 000	5.6	2.0	8.6
3 000	8.4	3.0	12.9
4 000	11.2	4.0	17.2

以 3 000kg 目标亩产计算出茄子滴灌条件下所需的施肥量，见表2。

表 2　茄子滴灌施肥量

施肥阶段	次数	每亩每次灌溉施肥加入养分量（kg）		
		N	P_2O_5	K_2O
定植前	1	7.5	7.5	7.5
定植—开花期	1	0.95	0.95	0.95
开花—坐果期	2	0.75	0.5	1.15
采收期	10	0.75	0.5	1.15
总施肥量	14	17.45	14.45	22.25

注：早春茬，行株距 0.50m×0.45m，每亩约 2 500 株。

①微灌施肥系统施用底肥与传统施肥相同，可包括多种有机肥和多种化肥。定植前施基肥，每亩施农家肥 2 000～3 000kg、基施 45％复合肥（15-15-15）30kg。第一次灌水用沟灌浇透，以促进有机肥的分解和沉实土壤。

②茄子苗期不能过早灌水，只有当土壤出现缺水状况时，才能进行滴灌施肥，每亩可选用腐殖酸水溶性复合肥料（19-19-19）5kg。

③开花—坐果期应适当控制水肥供应，以利开花坐果，滴灌施肥 2 次，每亩可选用水溶性复合肥（15-10-23）5kg。

④进入采收期后，植株对水肥的需要量增大，一般前期每隔 7～10d 滴灌施肥 1 次，中后期每隔 5～7d 滴灌施肥 1 次。每亩可选用专用复合肥（15-10-23）5kg。

2. 追肥

①应根据土壤肥力、茄子营养状况及天气进行追肥。宜勤施薄施，通常 10～15d 需追肥 1 次，在晴好天气、茄子生长旺盛时可每天追施少量水肥。当出现连阴天气时，蒸发量减少，要适当推迟灌溉，或减少灌水量，当出现气温高、湿度低的情况，要提前灌溉，或增加灌水定额。气温过高和过低时都要减少施肥量。

②追肥时先用清水滴灌 10min 以上，然后打开肥料母液贮存罐的控制开关，使肥料进入灌溉系统，通过调节施肥装置的水肥混合比例或调节肥料母液流量的阀门开关，使肥料母液以一定比例与灌溉水混合后施入田间。注意水肥混合液的 EC 值宜控制在 0.5～1.5mS/cm 之间，不能超过 3.0mS/cm。

三、应用效果

比传统用车运水进田灌溉方式可节水 40％以上，提高化肥利用率 10％以上，减少肥料施用量 25％以上，增产 30％。

四、适用范围

适用于浙西南设施大棚茄子早春茬栽培，轻壤或中壤土质，要求排水条件较好，土壤氮素、磷素和钾素含量中等水平。每亩定植 2 500～3 000 株，目标亩产为 3 000kg。

五、技术模式

水肥控制系统

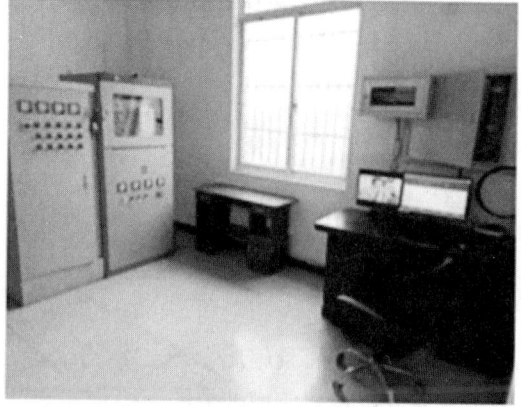

控制室

管理房

滴灌建设后

覆膜后种植全貌

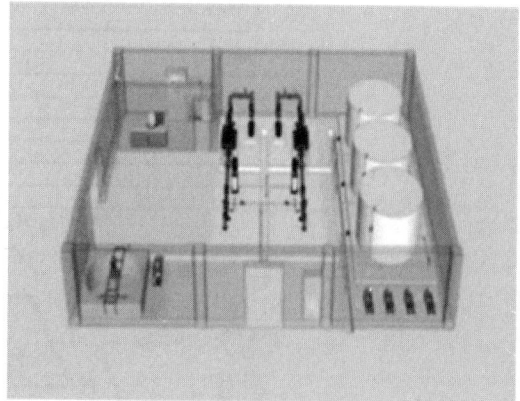

示意图

（叶　俊，周丽娟）

北京设施茄果类蔬菜水肥一体化技术

一、概述

水肥一体化是水和肥同步供应的一项集成农业技术，保证作物在吸收水分的同时吸收养分，又称为"灌溉施肥"或"水肥耦合"，借助灌溉系统，将可溶性固体或液体肥料，按土壤养分含量和作物种类的需肥规律和特点，配兑成肥液，与灌溉水一起，通过可控管道系统，输送到作物根系附近。设施茄果类蔬菜一般采用滴灌施肥系统，精准控制灌水量和施肥量，显著提高水肥利用效率，具有节水、节肥和省工等效果。

二、技术要点

(一) 灌溉施肥系统

灌溉施肥系统由首部枢纽、输配水管网、灌水器等组成。首部枢纽的作用是从水源中抽取水，增压并将其处理成符合微灌水质要求的水肥混合液，然后输送至输配水管网中。输配水管网的作用是将首部枢纽处理过的水肥混合液输送到每个灌水器。灌水器通过不同结构的流道或孔口，削减压力，使水流变成水滴、细流或喷洒状，直接作用于作物根区附近（图1）。

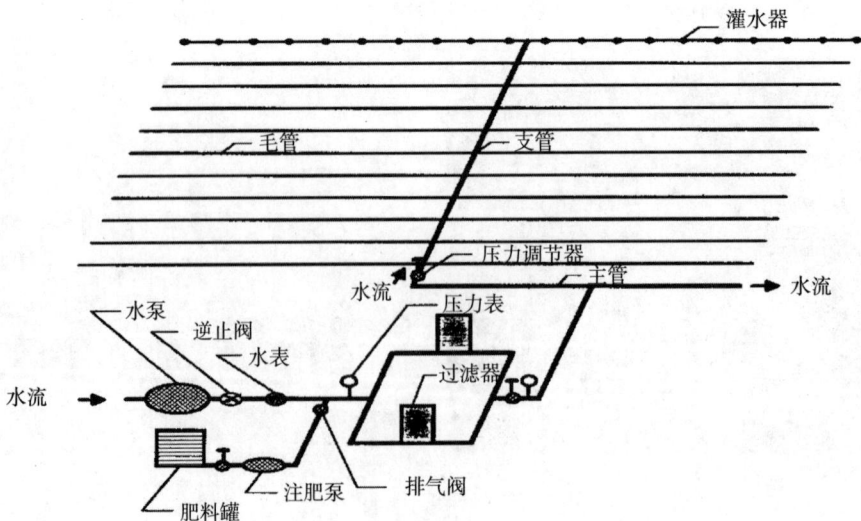

图 1　灌溉施肥系统

1. 系统选择

（1）首部枢纽　首部枢纽应包括加压设备、计量设备、控制设备、安全保护设备和（或）施肥设备等。输配水管网应包括干管、支管和毛管三级管道。

（2）设施首部　应包括计量设备、控制设备、施肥设备和安全保护设备等。其中计量设备应包括水表、压力表等；控制设备应包括球阀、闸阀、电磁阀等；施肥设备应有压差式施肥罐或文丘里施肥器、比例施肥泵、注肥泵等；安全保护设备应包括过滤器、安全阀、逆止阀等。单个机井控制范围内蔬菜品种和茬口一致的宜采用首部枢纽施肥装置，单个机井控制范围内蔬菜品种和茬口不一致的宜采用设施首部施肥装置，施肥罐容积应该根据栽培面积确定，最低不小于 15L，施肥罐宜做避光处理。

（3）灌水器　常用灌水器应有滴灌管、滴灌带、微喷带等节水灌溉设施。

（4）系统安装　水肥一体化系统安装应符合 GB/T 50363 的相关要求，起垄后铺设滴灌管（带），根据土壤质地、作物种类及行距，确定滴头出水量配置及相应铺设密度，一般番茄等茄果类作物应每行对应一条，滴头间距 20～30cm。如使用旧滴灌管（带），使用前应检查其漏水和堵塞情况。

2. 使用与维护　正确地使用、维护和保养，可最大限度地延长灌溉施肥系统的使用寿命，充分发挥系统的作用。

（1）使用　①使用水肥一体化灌溉施肥系统前，先打开支管上的阀门，使灌水器能够出水，之后打开上游阀门，以保证灌溉系统各个部分的安全。②严格控制微灌施肥的工作水头，水头不可超压或过低，否则影响灌溉质量。③以压差式施肥法为例，作物需要施肥时，将肥料装入施肥罐，之后封闭罐盖；打开供肥阀门，再打开进水阀门；然后关小支管阀门，使阀门前、后的输水管道内压力产生压差，从而使肥料进入输水管道中，给作物施肥。每次施肥前，应先用清水滴 15min 左右，以保证施肥均匀。施肥后再继续用清水滴 15min 左右，以免肥液残留在滴灌管内。④定期检查过滤器，做到定期排沙冲洗，如发现滤网破烂需及时更换，否则将会使整个系统严重堵塞。

（2）维护　应根据水质情况，定期打开过滤器排污阀放污或拆卸后清洗过滤器；灌溉季节结束后，应排净各种过滤器中的积水，清除过滤器表面污物；施肥罐底部的残渣应经常清理，保证系统清洁；每次施肥结束后，利用清水冲洗施肥系统。应定期将每条滴灌管（带）末端打开进行冲洗；严寒季节，保持球阀全开，并排空管路积水或保温，防止冻裂；滴灌管（带）回收后不应扭曲放置。

（二）肥料

适用于水肥一体化技术的肥料要求如下：常温下能够快速溶解于灌溉水；不会引起灌溉水酸碱度的剧烈变化；对节水灌溉系统腐蚀性较小；不易造成灌水器堵塞；如将 2 种以上肥料混合施入不应产生沉淀；化学肥料应符合 NY/T 496 的相关规定，水溶性肥料应符合 NY 1106、NY 1107、NY 1428 和 NY 1429 的要求且水不溶物小于 0.5%。目前适宜的肥料品种主要有三类：一是水肥一体化专用固体肥料，二是溶解性较好的普通固体肥料，三是液体肥料。

（三）灌溉施肥制度

应根据种植面积、生育期和环境条件计算所需的灌溉施肥用量，主要设施果菜土壤栽培水肥一体化灌溉施肥制度可参考表1至表4制定。

表1 设施番茄土壤栽培水肥一体化灌溉施肥制度

茬口	项目	生育时期	定植	苗期	开花期	坐果期
冬春茬	灌溉	灌水次数（次）	1	0～2	0～2	8～11
		亩灌水量（m³/次）	20～25	6～10	6～10	8～12
	施肥	施肥次数（次）	——	0～2	0～2	8～11
		亩施肥量（kg/次）	——	2～5	2～5	2～6
		N：P₂O₅：K₂O	——	1.2：0.7：1.1	1.1：0.5：1.4	1.0：0.3：1.7
秋冬茬	灌溉	灌水次数（次）	1	0～2	0～1	5～8
		亩灌水量（m³/次）	20～25	8～12	6～8	6～7
	施肥	施肥次数（次）	——	0～2	0～1	5～8
		亩施肥量（kg/次）	——	2～5	2～5	2～5
		N：P₂O₅：K₂O	——	1.2：0.7：1.1	1.1：0.5：1.4	1.0：0.3：1.7

注：施肥量为纯养分量。

表2 设施黄瓜土壤栽培水肥一体化灌溉施肥制度

茬口	项目	生育时期	定植	苗期	开花期	结瓜期
冬春茬	灌溉	灌水次数（次）	1	1～2	1～2	12～15
		亩灌水量（m³/次）	20～25	6～10	6～10	8～12
	施肥	施肥次数（次）		1～2	1～2	12～15
		亩施肥量（kg/次）	——	2～5	2～5	2～6
		N：P₂O₅：K₂O	——	1.2：0.7：1.1	1.1：0.5：1.4	1.0：0.3：1.7
秋冬茬	灌溉	灌水次数（次）	1	1～2	1～2	8～10
		亩灌水量（m³/次）	20～25	8～12	6～8	6～7
	施肥	施肥次数（次）	——	1～2	1～2	8～11
		亩施肥量（kg/次）		2～5	2～5	2～5
		N：P₂O₅：K₂O		1.2：0.7：1.1	1.1：0.5：1.4	1.0：0.3：1.7

注：施肥量为纯养分量。

表3 设施茄子土壤栽培水肥一体化灌溉施肥制度

茬口	项目	生育时期	定植	苗期	开花期	坐果（瓜）期
冬春茬	灌溉	灌水次数（次）	1	0～2	0～2	8～10
		亩灌水量（m³/次）	20～25	6～10	6～10	8～12

（续）

茬口	项目	生育时期	定植	苗期	开花期	坐果（瓜）期
冬春茬	施肥	施肥次数（次）	——	0～2	0～2	8～10
		亩施肥量（kg/次）	——	2～4	2～4	4～6
		N∶P$_2$O$_5$∶K$_2$O	——	1.2∶0.7∶1.1	1.1∶0.5∶1.4	1.0∶0.3∶1.7
秋冬茬	灌溉	灌水次数（次）	1	0～2	0～2	5～7
		亩灌水量（m^3/次）	20～25	8～12	6～8	6～7
	施肥	施肥次数（次）	——	0～2	0～2	5～7
		亩施肥量（kg/次）	——	2～4	2～4	3～5
		N∶P$_2$O$_5$∶K$_2$O	——	1.2∶0.7∶1.1	1.1∶0.5∶1.4	1.0∶0.3∶1.7

注：施肥量为纯养分量。

表 4　设施辣椒土壤栽培水肥一体化灌溉施肥制度

茬口	项目	生育时期	定植	苗期	开花期	坐果期
冬春茬	灌溉	灌水次数（次）	1	0～2	1～3	3～6
		亩灌水量（m^3/次）	20～25	6～10	6～10	8～12
	施肥	施肥次数（次）	——	0～2	0～2	3～6
		亩施肥量（kg/次）	——	2～4	2～4	2～5
		N∶P$_2$O$_5$∶K$_2$O	——	1.2∶0.7∶1.1	1.1∶0.5∶1.4	1.0∶0.3∶1.7
秋冬茬	灌溉	灌水次数（次）	1	0～2	1～2	3～4
		亩灌水量（m^3/次）	20～25	8～12	6～8	6～7
	施肥	施肥次数（次）	——	0～2	0～2	3～4
		亩施肥量（kg/次）	——	2～6	2～6	2～5
		N∶P$_2$O$_5$∶K$_2$O	——	1.2∶0.7∶1.1	1.1∶0.5∶1.4	1.0∶0.3∶1.7

注：施肥量为纯养分量。

三、应用效果

设施茄果类蔬菜应用水肥一体化技术，较地面灌溉冲施肥料节水 30%～50%，节肥 20%左右，减少灌溉施肥用工，增产 15%以上，果实品质平均可以提高 10%左右。该项技术的应用有效降低了生产成本，提高了经济效益，实现了节本增效。

四、适用范围

适用于北京地区设施茄果类蔬菜土壤栽培模式。

五、技术模式

铺设滴灌带

覆膜滴灌

水肥一体化配肥

水肥一体化施肥

水肥一体化过滤系统清洗

黄瓜应用水肥一体化
技术田间长势

番茄应用水肥一体化技术田间长势

（王志平，岳焕芸）

华北设施番茄膜面软体集雨窖水肥一体化技术

一、概述

设施膜面软体集雨窖水肥一体化技术，是利用日光温室之间的空地挖装窖体，以新型材料织物增强柔性复合材料 EPVC 作为水窖膜材，通过温室膜面和水窖窖面作为集雨面，雨季集蓄雨水于软体水窖内，作物种植期内通过微灌水肥一体化技术供应植株水分和养分，充分利用自然降水，以集蓄雨水替代地下水，提高水资源利用率，保障设施农业生产需求，促进农业可持续发展的一种新型绿色节水农业措施。该技术主要包括温室膜面、软体集雨水窖和水肥一体化系统。

二、技术要点

(一) 软体水窖选型

软体集雨窖体积计算受作物需水量、集雨面积、降雨量、温室间空闲面积、地下水位、工程造价等多因素共同影响，水窖规格可根据棚室实际尺寸与种植状况量身定做。据估算软体水窖年集雨量一般可实现水窖单体蓄水量的 1.5 倍以上。按照华北地区平均年降雨量为 550mm 测算，不同温室集雨面、理论集雨量与参考水窖体积见表 1。

表 1　软体水窖体积估算参考

温室长度（m）	有效集雨面（m²）	理论集雨量（m³）	参考水窖体积（m³）
60	540	223	149
70	630	260	173
80	720	297	198
90	810	334	223
100	900	371	248

注：有效集雨面按温室膜面宽 6m、窖面宽 4m 计算，集雨面集雨效率为 75%，理论集雨量除以复蓄指数 1.5 为参考水窖体积。

(二) 系统安装

软体集雨窖安装在温室之间空地，通过人工或机械按照预定尺寸依次进行挖窖坑、装窖体、充气撑开、拉伸展平、四周用铝制钎子固定、撕掉集雨孔保护盖等步骤；窖体安装完毕后，温室膜面与窖面连接，集雨面软体材料压在棚膜下，重叠 5～10cm 即可。

集雨窖体从底侧连接出水管，出水口通过底部地埋 PVC 管道与温室管网连接。温室内管道上依次安装逆止阀、水泵，分别通过 PVCΦ50mm 向混肥池和棚室输水，向温室输水管道上依次布置 Φ50mm 管径的球阀、过滤器，到温室支管通过 PVCΦ50mm 管径直接变为 PEΦ40mm，毛管连接到 PEΦ40mm 支管上。

温室水肥一体化系统由水源、首部、管网和灌水器 4 个部分组成，首部主要包括阀门、过滤器和施肥器，管网包括棚内支管和毛管，灌水器为毛管上的滴头。另外泵前段从混肥池并联 PVCΦ50mm 到主管道上，实现注肥功能，混肥池中并联管道前段安装逆止阀。水肥一体化系统多为滴灌水肥一体化方式，系统设计、安装使用与维护均应符合 NY/T 3244—2018 要求，一般参数为：PE 支管 Φ40mm，长 60～90m，滴灌管铺设在畦面上，每根长 8～10m；滴灌管 Φ16mm，壁 0.4mm，流量 1.0～3.0L/h。过滤器一般选用网式过滤器，棚内施肥装置文丘里、比例施肥器或注肥泵，溶肥装置选用棚内 3～5m³ 软体圆柱形混肥池。

（三）操作方法

1. 集蓄雨水　在雨季时节，提前做好软体集雨窖集雨面和温室膜面衔接，并清理水窖集雨面和棚膜衔接处杂物（包括杂草等），借助软体集雨窖集雨面联合膜面集雨面有效收集雨水。

2. 水肥一体化操作　一般分单一灌溉和灌溉施肥。在需要灌水时，开启集雨窖水源水泵，将水注入棚室内水肥一体化管网中，实现灌溉。在灌溉的同时需要施肥，可打开棚内施肥装置文丘里或注肥泵，将混肥桶中提前溶好肥料的肥液同时注入管道中，实现灌溉施肥水肥一体化。在温室冬季使用时，一般需要在灌溉 3d 前将温度较低的软体集雨窖收集的雨水提前抽取到棚内混肥池中，进行棚内提温。

3. 灌溉施肥制度　按照以水定产的原则，合理安排种植作物和茬口，按作物需水量进行灌溉。现以华北地区具有代表性的日光温室冬春茬和秋冬茬土壤栽培番茄为例，灌溉施肥制度（表 2、表 3）如下。

冬春茬（2 月下旬至 6 月底）：番茄定植后根据土壤墒情及时每亩灌水 35～45m³，定植后 7～9d 浇缓苗水，每亩灌水定额 6～8m³，缓苗后控水蹲苗，土壤水分下限控制在田间持水量的 60%～65%。开花结果期土壤水分控制在田间持水量的 70%～75%，结果期土壤水分控制在田间持水量的 75%～85%，拉秧前 10～15d 停止灌溉。当第一穗果膨大初期，开始结合滴灌进行施肥，随后每穗果膨大期追肥。

表 2　日光温室冬春茬番茄不同生育期滴灌制度

生育时期	亩灌水定额（m³）	灌水间隔（d）	灌水次数（次）	每亩每次施入纯养分量（kg）		
				N	P_2O_5	K_2O
定植	35～45	—	1	—	—	—
定植—开花	6～8	7～9	1～2	—	—	—

（续）

生育时期	亩灌水定额 （m³）	灌水间隔 （d）	灌水次数 （次）	每亩每次施入纯养分量（kg）		
				N	P₂O₅	K₂O
开花—结果	6～8	10～15	1～2	—	—	—
结果初期	8～12	10～12	2	1.1～1.5	0.4～0.6	2.0～2.7
结果盛期	8～12	7～10	4～5	1.3～1.8	0.5～0.8	2.4～3.4
结果末期	7～9	7～10	1～2	1.1～1.5	0.4～0.6	2.0～2.7

秋冬茬（8月下旬至12月底）：番茄定植后根据土壤墒情及时每亩灌水40～50m³，定植后5～7d浇缓苗水，每亩灌水定额6～8m³，定植—开花，土壤水分下限控制在田间持水量的60%～70%。开花结果期土壤水分控制在田间持水量的70%～75%，结果期土壤水分控制在田间持水量的75%～85%。拉秧前15～20d停止灌溉。当第一穗果膨大初期，开始结合滴灌进行施肥，10月中旬以后，每次随水滴灌追肥。

表3　日光温室秋冬茬番茄不同生育期滴灌制度

生育时期	亩灌水定额 （m³）	灌水间隔 （d）	灌水次数 （次）	每亩每次施入纯养分量（kg）		
				N	P₂O₅	K₂O
定植	40～50	—	1	—	—	—
定植—开花	6～8	5～7	1～2	—	—	—
开花—结果	8～10	6～8	2～3	—	—	—
结果初期	8～10	8～10	2～3	1.3～1.7	0.5～0.7	2.4～3.0
结果盛期	8～12	10～12	3～4	1.5～1.9	0.6～0.8	2.7～3.4
结果末期	8～12	15～20	1～2	1.1～1.5	0.4～0.6	2.0～2.7

三、应用效果

设施膜面软体集雨窖水肥一体化技术解决了温室冬季生产用水与夏季集中降雨时间上的不匹配问题，替代地下水效果突出，土壤栽培实现雨水替代深层地下水80%以上；能够改善灌溉水质，收集的雨水含盐量低，电导率值不到0.2mS/cm，水质明显优于其他灌溉水源；软体水窖成本相对较低，相比传统砖砌水泥水窖，成本降低40%以上；软体水窖可量身制作，不需硬化工程，生态环保。

四、适用范围

设施膜面软体集雨窖水肥一体化技术适用于水资源紧缺，年降雨量在400mm以上，一般要求温室之间距离在7m以上，且空间基本闲置的设施农业种植区。尤其是在地下水超采严重，浅层地下水和地表水矿化度较高的设施农业种植区技术需求更大。

五、技术模式

挖窖坑

窖体充气

设施膜面软体集雨窖

软体混肥池水肥一体化首部

滴灌系统安装

雨水灌溉番茄生长状况

（王　艳，吴　勇）

浙西南膜下滴灌番茄水肥一体化技术

一、概述

番茄膜下滴灌水肥一体化技术是将肥料溶解在水中，借助水肥一体化滴灌设施，灌溉与施肥同时进行，将水分、养分均匀持续地运送到根部附近的土壤，用地膜对地表全覆盖，起到增温保墒、抑制杂草的作用，实现了"三节两省一提质"，即节水、节肥、节药、省地、省工、增产、增效与提质。

二、技术要点

（一）模式分解

浙西南膜下滴灌番茄水肥一体化技术模式由水肥控制系统、灌溉系统和供水系统组成，主要有储水池和肥料池、水泵、提水和喷滴灌加压等水肥一体化设备、管道及滴灌设施。

水肥控制系统由智能施肥机组成，通过 EC-PH 实施监测，自动配肥，中文操作页面简单，同时手机可远程控制运行，加强了可操作性及便利性。

大棚内由压力补偿式滴灌带将水分、养分均匀持续地运送到根部附近的土壤，室外由 PE 给水管连接供水系统，将灌溉系统铺设于土方下，更有针对性地提高水肥利用率。

对智能施肥机实施监测，连接供水系统的母液罐，通过灌溉系统实现标准化、自动化水肥一体化。

（二）水肥一体化技术

1. 施肥方案 有机肥料应符合《NY525 有机肥料》的规定。在土壤中移动较慢、吸收利用率较低的 P_2O_5、Ca 等元素和有机肥料宜作基肥施用。

滴灌时养分利用率通常为氮 70%～85%，磷 25%～75%，钾 70%～85%。根据数据资料就可以计算出番茄理论需肥量（表1）。

表1 番茄不同目标亩产的需肥量

目标亩产（kg）	亩需肥量（kg）		
	N	P_2O_5	K_2O
5 000	14.5	4.2	22.5

（续）

目标亩产（kg）	亩需肥量（kg）		
	N	P_2O_5	K_2O
7 500	21.75	6.3	33.8
10 000	29.0	8.4	45.0

以 7 500kg 目标亩产计算出番茄滴灌条件下所需的施肥量，见表 2。

表 2　番茄滴灌施肥量

施肥阶段	次数	每次每亩灌溉施肥加入养分量（kg）				
		N	P_2O_5	K_2O	CaO	MgO
定植前	1	13.5	9.75	15.75	4.50	1.50
定植—开花期	1	1.33	1.33	1.33		
开花—坐果期	2	0.75	0.5	1.15		
采收期	10	0.75	0.5	1.15		
总施肥量		23.83	17.08	30.88	4.50	1.50

注：冬春茬，行株距 0.50m×0.45m，每亩约 2 000 株。

①微灌施肥系统施用底肥与传统施肥相同，可包括多种有机肥和多种化肥。定植前施基肥，每亩施农家肥 3 000～4 000kg，或商品有机肥 500～800kg。

②番茄生长前期应适当控制水肥，灌水和施肥量要适当减少，以控制茎叶的长势，促进根系发育，促进叶片和果实的分化。定植—开花期进行 1 次滴灌施肥，每亩可选用腐殖酸水溶性复合肥料（19-19-19）7kg。

③开花—坐果期滴灌施肥 2 次，每亩可选用水溶性复合肥（15-10-23）5.0kg。

④番茄收获期较长，为保证产量，采收期一般每 10～15d 要进行 1 次滴灌施肥，结果后期的间隔时间可适当延长。每亩可选用专用复合肥（15-10-23）5kg，或选用尿素 1.63kg、磷酸二氢钾 0.96kg、氯化钾 1.37kg。

⑤采收后期可根据植株长势，叶面喷施 0.2%～0.3%磷酸二氢钾溶液。若发生脐腐病可及时喷施钙肥和微量元素肥料，连喷数次。

2. 追肥

①应根据土壤肥力、番茄营养状况及天气进行追肥。宜勤施薄施，通常 10～15d 需追肥 1 次，在晴好天气、番茄生长旺盛时可每天追施少量水肥。当出现连阴天气时，蒸发量减少，要适当推迟灌溉，或减少灌水量，当出现气温高、湿度低的情况，要提前灌溉，或增加灌水定额。气温过高和过低时都要减少施肥量。

②追肥时先用清水滴灌 10min 以上，然后打开肥料母液贮存罐的控制开关，使肥料进入灌溉系统，通过调节施肥装置的水肥混合比例或调节肥料母液流量的阀门开关，使肥料母液以一定比例与灌溉水混合后施入田间。注意水肥混合液的 EC 值宜控制在 0.5～1.5mS/cm 之间，不能超过 3.0mS/cm。

三、应用效果

比传统用车运水进田灌溉方式可节水 50％以上，提高化肥利用率 20％以上，减少肥料施用量 25％以上，增产 30％。

四、适用范围

适用于浙西南设施大棚番茄冬春茬栽培，轻壤或中壤土质，要求排水条件较好，土壤氮素、磷素和钾素含量中等水平。每亩定植 1 800～2 200 株，目标亩产为 7 500kg。

五、技术模式

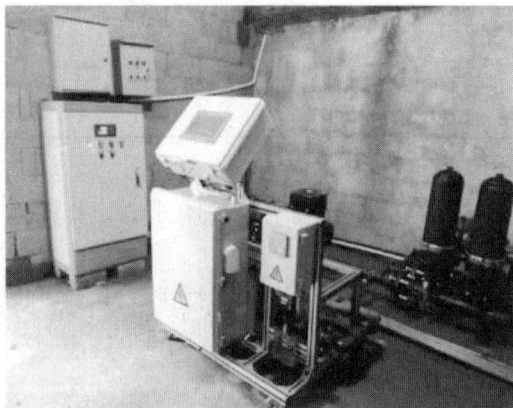

水肥控制系统

配肥

滴灌建设中

滴灌建设后

覆膜后种植全貌

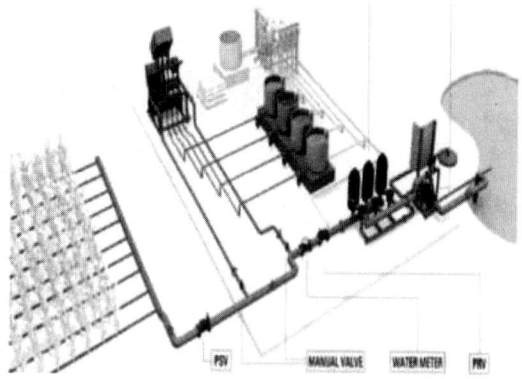

示意图

（王忠林，胡程远）

浙南地区越冬大棚番茄水肥一体化技术

一、概述

番茄水肥一体化是根据土壤水分和养分状况，作物水肥需求规律及生长需要，借助压力灌溉系统，将水溶肥料与灌溉水一起适时、适量、均匀、准确地输送到番茄根部土壤，从而使施肥与灌溉相互融合，成为一体，节水节肥、省工省力、提高产量品质，实现提质增效。

二、技术要点

（一）番茄品种及目标产量

应选用优质、丰产、抗性强、商品性好的番茄品种，如爱绿士 T147、巴菲特、沃粉等。越冬大棚番茄目标亩产 7 000～8 000kg 以上。

（二）肥料选择

在肥料种类上，基肥以选择商品有机肥、含硫三元复合肥或番茄配方肥等为宜，追肥根据不同生长阶段选择高氮、高钾或平衡型水溶肥等为宜，番茄生长期选用高氮型水溶肥，结果初期宜选用平衡型水溶肥，结果盛期选用高钾型水溶肥，视番茄植株长势施用适宜的中微量元素水溶性肥料。在施肥方法上，基肥以条施为主，追肥采用水肥一体化技术进行滴灌施肥。中期可喷施含钙、镁、硼等中微量元素的叶面肥，以提高番茄的抗病能力和品质。

（三）水肥一体化方案

番茄水肥一体化以滴灌形式为主，技术设备包括蓄水池（肥桶）＋水泵＋过滤装置＋施肥设备＋管网及灌水器，在施足基肥的基础上，追肥应用水肥一体化技术。

1. **基肥** 结合翻耕、整地、作畦，每亩施用商品有机肥 1 000kg＋番茄配方肥（如15-10-15 或相近配方）40～50kg，适当补充镁肥，亩施用硫酸镁 10kg。

2. **追肥**

（1）**定植到现蕾期** 施用高氮水溶肥（如 30-10-15＋TE 或相近配方）1 次，亩用量2.5～3.0kg。土壤重量含水量为田间持水量的 55%～65%。

(2) 开花坐果期　第一花序现蕾至第一花序坐果，施用氮、钾平衡型水溶肥（如 20-10-20＋TE 或相近配方）1 次，亩用量 2.5～3kg。土壤重量含水量为田间持水量的 60%～75%。

(3) 结果期　第一花序坐果后膨大至采收，交替施用高钾型（如 10-5-35＋TE 或相近配方）和平衡型（如 20-10-20＋TE 或相近配方）水溶肥。每 15～20d 施 1 次，施 2～3 次，每亩每次用量 4～5kg。结合叶面喷施高钙型中微量元素，土壤重量含水量为田间持水量的 70%～80%。

(4) 采收期　第一花序果实开始采收至生产结束，施用高钾型（如 10-5-35＋TE 或相近配方）水溶肥。每 10～15d 施 1 次，施 4～5 次，每亩每次用量 4～5kg。结合叶面喷施高钙型中微量元素，土壤重量含水量为田间持水量的 60%～70%。

(四) 注意事项

①根据天气变化、土壤墒情、番茄长势及挂果量等实际情况，及时调整灌溉施肥制度。在需要施肥但不需要灌溉时，可增加灌水次数，减少灌水定额，缩短灌水时间，实现以水带肥。

②每次施肥时，先用清水滴灌 20min 左右，确保管路通畅，之后打开肥料贮存罐开关，使肥料进入灌溉系统，施肥结束后继续用清水滴灌 30min 左右，防止肥料残留堵塞滴灌管。

③包括滴灌管、肥料罐、施肥器、过滤器等的维护，应及时进行清理，防止堵塞，保证水流畅通。

三、应用效果

(1) 化肥减量　能适时适量将水肥输送到植物的根部，减少了肥料的挥发和流失，以及养分过剩造成的损失，提高肥料利用率，节省肥料。与传统施肥相比节省化肥 20%～40%。

(2) 省工省本　水肥一体化操作方便，而且可以自动控制，可以节省劳力。水肥一体化一人一天可管理 300 亩，而常规追肥只能管理 15～20 亩，大幅度减小劳动强度，减少劳动力成本。

(3) 增产增效　灌溉可以给作物提供最佳的生长环境，提高作物产量，亩增产约 15%～20%，而且可以提高番茄抗逆性，提高品质。

四、适用范围

适用于水源充足，地势平坦的番茄设施栽培管理区域。

五、技术模式

进水口

泵站

水肥一体化区域

（陈钰佩）

皖北地区大棚辣椒物联网水肥一体化技术

一、概述

物联网水肥一体化运用物联网技术，在保证农业作物需水、需肥量的前提下，实现无人值守和节约水/肥资源，提出了一整套的解决方案。可以根据墒情监测站监测数据，经云端分析，启动或关闭灌溉执行系统，形成一种闭环灌溉系统。其涉及传感器测控技术、IT信息技术、无线通信技术等多种物联网技术。物联网水肥一体化技术是将灌溉与施肥融为一体的农业新技术，是提高我国农业单位面积作物产量和生产优质农产品农业发展的迫切需求。

大棚辣椒物联网水肥一体化技术是将肥料溶解在水中，借助上喷下滴的灌溉方式，喷灌滴灌分区控制灌溉，灌区大小取决主管大小。区域控制有电磁阀控制，采用轮灌方式。灌溉与施肥同时进行，将水分、养分均匀持续地运送到根部附近的土壤，实现小麦按需灌水、施肥，适时适量地满足作物对水分和养分的需求，提高水肥利用效率，达到节本增效、提质增效、增产增效的目的。

二、技术要点

（一）主要设备配置

参见表1。

表1　主要设备配置

序号	名称
1	自动反冲洗沙石过滤器
2	自动反冲洗叠片过滤器
3	四通道施肥机
4	土壤管式墒情速测仪
5	无线智能灌溉相关设备（详见无线智能灌溉系统）

1. 施肥机

（1）控制方式

①时间控制：设定时间灌溉。

②肥水比例：设定流量比例来控制水肥比。

③外部信号控制：土壤湿度控制水泵开关。

④无线控制：无线采集传感器值及控制。

（2）系统特征

①肥料控制：肥料供应量百分比来控制。

②流量控制：根据各个大棚内流量传感器的值判断阀门状态。

③可选择施肥或者直接灌溉。

④灌溉使用原灌溉网络的压力不需要加压泵。

⑤报警及停止：超出压力上限值时发出报警及停止运行。

⑥报警及停止：超出土湿上限值时发出报警及停止运行。

⑦一键灌水：紧急灌水（手动灌水）。

⑧临时停止：一键停止运行功能。

⑨灌溉区域阀门采集使用无线传输节约拉线成本。

2. 无线智能灌溉系统

①LORA 组网方案：基于当今先进的"LORA 无线传感技术"、"物联网技术"、"云计算"环境管理理念以及监测、评估技术进行设计，可全方位满足各种现场环境部署要求，以实现精确感知、精准操作、精细管理，取得良好的经济效益、社会效益和生态效益。具备低功耗及超强抗干扰、穿透能力，适用于大面积、远距离通讯。

②扩展与增容方便：用户如需增大规模，在旧系统基础上，只需购买硬件产品，通电即可，登录云平台即可实现设备的同步更新（图1）。

图1　无线智能灌溉系统拓扑

3. 土壤墒情检测系统

①具备多深度水分、温度变化测量能力，标准节点：10cm、20cm、30cm、40cm深度，实时监测，快捷方便。

②可根据不同的应用场合，定制深度不同、配置不同的产品。

③采用特殊定制 PVC 塑料管，可防老化，更耐土壤中酸碱盐的腐蚀。

④用环氧树脂作为密封材料，可长期浸泡水中而不会发生渗漏。

⑤测量精度高，性能可靠，受土壤土质影响较小，适用于各种土质。

⑥具有电源线、地线、信号线多向防误接保护。

⑦根据需求支持 RS485 数字输出，LOORA 无线传输，以及 GPRS 无线网络数据传输。

⑧不同供电方案：DC12～24V 直流供电；太阳能供电，可长期持续供电；内置长效锂电池持续供电，供电能力设计一次充满可持续 1 个月（主动上报模式，1h 上报 1 次）。

⑨免现场设置和校正设计，现场随时安装随时使用。

（二）水源准备

水源可以为水井、河流、塘坝、渠道、蓄水窖池等，灌溉水水质应符合有关标准要求。

首部枢纽包括提水、加压、过滤、施肥和控制测量等设备。根据水源供水能力、耕地面积、灌溉需求等确定首部设备型号和配件组成；过滤设备采用自动反冲洗沙石加自动反冲洗叠片两级过滤；施肥设备宜采用注肥泵等控量精准的施肥机。水泵型号的选择应满足设计流量、扬程要求，如供水压力不足，需安装加压泵。

（三）上喷下滴

滴灌：根据土壤土质、种植方式采用 30cm、20cm、15cm 和 10cm 4 种型号压力补偿贴片滴灌带。产品质量应符合《农业灌溉设备　滴灌带》（NY/T 1361）标准要求。滴灌带通过直径 16 旁通阀门与支管连接。滴灌带工作的正常压力为 0.02～0.04MPa。

喷罐：十字雾化喷头，4 个喷嘴呈十字联接，流量 40L/h，过滤器应用 120 目或 120 目以上。

功能特点：整套采用 4 个喷嘴呈十字联接，雾粒的分布更均匀；高效防滴阀设计，真正停喷止滴，避免滴水伤苗；25μm 左右的雾粒，无需超高压力，流量 40L/h；是高档温室、养殖场等加湿降温的理想产品；建议使用 150 目或 150 目以上的过滤器。

（四）管网布置

主管道埋入地下，埋深 50～80cm，每个灌区喷灌滴灌各一个电磁阀。田间铺设的地面支管道采用 PE 软管，支管承压≥0.6MPa，滴灌带铺设长度不超过 70m，与作物种植行平行，间隔按照种植植物垄间距布置。十字雾化碰头间距 1.5m 布置，两行之间间隔 2m。3 个喷头之间成三角形布置。

三、水肥一体化技术模式

（一）灌溉施肥制度

辣椒作为一种一年生茄科辣椒属的草本植物，其生长周期也特别短，它对水分要求很严格，既不耐旱，也不耐涝，喜欢干爽的空气条件。辣椒需要育苗，一般催芽播种后 5～8d 时间就可以出土，辣椒适合生长的温度是 25～30℃，它的幼苗不耐寒，需要做好防冻措施。

1. 辣椒需肥的特点　辣椒是吸肥比较多的蔬菜，每生产 1kg 辣椒，植株就要吸收氮 3.5～4.5g，其中各种元素还要合理搭配使用。施肥量参照《测土配方施肥技术规程》（NY/T 2911）规定的方法确定，并用水肥一体化条件下的肥料利用率代替土壤施肥条件下的肥料利用率进行计算。追肥可用水溶性肥料，大量元素水溶肥料应符合农业行业标准 NY 1107 要求。辣椒的苗期、花蕾期、盛花期和成熟期对肥料的吸收量分别是用量的 5%、11%、34%和 50%，所以辣椒花期和结果期是吸收氮肥最多的时期，同样对磷、钾肥需求也高于其他生长阶段。

2. 辣椒如何施基肥　辣椒需肥量大，意味着基肥也要足够多，一般每亩辣椒种植需要施腐熟的有机肥 4 000kg，同时添加尿素 10～15kg、过磷酸钙 15～20kg、硫酸钾 10～15kg、生物肥 25kg，硫酸锌、硫酸铜、硫酸镁适量。对于时间较长的温室大棚，要做好防虫害的措施，可多用喷醋的方法防虫。

3. 辣椒需要巧追肥　辣椒生长期共需追肥 4～5 次，从辣椒蹲苗结束，果实长到 2cm 时开始第一次追肥，亩用尿素 15kg、硫酸钾 8kg 混合施肥。当辣椒的门椒采收时，开始第二次追肥，亩用尿素 20kg、硫酸钾 10kg 追施。此后可以根据辣椒采收情况进行适量追肥 1～2 次，保证辣椒生长有足够的养分。

辣椒喷施叶面肥，不仅是提高辣椒产量的一种方法，还能起到防虫的作用。叶面喷肥可以在花期进行，使用磷酸二氢钾溶液或硼砂溶液都可以，能够提高辣椒的坐果率，对于提高辣椒产量有明显的效果。

灌溉施肥时，每次先用约 1/4 灌水量清水灌溉，然后打开施肥器的控制开关，使肥料进入灌溉系统，通过调节施肥装置的水肥混合比例或调节施肥器阀门大小，使肥液以一定比例与灌溉水混合后施入田间。每次加肥时须控制好肥液浓度。施肥开始后，用干净的杯子从离首部最近的喷水口接一定量的肥液，用便携式电导率仪测定 EC 值，确保肥液 EC<5mS/cm。每次施肥结束后要继续用约 1/5 灌水量清水灌溉，冲洗管道，防止肥液沉淀堵塞灌水器，减少氮肥挥发损失。

四、应用效果

比传统灌溉可节水 30%以上，提高化肥利用率 35%以上，增产 32%，增收 25%，节省用工 40%以上。

五、适用范围

适用于常规蔬菜大棚实施水肥一体化生产。

（王树文，曹阿翔，胡芹远）

坝上生菜配肥站水肥一体化技术

一、概述

蔬菜种植水肥投入强度高，总量大，但浪费和损失较为严重。水肥一体化具有提升蔬菜水肥利用效率、降低人工成本、减少面源污染的优势，对蔬菜轻简高效发展及保护环境等具有重要的促进意义与推动作用。采用新型液体肥，同时结合园区的配肥站和开发施肥技术指导手机 APP 程序，形成规模化滴灌施肥提供的技术配套，实现生菜全生育期按需灌水、施肥，适时适量地满足生菜对水分和养分的需求，提高水肥利用效率，降低肥料投入成本，提高养分吸收利用，提高产量。

二、技术要点

（一）应用以新型液体肥为核心的水肥一体化技术

基于前期研究，开发出溶解快、不易堵塞管路、低成本的液体水溶肥料，以尿素、硝酸铵溶液（UAN 氮溶液）、低聚合度液体聚磷酸铵（APP）和自制液体肥钾肥为基础原料，完成适用于生菜不同生育期的配方及滴灌施肥配套技术方案。

1. 采用膜下滴灌水肥一体化技术 在整地的同时施入底肥，使用三位一体机一次性完成机械起垄、铺设滴灌管、覆盖地膜。选用幅宽为 $100\sim120cm$ 的银灰色地膜，垄宽 $100cm$，垄高 $15cm$，每垄膜下铺设 2 条滴灌管，生菜在垄上交叉双行定植，栽培密度依据品种而定。

2. 采用新型液体肥 应用 UAN（尿素、硝酸铵溶液，含有 3 种形态氮素，吸收效率高、损失少，减缓酸化板结，省时省力）、APP（多聚磷酸铵，多聚磷酸铵缓慢释放，降低磷素的土壤固定，提高吸收利用）、钾液（有机无机两种钾形态，促进蔬菜糖、干物质等品质提高），3 种大量元素液体肥配合施用可以提高水肥利用效率，减少堵塞，提高灌溉均匀度，提高产量。

3. 灵活配比不同时期追肥的比例 如在生菜生长早期采用 $N：P_2O_5：K_2O=3：1：2$ 的配方，在团棵期采用 $3：2：4$ 的配方，同步作物氮磷钾的供应，进一步提高利用效率。使用市场上养分比例固定的水溶肥（18-8-30），早期为增加氮素供应，可配施尿素。与习惯施肥相比，液体肥配方灵活，更加符合作物生长。

（二）采用 VegeSyst 模型精准推荐水氮用量，配合智能灌溉设备完成水肥施用

依据西班牙 VegeSyst 水氮模拟决策模型得出水肥推荐量，应用于施肥技术指导手机 APP 程序。

VegeSyst 模型是基于区域气候环境开发的面向农田应用的模拟决策系统，根据区域光温资源为作物匹配生命每一天健康生长所需的水氮资源数量，是适应区域资源特点建立水氮精准管理技术的基础。Vegesyst 模型由模拟模块和决策模块组成。输入项由太阳有效辐射、空气温度和湿度组成，输出项包括每一天的生物量、吸氮量、灌水量、水氮供应浓度等，模拟参数包括作物截获光合有效辐射量（fi-PAR）、累积热时间（CTTi）、辐射有效利用率（RUE-1）和作物系数（Kc）等。以下为模型操作步骤：

①输入。需要把每一天的温度和湿度、光照收集、整理，即可输入模型（图1）。

	dds/ddt	DOY	Tmax (°C)	Tmin (°C)	RS out (MJ m⁻² d⁻¹)	Transmis.GH	RS in GH (MJ m⁻² d⁻¹)	RHmax (%)	RHmin (%)
15-Jul	0	196	36.2	20.7	25.77	0.20	5.15	86.8	44.9
16-Jul	1	197	34.9	20.8	24.62	0.20	4.92	89.5	52.8
17-Jul	2	198	35.8	20.6	26.31	0.20	5.26	91.1	49.8
18-Jul	3	199	36.0	20.5	26.41	0.20	5.28	88.3	48.5
19-Jul	4	200	35.8	20.8	25.82	0.20	5.16	89.4	48.8
20-Jul	5	201	35.1	21.2	25.25	0.20	5.05	89.2	54.4
21-Jul	6	202	35.4	21.0	25.69	0.20	5.14	91.5	52.9
22-Jul	7	203	35.6	20.5	25.53	0.20	5.11	92.1	55.1
23-Jul	8	204	34.9	20.5	24.65	0.20	4.93	92.2	51.8
24-Jul	9	205	35.7	20.7	25.13	0.20	5.03	92.0	52.9
25-Jul	10	206	35.6	20.3	25.63	0.20	5.13	92.3	54.1
26-Jul	11	207	35.6	20.8	25.42	0.20	5.08	92.3	53.2
27-Jul	12	208	34.9	20.5	25.20	0.20	5.04	91.1	52.4
28-Jul	13	209	36.2	20.5	26.42	0.20	5.28	90.2	54.3
29-Jul	14	210	35.7	20.8	25.53	0.20	5.11	90.1	53.5
30-Jul	15	211	35.7	21.0	24.00	0.20	4.80	90.4	55.9
31-Jul	16	212	35.1	20.9	24.30	0.20	4.86	90.9	54.3
1-Aug	17	213	36.1	20.8	24.58	0.20	4.92	91.0	53.4
2-Aug	18	214	36.0	21.2	24.42	0.20	4.88	88.2	51.3
3-Aug	19	215	35.8	21.6	24.34	0.20	4.87	86.9	51.0
4-Aug	20	216	36.2	21.9	25.16	0.20	5.03	86.3	51.1
5-Aug	21	217	36.9	21.8	24.93	0.20	4.99	90.1	51.1
6-Aug	22	218	36.4	21.8	25.37	0.20	5.07	91.7	51.4
7-Aug	23	219	36.4	21.2	24.42	0.20	4.88	90.7	50.9
8-Aug	24	220	35.8	21.2	24.55	0.20	4.91	91.0	53.8

图1 模型输入示例

②计算并筛选合适的模拟方程，以获得最优的模拟值（图2）。

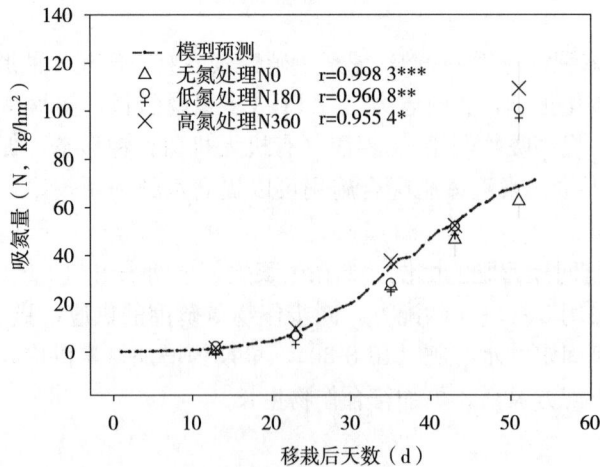

图2 筛选模拟模型

③输出。可以为作物生长的每一天提供精准的水氮数量和水肥浓度（图3）。

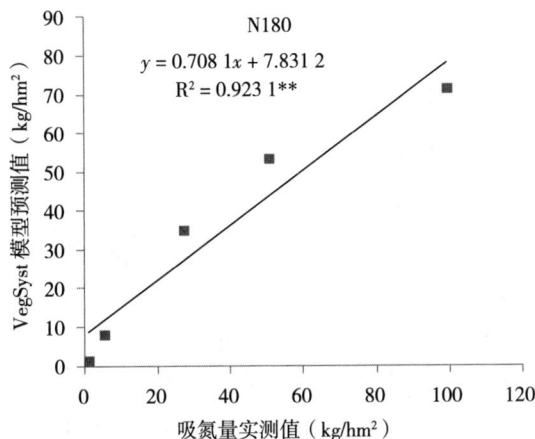

N180

$y = 0.708\ 1x + 7.831\ 2$

$R^2 = 0.923\ 1^{**}$

图3　模型预测值与田间实测值拟合

④最后在实际应用中与水肥一体化智能设备（施肥技术指导手机 APP 程序）结合使用，为智能设备提供合适的水肥施用量。

（三）将技术集合应用于配肥站

在园区或基地内设置配肥站，由液体肥储液吨桶、肥液流量控制装置、滴灌施肥机、配方手机 APP 等组成。技术要点如下：

配置储液装置。按照作物面积配置氮磷钾3种液体肥储液容器，规模较大可配置方形吨桶（1m³），规模稍小可配置圆柱形桶。桶上均需安装进出水口和开关或桶盖，氮肥液用量较大，一般单独储放，同时添加氮肥增效剂，磷钾肥可单独储放或合并储放，装置避免太阳直晒或增加深色覆盖物。

根据作物生长需求，配合滴灌设施，追肥按照施肥 APP 计算每次追肥的氮磷钾数量。通过配肥站控制系统分别量取一定量的氮磷钾肥液，加入施肥机或施肥罐内。

观察田间长势，同时可测定作物氮素含量变化，以调整下次施肥数量和时间。

三、应用效果

克服了当前固体肥溶解慢、易堵塞、断续加肥的不足，以多种液体肥配合实现了快速溶解、无残留，施肥均匀性显著提高，用工量显著降低，施肥装置简单、成本低廉，配备了信息化手段提供施肥指导，构建了适用于基地、园区，以及规模化生产的不同层次的装备。通过田间试验验证，使用液体肥可以提高水肥利用效率，减少堵塞，提高灌溉均匀度，提高产量，同时减肥 22%，降低施肥成本 23%，减少人工，每亩减少投入 230 元，实现节本增效。

四、适用范围

适用于具备环境监测或可以获得环境数据的大面积平原规模化露地叶菜水肥一体化。

五、技术模式

新型液体肥料

配肥站技术培训

规模化生菜取土测试养分含量

大规模蔬菜生产液体肥与施肥机配合使用

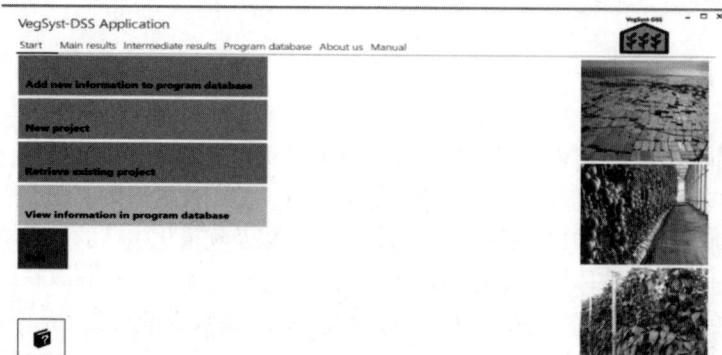
模型初始界面

日历式配肥站施肥指导手机 APP

（杨俊刚，吴 勇）

云南滇西茶园套种萝卜保水保肥技术

一、概述

未封行的茶园在夏末秋初土壤水分充足时套种萝卜，开春前进行萝卜及茎秆还田，利用萝卜含水量高达95％的特点（天然小水窖）及植株的有机物，保蓄土壤水分，提高土壤有机质，实现茶叶优质高产的目的。

二、技术要点

（一）品种选择

选取适应当地气候条件且生物产量高的萝卜品种（大白萝卜：植株高大、生物产量高、耐瘠薄、耐旱），一般地上部分鲜茎秆产量2 000kg以上，肉质根3 000kg以上。

（二）适时早播

播种时间要求雨季结束前，保证萝卜生长期内土壤水分有利于植株生长；合理密植，在夏茶采摘后7月下旬，结合茶叶中耕施肥每个茶行沟两侧种植两行萝卜；茶叶行距150cm，萝卜塘距60cm，每塘播3～5粒种子，打塘播种后用腐熟过筛的农家肥盖种，间苗时每塘留2苗，保证萝卜套种密度3 000株。

（三）精细管理

萝卜生育期要及时中耕除草，5～6叶期及时间苗、中耕除草、施苗肥，肥料每亩用$N-P_2O_5-K_2O＝15-15-15$复混肥15kg，并用生物农药及时防治蚜虫。

（四）割株覆盖

10月初秋茶结束，萝卜已达肉质根膨大中后期，植株生物产量接近最大值，此时从肉质根以上20cm处割除植株覆盖在种植沟上，起到覆盖防治杂草、保持土壤水分的作用，不要覆盖在萝卜种植塘沟墒面。

（五）萝卜还田保蓄水分、养分

11月中旬萝卜肉质根生物学产量达到最高，结合茶叶冬前施肥，将萝卜地上部分全部铲除，和肥料一起施于开好的施肥沟内培土，覆土5～10cm防止水肥挥发，地下部分

"萝卜"冬季逐步腐烂，逐步释放水分，补充土壤水分及营养，萝卜生长好的地块亩产肉质根 3 000kg，含水量 95%，茎秆 2 000kg，含水量 80%，可补充土壤水分 3 450kg、有机质 550kg，有效改善茶园冬春水肥条件。

三、应用效果

通过茶园套种萝卜进行土壤培肥、保蓄水分的技术，结合两次施肥进行萝卜种植和翻压还田，实现了省工。萝卜茎秆平铺茶沟防除了部分杂草，高含水量的萝卜每个萝卜就是一个小水窖，萝卜在土壤里逐步腐烂，持续供给土壤水肥及有机质，有效解决了冬春干旱土壤水分不足影响茶园高产的问题，促使春茶早生快发，达到茶叶优质高产高效。

四、适用范围

适用于云南未封行的茶园内。

五、技术模式

萝卜植株生物产量最大期

从肉质根以上 20cm 处割除植株覆盖

萝卜地上部分全部铲除

（王　平，段家友）

西北苹果园软体集雨窖节水技术

一、概述

果树软体集雨窖节水技术模式，是以新型软体集雨窖收集雨水或贮存客水为水源，通过注灌或滴灌方式进行补充灌溉，同时将肥料配兑成肥液，在灌溉的同时将肥料输送到果树根部土壤，适时满足果树对水分和养分需求的一种现代节水农业集成新技术。

二、技术要点

（一）窖体计算

集雨窖一年中可实现多次降雨蓄积，上一年度蓄积的雨水可供来年春季使用，雨季使用过程也可不断循环集用。据估算，软体水窖年集雨量一般可实现水窖单体蓄水量的1.2倍以上。按照西北地区平均年降雨量为550mm测算，集雨量与水窖蓄水体积与集雨面对照参考见表1。

表1 集雨量与水窖蓄水体积与集雨面对照参考

集雨量（m³）	水窖蓄水体积（m³）	年平均降水量550mm集雨面（m²）
10	8.3	15
20	16.7	28
50	41.6	75

在西北旱作区，针对春季旱期和中后期关键生育期追肥时主要采用补灌，水窖蓄水量与果树补灌水量及面积对应关系见表2。

表2 水窖蓄水量与果树补灌水量及面积对应关系

	亩补灌水量 （m³/次）	软体水窖容积 （m³）	循环蓄水量 （m³）	推荐补灌面积与次数
果树	3～5	8	10	2亩根区注灌3次，或1亩滴灌2～3次
		20	24	4亩根区注灌3～4次，或2亩滴灌3次
		50	60	6亩根区注灌6次，或4亩滴灌3～4次

（二）水肥一体化设备

灌水模式分为灌注和滴灌模式。

1. **灌注水肥一体化设备** 注灌水肥一体化利用软体集雨窖续集的雨水，要配置增压泵、软管、注灌器、注肥枪等，在使用时用进水管连接水窖和注灌泵，同时在注灌泵的另一端由出水管连接注肥枪。注灌过程中，将注肥枪插入果树根区，通过主管泵压力将水或肥液注入。

2. **滴灌水肥一体化设备** 滴灌水肥一体化利用软体集雨窖续集的雨水，从集雨窖取水需增压（如有必要），并将其处理成符合滴灌要求的水流，送到灌溉系统中去。要配置加压设备（水泵、动力机）、注肥设备、过滤设备、控制阀、进排气阀、压力流量仪表等。

（三）水肥一体化技术

1. **灌溉制度的制定** 在水源较少的情况下，选用灌注模式，确保果树生长有足够的水分供应。在灌注模式下，采用等额灌水量，每次每棵树灌水 $0.025\sim0.03\mathrm{m}^3$，在每亩 70 棵果树的情况下，亩灌水总量为 $2\mathrm{m}^3$。

在水源充足的条件下，选用滴灌模式，需要制定灌溉制度。灌溉制度包括全生育期内的灌水次数、灌水周期、灌水延续时间、灌水定额以及灌溉定额。

2. **施肥制度的制定** 施肥制度包括总施肥量、每次施肥量、养分配比、施肥时期和肥料品种等。水肥一体化的施肥制度制定坚持以下原则：一是选用水溶性好的肥料，滴灌施肥必须采用全水溶性的肥料。二是总施肥量降低。灌溉施肥肥料直接作用于作物根区，利用率提高。三是"少量多次"。四是不同树龄果树的产量不同，养分需求也相应不同。一般萌芽期到开花初期养分分配 $10\%\sim20\%$，氮、磷比例较高一些；开花期到坐果期养分分配 $20\%\sim30\%$，氮、钾比例较高一些；果实膨大期养分分配 60% 左右，钾的比例高一些。

（四）灌溉施肥制度

灌溉施肥制度的拟合原则是肥随水走，分阶段拟合，即将肥料按照灌水时间和次数进行分配。在灌注模式下，由于每次灌水量较为固定，且用水量较小，肥料将主要以土施为主，配合 3 次注灌，6~9 月主要依靠天然降水。表 3 为注灌苹果树水肥一体化方案。

表 3 注灌苹果树水肥一体化方案

生育时期	灌溉次数	灌水定额	每次灌溉加入灌溉水中的纯养分量（kg）				备注
			N	P_2O_5	K_2O	$N+P_2O_5+K_2O$	
基肥			15.5	11.0	16.6	18.6	环施
花前	1	2	6.0	1.5	3.3	10.8	灌注
初花期	1	2	4.5	1.5	3.3	9.3	灌注
果实膨大期	1	2	4	1	9.8	4.0	灌注
合计	3	6	30.0	15.0	31.0	78.0	

采用滴灌施肥方式时追肥次数尽量增加，每次施肥量相应降低，一般情况下，每次灌溉均施肥。表 4、表 5 分别为初果期、盛果期苹果树水肥一体化方案。

表 4　初果期苹果树水肥一体化方案

生育时期	灌溉次数	灌水定额	每次灌溉加入灌溉水中的纯养分量（kg）				备注
			N	P_2O_5	K_2O	$N+P_2O_5+K_2O$	
基肥	1	25	3.0	4.0	4.2	11.2	树盘灌溉
花前	1	20	3.0	1.0	1.8	5.8	滴灌或微喷
初花期	1	15	1.2	1.0	1.8	4.0	滴灌或微喷
花后	1	15	1.2	1.0	1.8	4.0	滴灌或微喷
初果	1	15	1.2	1.0	1.8	4.0	滴灌或微喷
果实膨大期	1	15	1.2	1.0	1.8	4.0	滴灌或微喷
果实膨大期	1	15	1.2	1.0	1.8	4.0	滴灌或微喷
合计	7	120	12	10	15	37	

表 5　盛果期苹果树水肥一体化方案

生育时期	灌溉次数	灌水定额	每次灌溉加入灌溉水中的纯养分量（kg）				备注
			N	P_2O_5	K_2O	$N+P_2O_5+K_2O$	
基肥	1	35	6.0	6.0	6.6	18.6	树盘灌溉
花前	1	18	6.0	1.5	3.3	10.8	滴灌或微喷
初花期	1	20	4.5	1.5	3.3	9.3	滴灌或微喷
花后	1	20	4.5	1.5	3.3	9.3	滴灌或微喷
初果	1	20	6.0	1.5	3.3	10.8	滴灌或微喷
果实膨大期	1	20	3.0	1.5	6.6	11.1	滴灌或微喷
果实膨大期	1	20	0	1.5	8.1	4.0	滴灌或微喷
合计	7	153	30.0	15.0	33.0	78.0	

三、应用效果

果树软体集雨窖节水技术模式充分利用自然降水，通过水肥一体化适时适量地将水和肥直接送到果树根部，提高了水肥利用率，果园的灌溉水利用系数可达 0.9 以上。

四、适用范围

适用于我国降雨量 400～600mm 苹果树种植地区。

（黄文敏，潘晓丽）

山东沂蒙山地丘陵区苹果园软体集雨水肥一体化技术

一、概述

苹果园软体集雨水肥一体化技术，是利用集雨面将雨水蓄积在软体集雨池中，然后配套水肥一体化设备进行灌溉施肥的技术模式，实现果树标准化灌溉施肥，减少化肥施用量，提高水肥利用率，促进果园提质增效。

二、技术要点

（一）选址与修建

软体集雨池一般选址在果园地势相对较高的位置，集雨池深度一般为 5～7m，大小为 300～500m³。机械开挖后人工进行边墙修整，在池底打混凝土并调平，将池底与四周夯实并安装排污管、配置水肥一体化管路互通设备，集雨池周边修建安全防护栏。集雨池主体完成后，沿四周布设一个外高里低的人工集雨坪集流，可最大限度收集降雨。铺设的防水材料选择厚度大于 0.7mm 的 PVC 夹网布，接茬处高频焊接热合成型，具有生态环保、耐腐蚀、防晒防冻、抗老化的良好特性。

（二）水肥一体化配置

水肥一体化系统通常包括水源、首部系统、田间输配水管网和灌水器 4 部分。

1. **水源**　丘陵山地果园水源主要为自然降水，条件允许的可用河流、井水等补充。

2. **首部系统**　一般包括变频控制柜、变频水泵、水表、过滤器、智能施肥机、阀门、回止阀等。河流、水库、池塘的水源，宜采用砂石过滤器＋碟片过滤器组合，可充分过滤水源的悬浮物质和藻类；水源为井水宜采用离心过滤器＋碟片过滤器组合，可充分过滤井水中的砂石。

3. **输配水管网系统**　由主管、干管、支管、毛管组成，管材选用 PE 管，具有高强耐压韧性好、抗冻耐高温、稳定耐腐耐磨的特点。一般主管直径选用 160mm，干管直径选用 90mm 或 110mm，支管直径选用 50mm 或 63mm，支管沿果园一侧铺设，埋深 30～40cm。毛管直径选用 16mm，与支管垂直铺设，每行果树铺设两条毛管。

4. **灌水器**　果园水肥一体化灌水器需根据土壤类型、立地条件等进行选择，其中砂质土果园宜选用微喷，壤土果园宜选用滴灌。滴灌管沿每行果树树干两侧往外 20～30cm

处各布置 1 条, 丘陵山地需采用压力补偿式滴头, 每棵果树配置 4~6 个, 滴头流量低于 2.7L/h, 内镶贴片式滴灌管, 在铺设时滴孔应向上, 滴头间距按株行距布设。微喷灌是利用旋转或辐射式的微型喷头将水肥混合液均匀喷洒在作物根部土壤, 微喷头流量低于 90L/h, 喷洒半径约 3~4m。

(三) 灌溉施肥制度

灌溉施肥制度原则是肥随水走、少量多次。需选择水溶性高的肥料, 控制施肥时间, 使用前用清水冲洗管道, 施肥后继续用清水灌溉 15~20min, 将管道中的肥液完全排出, 提高肥料利用率 (表1)。

表 1 苹果灌溉施肥制度

生育时期	灌溉次数	亩灌水定额 (m^3/次)	每个生育期每亩施用的纯养分量 (kg)				备注
			N	P_2O_5	K_2O	$N+P_2O_5+K_2O$	
采收后	1	30	6.0	4.0	5.6	15.6	滴灌/微喷
花前期	1	12	6.0	2.0	4.3	12.3	滴灌/微喷
花后期	1	13	6.0	2.5	5.3	13.8	滴灌/微喷
幼果期	2	15	4.5	1.5	3.3	9.3	滴灌/微喷
花芽分化期	2	15	4.5	1.5	3.3	9.3	滴灌/微喷
果实膨大前期	2	15	6.0	1.5	5.3	12.8	滴灌/微喷
果实膨大后期	2	15	3.0	2.5	5.6	11.1	滴灌/微喷
采收前	2	15	0.0	2.5	7.1	9.6	滴灌/微喷
合计	13	205	36.0	18.0	39.8	93.8	

(四) 果园管理

1. 肥水管理

(1) 秋施基肥　选用果木枝条、畜禽粪便、复合好氧菌剂进行好氧发酵堆肥, 该肥料经高温发酵不含病原菌、杂草种子、虫卵, 且含有大量有益微生物, 可抑制土传病虫害、改善土壤理化性、促进土壤团粒结构形成, 疏松透气, 保水保肥。每亩果园推荐施用量为 3~5t, 可采用穴施、沟施, 配合通气施肥法与水肥一体化, 为果树根系营造水、肥、气、热的最佳生长条件。

(2) 追肥　苹果需肥规律为"前 N、中 P、后 K"。在秋施基肥的基础上, 根据灌溉施肥制度进行追肥, 以速效性磷钾肥为主, 充实花芽及树体营养, 增加单果重, 提高优质果率和产量。

(3) 叶面喷肥　可通过叶面喷肥以促进果实着色, 增强果树的抗病性, 提高果实的贮藏力。树叶背面气孔多而大, 肥料容易被吸收, 喷洒应当从上到下以叶背面为主。

2. 花果管理

(1) 授粉　采用人工授粉、蜜蜂或壁蜂传粉等方法提高坐果率和果实整齐度。

（2）疏花疏果 根据花果间距疏花疏果，疏去弱花、晚茬花、腋花、梢部花；定果时每个果台留1个果，留中心果、果柄长的果，将小果、畸形果、病虫果等疏去。

（3）摘叶、转果 在采摘前30d，摘除贴果叶，适当摘除果实周围5～10cm范围内枝梢基部遮光叶。间隔10d，摘除部分中、长枝下部叶片。转果一般在第1次摘叶后7d进行，待果实向阳面充分着色后，把果实背阴面转向阳面，每7d将果实转动90°，转果应在阴天或下午三四点之后进行，以避免强光造成果面灼伤。

（4）套袋、铺反光膜 套袋可明显提高果实着色、防病虫，果实不直接接触农药，利于生产绿色食品。在树盘或行间带状平铺银色反光膜，利用反射光，促使果实均匀着色。

3. 栽培技术

（1）种植绿肥与行间生草 行间提倡间作三叶草、毛叶苕子、鼠尾草等绿肥作物，提倡果园生草制，可起到保水调节果园生态的作用。

（2）修剪 强旺树、弱树和中庸健壮树分别采取以"控"、"促"和"保"为主的冬季修剪措施，使树体稳定健壮。还应通过刻芽、拉枝、环剥等措施，加强生长季修剪，使枝条分布上稀下密、外稀里密，行间冠距保持在1m以上，行内略有交叉。

4. 病虫害防治

（1）药剂防治 腐烂病、干腐病、轮纹病，萌芽前用35%丙唑多菌灵悬浮剂600倍＋40%福美砷可湿性粉剂80倍液现混现用，涂抹病斑或喷雾。轮纹病、白粉病、炭疽病，用70%甲基托布津可湿性粉剂1 000倍＋70%代森锰锌可湿性粉剂800倍液喷雾。褐斑病、斑点落叶病，用25%戊唑醇乳油1 500倍液或25%丙环唑乳油1 500倍液喷雾，可兼治圆斑病和灰斑病。

（2）果园清园 刮除树干、主枝的病皮翘皮粗皮等，涂抹防冻剂、涂白剂或杀菌剂，收集落叶、落果、杂草及果袋等植物残体，集中清除园外，并全园喷施石硫合剂封杀病虫害。

三、应用效果

（一）节水省肥

苹果园软体集雨补灌技术模式充分利用自然降水，通过水肥一体化设备适时适量地将水和肥直接送到果树根部，可减少水分的下渗和蒸发，提高水分利用率，节水率在40%以上，果园的灌溉水利用系数可达到0.9以上，同时实现了平衡施肥和集中施肥，减少肥料挥发和流失，避免养分过剩，供肥及时，作物易于吸收，提高了肥料利用率，可节省化肥20%～40%。

（二）提高经济效益

水肥一体化技术可促进作物产量提高和产品质量的改善，果园一般增产15%～25%，亩均增收约2 000元；可以减少灌溉和施肥的劳动强度，有利于农村集约化生产和适度规模经营的发展，提高果农对科学施肥和科学灌溉的认识；还可以再增加果品产量、降低生产成本的同时，提高果品品质，增强果品市场竞争力，促进果农增收。

（三）改善果园微生态环境

水肥一体化技术减少肥料用量，防止土壤盐渍化、土壤酸化，克服因灌溉造成的土壤板结，有利于改善土壤物理性质，促进孔隙度增加。保水效果好，有利于土壤微生物群落的多样性，促进微生物的生命活动，加速有机质分解，更利于果树对养分的高效吸收，还可改善空气湿度，抑制病害发生。

（四）利于环境保护

水肥一体化技术直接将水和营养送到果树根部，肥水深层渗透对土壤表层破坏较小，可防止水土流失；同时可减少土壤养分淋失，减少地下水污染，保护生态环境。

四、适用范围

适用于沂蒙山区丘陵山地苹果园。

软体集雨池

果园施用基肥

（闫　宏，张铭旭，徐永昊）

山东胶东地区苹果水肥一体化技术

一、概述

土壤是果树生长的重要基础，水和肥是影响果树生长的两个重要因子。水肥一体化技术是借助压力系统或地形自然落差，将可溶性固体或液体肥料按照土壤养分含量和作物需肥规律配兑成肥液，随灌溉水一起通过管道系统滴头均匀、缓慢地浸润作物根系区域，将传统的浇地变为浇作物，使主要根系土壤保持疏松和适宜的含水量，能够有效提高水肥利用效率。

二、技术要点

（一）系统设备

由水源、首部枢纽、输配水管网、灌水器4大部分组成。

水源包括井水、泉水等地下水和库水、池塘、河水等地上水。

首部枢纽包括水泵、过滤器、施肥器、控制设备和仪表，根据水源状况、灌溉水的扬程和流量选择适宜的水泵种类和合适的功率。如果利用地表水进行灌溉，常使用砂石过滤器＋网式或叠片式过滤器，若利用地下水进行灌溉，常使用离心过滤器＋网式或叠片式过滤器。施肥器可根据具体条件选用注射泵、文丘里施肥器、施肥罐或其他泵吸式施肥装置。系统中应安装阀门、流量和压力调节器、流量表或水表、压力表、安全阀等控制设备和仪表。

输配水管网包括干管、支管、毛管，干管宜采用PVC管，支管和毛管宜采用PE软管，现代矮砧集约栽培果园每行树铺设2条毛管，滴水孔朝上。

灌水器宜采用滴灌管，滴灌管采用内镶式，滴灌孔流量为1～3L/h，滴头间距30～50cm，黏土宜选择间距的上限值，砂土宜选择下限值，壤土宜选择中间值。

（二）系统使用

使用前，先滴清水15～30min冲洗管道，然后开启施肥器进行微灌施肥，施肥结束后用清水继续滴灌20min左右，将管道中残留的肥液全部排除，防止设备被腐蚀和产生沉淀。一般滴灌5次左右，需放开滴灌管末端堵头冲洗管道内杂质。肥料罐一般每30d需清洗1次，依次打开各个末端堵头，使用高压水流冲洗干、支管道。小型单体过滤器一般每30d清洗1次，水垢较多时可用10%的盐酸水溶液清洗。

（三）肥料选择

肥料要求具备水溶性、全营养性和盐分指数低等特性，且混溶的肥料之间不会发生化学反应产生沉淀。氮肥宜选择硫酸铵或尿素；磷肥选择工业级或食品级磷酸一铵、磷酸二氢钾等；钾肥选用硝酸钾、磷酸二氢钾和水溶性硫酸钾等，钙镁肥选用硝酸钙、硝酸铵钙等。

（四）田间管理（以亩产 4 000kg 果园为例）

1. 基肥 采收后至落叶前，亩施商品有机肥 500～1 000kg，或农家肥 3 000～4 000kg，化肥亩用量为 N 6kg、P_2O_5 4kg、K_2O 5.6kg，在果树单侧，距树干 30cm 左右处机械开沟，施肥深度 30cm 左右或人工放射施肥深度 40cm 左右，数量 6～8 条，挖沟时注意保护果树大根以免误伤，将肥料与土充分混合，然后填入施肥沟内，次年在树的另一侧施肥。每 2～3 年施用微量元素肥料，亩施硫酸锌 1～1.5kg、硼砂 0.5～0.75kg。酸化土壤可使用生石灰进行调理，亩施 30～100kg。施肥后及时浇水，以充分发挥肥效。

2. 灌溉施肥 每亩灌溉水量 153m³，施肥总量为 N 22kg、P_2O_5 11.5kg、K_2O 27.4kg，各生育时期灌溉水量和施肥量具体分配根据表1执行。

表 1 亩产 4 000kg 苹果园灌溉施肥制度

生育期	灌溉次数	亩灌水定额（m³/次）	每次每亩施肥的纯养分量（kg）				灌溉方式
			N	P_2O_5	K_2O	小计	
收获后	1	15	6	4	5.6	15.6	沟灌
花前期	3	8	4	2	4.4	10.4	微灌
花后期	2	8	5	2	3	10	微灌
幼果期	3	9	5	1.5	4	10.5	微灌
果实膨大前期	4	8	4	2	5	11	微灌
果实膨大后期	4	9	4	2	6.5	12.5	微灌
采收前	2	9	0	2	4.5	6.5	微灌
合 计	19	168	28	15.5	33	76.5	

3. 生草覆草 果园生草常用种类有苜蓿草、黑麦草、紫花苜蓿、燕麦草、鼠茅草等。果园覆草种类很多，目前生产上应用最多的是用麦秸、玉米秸、花生蔓等作物秸秆覆盖树盘。

4. 果园间作 主要在幼树园进行，间作时留出足够宽的树盘或树带，1 年生的在树带以外间作，2 年生以上的在树冠投影 0.5m 以外间作，宜选用花生、豆类、马铃薯、葱蒜类等矮秆短生长期作物。

5. 酸化改良 酸化果园应根据酸化程度进行改良。以生石灰为例，土壤 pH 4.5～5.0，生石灰亩用量 50～100kg；土壤 pH＞5.0，生石灰亩用量 30～50kg。注意生石灰要均匀撒施，施后与土充分混合，避免因集中施用损伤果树根系。

三、应用效果

水肥一体化技术对苹果生长发育及增产等方面具有良好的调控和促进作用,在节水、节肥、省工、增产增效方面成效显著。与传统肥水管理相比,一是节水省肥省工。亩节水30%~50%,节肥30%~40%,节省人工10~15个。二是增产增收。苹果产量提高10%~30%,亩均节本增收约2 000元。三是改良土壤。改善土壤物理性状,增加土壤微生物活性,加速有机质分解,利于果树对养分的吸收利用,保护耕层,防止土壤盐渍化、土壤酸化和土壤板结等问题,提高耕地综合生产能力,降低农业面源污染。

四、适用范围

适用于胶东地区苹果水肥一体化生产。

五、技术模式

首部枢纽

全貌

水肥一体化+鼠茅草

水肥一体化+间作

毛管

水肥一体化＋生草

（李艳红，张培苹，董艳红）

江苏沿海地区大棚西瓜微滴灌水肥一体化技术

一、概述

大棚西瓜微滴灌水肥一体化技术是将肥料溶解在水中，借助微滴灌带（管），同时进行灌溉与施肥，将水分、养分均匀持续地运送到根部附近土壤，实现西瓜按需灌水、施肥，及时适量满足西瓜对水分和养分的需求，提高水肥利用效率，达到节本增效、增产增效、提质增效的目的。

二、技术要点

（一）水源准备

水源可以为井水、河（湖、江、塘）水、蓄水窖（池、箱）等，灌溉水水质应符合《农田灌溉水质标准》（GB 5084—2021）有关要求。

（二）滴灌系统

中央控制系统：可以通过电脑或手机 APP 进行远程控制，设置每个灌区的肥料配方、肥料浓度、水肥灌溉量、灌溉时间。也可通过农业综合气象站和微灌智能控制系统自动控制。

首部系统：采用计量泵计量方式吸肥，水泵流量 $12\sim60 m^3/h$。采用三级过滤方式，一级为砂石过滤器，二级为手动反冲洗叠片式过滤器，三级为地叠片式过滤器。

（三）土地耕整

利用与拖拉机配套的液压翻转犁，配套旋耕机对土地进行耕整，翻耕深度应大于 20cm，要求耙碎整平、表里一致，增强土壤的通透性，有利于西瓜生长期内应用水肥一体化追肥时水肥很快下渗，便于西瓜及时吸收养分和水分。旋耕机的使用参数应符合国家标准 GB/T 5668—2017 的规定，作业质量应符合地方标准 DB32/T 2647—2014 的规定。

（四）基肥施用

西瓜应一次性施足基肥，如出现旱情、长势不足，采用滴灌设施看苗补水、补肥。基肥实行有机无机结合，有机肥可选用商品有机肥、生物有机肥等，也可选用饼肥、堆沤腐熟的畜禽粪便等，在施足有机肥的基础上，亩用 48%（20-12-16）配方肥（或相近配方）30～40kg，或亩用总养分 8% 的全元生物有机肥 500～600kg。基肥施用后应浅旋土壤，使肥料入土。肥料的使用应符合地方标准 DB21/T 3289—2020 的规定。

（五）滴灌带选择与铺设

选用直径为 16mm 的单孔或双孔贴片式滴灌带作为大棚西瓜水肥一体化棚内滴灌支管道。选用单孔的，孔间距 10～20cm 为宜；选用双孔的，孔间距 20～30cm 为宜，具体根据大棚西瓜定植株距。

滴灌带宜铺设在靠大棚中间，离西瓜定植孔 30cm 左右。铺设滴灌带时，滴水孔朝上，降低滴水孔堵塞概率。每一条滴灌带支管长度不宜超过 50m，防止尾部供不上水肥。若西瓜大棚较短（50m 左右），滴灌主管道可安排在大棚一端；若西瓜大棚较长（100m 左右），滴灌主管道应安排在大棚中间。建议主管尾部安装直通阀，便于清洗主管内杂质。

（六）水肥一体化技术模式

采用"有机肥（生物有机肥）＋配方肥＋滴灌施肥"模式。基肥：有机肥（生物有机肥）＋配方肥，追肥：滴灌施肥。

西瓜种植应防止连作障碍。每年轮作换茬，结合整地、消毒，施用商品有机肥、腐熟粪肥或生物有机肥作基肥，一般亩使用含盐量低的商品有机肥（植物源类有机肥为佳）或生物有机肥 0.5～1t，或腐熟粪肥 2～3t，硫基复合肥（15-15-15）30～50kg。追肥时根据春、夏、秋瓜生育特性，适时进行滴灌施肥，肥料品种以硫基型高钾水溶肥为主。

1. 滴灌施肥制度 大棚西瓜肥水管理关键时期分别为提苗期、伸蔓期、坐果期、膨果期。大棚西瓜全生育期微滴灌溉 3～4 次。

定植后，结合灌溉活棵水追施促根剂，伸蔓期根据长势和墒情补充水分和养分。应用水肥一体化技术分次适时追肥：提苗期亩施用 51%（26-8-15）水溶性肥料 4～6kg；伸蔓期亩施用水溶性肥料 50%（15-22-13）6～10kg；膨果期（西瓜鸡蛋大小）亩施用水溶性肥料 60%（20-10-30）8～12kg。后期根据西瓜长势可再追肥 1 次。水溶性肥料可根据实际情况选用相近配方；坐果期春季大棚西瓜生长期内多雨水天气，应做好棚内的排水防涝措施，防止雨水进入瓜棚内。西瓜坐果前追肥不宜过多，防止营养生长过旺，引起营养生长与生殖生长失衡，导致西瓜难坐果。

滴灌施肥时，每次先用约 1/4 灌水量清水灌溉，然后打开施肥器的控制开关，使肥料进入灌溉系统，通过调节施肥装置的水肥混合比例或调节施肥器阀门大小，使肥液以一定比例与水混合后施入棚内。每次加肥时须控制好肥液浓度。每次施肥结束后要继续用约 1/5 灌水量清水继续滴灌，防止肥液沉淀堵塞管道。

2. 灌溉制度的调整 由于年度间降水量差异较大，每年具体的灌溉制度应根据农田土壤墒情、西瓜不同生育阶段生长情况和降水情况进行适当调整。

土壤墒情监测按照《土壤墒情监测技术规范》（NY/T 1782）规定执行。根据大棚内土壤墒情自动监测数据，在提苗、伸蔓、坐果、膨果等西瓜的主要生长期，每个监测点连续调查 10～15 株，调查各生育期的西瓜苗情。

三、应用效果

比传统灌溉可节水 30％以上，提高化肥利用率 20％～30％，增产 10％～30％，增收 20％左右，节省用工 50％以上。

四、适用范围

适用于沿海地区大棚西瓜高产优质高效栽培。

首部系统

控制系统

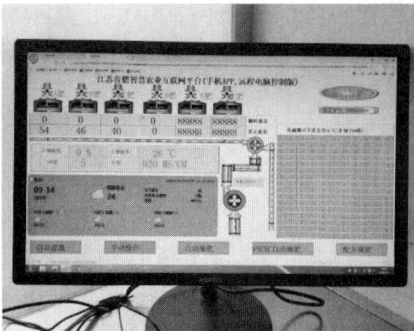

远程控制

滴灌系统

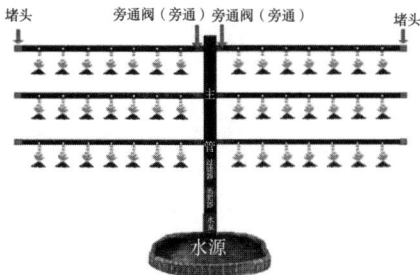

平面布置

田间实景

（陈爱晶，夏阳洋）

湘北大棚西瓜水肥一体化微喷灌施肥技术

一、概述

大棚西瓜微喷灌水肥一体化施肥技术是将符合农田灌溉的水和配兑好的肥液经首部枢纽系统（水泵、动力机、过滤器、化肥罐、阀门、压力表、水表等）、管网系统（干管、支管、毛管和连接管等级数）和微喷头一起均匀、定时、定量地喷洒到大棚西瓜根部附近的土壤表面。

二、技术要点

（一）水肥一体设施准备

1. **水源** 符合农田灌溉的水均可，包括水井、河流、塘坝、渠道等。
2. **搭建大棚** 可用一年一换的竹片简易大棚，亩需塑料和竹片成本 1 800 元左右；也可用钢结构大棚，亩成本 18 000 元左右，可用 8～10 年。
3. **首部系统** 能满足各管网和微喷正常工作。
4. **管网系统** 符合《农业灌溉设备 微喷带》（NY/T 1361）标准要求。

（二）田间铺设

每亩 3 个大棚，每个大棚 6m 宽，35m 长，每个大棚铺设 6 条微喷带，每隔 10～15cm 安装一个微喷头。

（三）栽培管理

1. **育苗移栽** 立春前后抢晴天播种，1 个月左右移栽。移栽密度为行距 2m，柱距 70cm，亩 450 株。
2. **大田整理** 大田要翻耕整平，土块整细。
3. **合理施肥** 施足基肥：每亩施 500～750kg 有机肥和 35～40kg 复合肥（17-17-17），在大田整理时施入，移栽后喷一次定根水，在坐果初期和果实旺盛生长期各喷 1 次高钾冲施肥 5kg。

各种肥料要符合行业标准，施肥量可参照《测土配方施肥技术规程》。

三、应用效果

传统的浇水和追肥方式，作物饿几天再撑几天，不能均匀地"吃喝"。而采用微喷灌水肥一体化技术，可以根据作物需水需肥规律随时供给，直接把作物所需要的肥料随水均匀地输送到植株的根部，保证作物"吃得舒服，喝得痛快"。作物"细酌慢饮"，大幅度地提高了肥料的利用率，可减少50％的肥料用量，水量也只有沟灌的30％～40％，达到节本提质增效的目的。

四、适用范围

适用于湘北所有有大棚设施的西瓜微喷灌（微喷灌设备高大上更好，简易的设备也行）水肥一体化生产。

五、技术模式

大棚西瓜收获后，连作种植大棚蔬菜，既提高了水肥一体化设备的利用效率，又为种植户增加收益。

（廖传丽，周鹏程）

上海西甜瓜大棚栽培水肥一体化技术

一、概述

西甜瓜大棚栽培水肥一体化技术是指在有压水源条件下，借助施肥设施，在灌溉的同时将西甜瓜不同生育期需要的肥水混合液，通过管道系统与施肥器适时适量地直接输送到西甜瓜根部附近的土壤中，实现水肥耦合，满足作物对水分和养分的需求。一般施足基肥后，采用水肥一体化追肥。

二、技术要点

（一）定植前整地施基肥

定植前一个月，搭好大棚并盖好天膜，基肥施后整地作畦。中等肥力条件下，一般亩施商品有机肥 500kg、掺混肥（15-10-17）40kg，对沿海高钾地区（土壤有效钾高于 200mg/kg），施用 15-15-10 掺混肥。

（二）滴灌管网铺设

移栽定植前 15～20d，瓜地整理好后开沟做畦，完成滴灌管（带）的铺设。一般 6m 大棚和 8m 大棚均作两畦，每畦畦宽一般在 2.4～3.5m，根据畦宽和种植密度铺设滴灌管（带）。一般主管上接三通，侧边连接滴灌带，向每畦送肥送水。为保证滴灌带首尾均匀送水送肥，在大棚过长时，可在大棚中间安装主管道，管道中间接四通接头，侧边分别各接 1 条滴管，向大棚两端均匀输送水分和养分。

滴管安装好后，每隔 60cm 用小竹片拱成半圆形卡住滴管带，插稳在地上，半圆顶距滴管充满水时距离 0.5cm 为宜，这样有利于覆盖薄膜后薄膜与滴管不紧贴、泥沙不堵塞滴管出水孔。以上工作完成后开始覆盖地膜。

（三）地膜覆盖

铺设滴灌管（带）网后，进行地膜覆盖，地膜覆盖的方式依当地自然条件、作物种类、生产季节及栽培习惯不同而异。但须注意地膜与滴灌带重合处，压紧压实地膜，使地膜尽量贴近滴灌带。

（四）西瓜大棚栽培水肥一体化追肥

春季大棚西瓜在施足底肥后，前期如土壤偏干、瓜苗生长不健壮、苗体偏小、叶片和心叶生长不舒展，可在气温回升后的晴天中午前后滴灌一次 $0.2\%\sim0.3\%$ 的尿素溶液，加快瓜苗生长；当西瓜幼瓜长至鸡蛋大小时，随水滴灌膨瓜肥，分 $2\sim3$ 次滴灌，每 $10\sim15d$ 滴灌 1 次，亩施水溶肥（20-20-20）约 15kg，瓜果成熟期可滴施硫酸钾 5kg，以促进营养转化形成糖分。每次加肥时须控制好肥液浓度，一般 $1m^3$ 水中加入约 1kg 肥料，根据田间长势，适当增减用肥量。

如果第二茬继续秋季大棚西瓜栽培，由于生育期短，且土壤中残留养分较高，一般不需另外施用基肥。移栽后，及时滴灌定根水，水量要足。为了缩短缓苗期，后期可通过滴灌，适量滴水，保持土壤湿润。定植后一周滴灌一次肥水，幼瓜坐稳后每隔 $5\sim7d$ 滴灌 1 次肥水，采瓜前 $7\sim10d$ 停止肥水，以防裂瓜。追肥亩用水溶肥（20-20-20）总量约 15kg，同时可根据苗情，在成熟期叶面喷施高磷钾型水溶性肥 1 次，防止植株早衰，提高西瓜品质。

（五）甜瓜大棚栽培水肥一体化追肥

由于甜瓜喜干，春、秋季大棚厚皮甜瓜施足底肥后，后期结合补水施用追肥，灌水也须视墒情进行。一般在定植缓苗后滴灌一次缓苗水，水要浇足，以后如土壤墒情良好，开花坐果前不再浇水，如确实干旱，可在瓜蔓 $30\sim40cm$ 时再滴灌一次小水。为促进甜瓜营养面积迅速形成，在伸蔓初期结合缓苗水滴灌施肥，每亩施用速效氮肥尿素 5kg。膨瓜期亩滴施水溶肥（20-20-20）$5\sim10kg$，膨瓜期转成熟期时，结合灌溉，亩滴施硫酸钾 5kg，以促进营养转化形成糖分。

（六）滴灌系统日常维护

每次滴灌施肥时，先滴清水，等管道充满水后开始施肥。施肥结束后继续滴灌清水 $20\sim30min$，以冲洗管道。

滴灌施肥系统运行一个生长季后，应打开过滤器下部的排污阀放污，清洗过滤网。施肥罐底部的残渣要经常清理，每 3 次滴灌施肥后，将每条滴灌管（带）末端打开进行冲洗。如果水中碳酸盐含量较高，每一个生长季后，用 30% 的稀盐酸溶液（$40\sim50L$）注入滴灌管（带），保留 20min，然后用清水冲洗。

要定期检查，及时维修系统设备，防止漏水和堵塞。冬季来临前应进行系统排水，防止结冰爆管，做好易损部件保护。

（七）日常栽培管理

其他栽培措施按常规生产措施实施，包括整枝理蔓、授粉、疏果和病虫防治等。

三、应用效果

西甜瓜大棚栽培水肥一体化技术比常规施肥亩节肥（纯量）3.57kg、节肥率8.94%、亩节工3.57工、亩增产76.5kg、增产率5.54%、亩增效797.2元，具有较好的经济、生态和社会效益。

四、适用范围

适用于上海地区中小型西瓜、厚皮甜瓜大棚栽培生产。

五、技术模式

整地施基肥

配肥滴灌控制设备

滴灌管网铺设

地膜覆盖

西瓜水肥一体化田间管理

甜瓜水肥一体化田间管理

（林天杰，高善民，徐春花，黄璐璐）

河北张家口酿酒葡萄精准滴灌水肥一体化技术模式

一、概述

水肥一体化技术是将浇水和施肥融为一体的农业新技术，具有省肥节水、省工省力、省时省电、增产高效的特点。水肥一体化应用于酿酒葡萄，相比传统的大水漫灌，可以节水30%以上，省肥30%～50%，人工成本降低70%左右，水和肥料利用率可达90%以上，大面积推广应用，将获得可观的经济效益和社会效益。

二、技术要点

（一）水源准备

水源可为水井、河流、塘坝、渠道、蓄水窖池等，灌溉水水质应符合有关标准要求。

首部枢纽包括提水、加压、过滤、施肥和控制测量等设备。根据水源供水能力、耕地面积、灌溉需求等确定首部设备型号和配件组成；过滤设备采用离心加叠片或者离心加网式两级过滤；施肥设备宜采用注肥泵等控量精准的施肥器。水泵型号的选择应满足设计流量、扬程要求，如供水压力不足，需安装加压泵。

（二）滴灌带选择

在葡萄滴灌管带中，贴片式滴灌带一般能用3～4年，内镶式滴灌管一般能用5～6年，也可以使用16pe盘管加压力补偿式滴头的滴灌形式，从投资价格上来说，迷宫式滴灌带比较便宜，但是使用年限只是一年，目前普遍使用贴片式滴灌带，价格适中，使用年限长。

干管、支管：用PE、PVC供水管，规格为Φ63mm，压力为1.6MPa管材，一般埋在地下。

毛管：葡萄畦面上安装一条黑色的聚乙烯塑料管，规格为Φ16mm，压力为0.4MPa的PE管，铺设在畦的里侧（靠近大棚中间）。支管与毛管应安装球阀，以便控制每畦葡萄水肥。

（三）灌溉施肥制度

灌水施肥量的多少一般会随着葡萄不同生育期的需水量而变化。研究发现，当土壤含水量达到田间持水率的 60%～80% 时，土壤条件能够满足树体生长发育的需要。因此，当土壤含水量低于田间持水率的 60% 时，可根据树体所处生育期的需水情况，适度调整灌溉施肥量。此外，灌水施肥量的差异也可能会对土壤中养分的运移造成影响，从而影响产量和品质。

酿酒葡萄肥水管理关键时期分别为造墒/基肥、新稍生长期、开花坐果期、果实膨大期、着色成熟期。酿酒葡萄全生育期滴灌灌溉 5 次（表1）。

表1　酿酒葡萄不同生育期灌溉施肥推荐量

生育期	亩灌水量（m³）	亩施肥量（kg）		
		N	P$_2$O$_5$	K$_2$O
造墒/基肥	20～30	5～6	5～6	4～5
新稍生长期	10～20	2～3	5～6	—
开花坐果期	15～20	3～4	—	2～4
果实膨大期	20～25	2～3	—	2～4
着色成熟期	18～20	1～2	5～6	2～4
总计	83～115	13～18	15～18	10～17

注：在缺锌地区通过底施或水肥一体化亩追施一水硫酸锌 2kg。

三、应用效果

相比传统的大水漫灌，可以节水 30% 以上，省肥 30%～50%，人工成本降低 70% 左右，水和肥料利用率可达 90% 以上。

四、适用范围

适用各种地形。水肥一体化施肥速度快，千亩面积的施肥可以在 1～2d 内完成；灵活、方便、准确地控制施肥时间和数量；显著地增加产量和提高品质，增强作物抵御不良天气的能力。可利用边际土壤种植作物，如沙地、高山陡坡地、轻度盐碱地等。滴灌施肥和浇水不用下地，不用开沟、覆土，速度快，上千亩的面积可以在 1～2d 内完成。灌溉施肥任务对于作物种植集中地区及山地果园，其节省劳力的效果非常明显。可以减少病害的传播，特别是随水传播的病害，如枯萎病。

单纯从技术角度上讲，所有的作物都可以安装滴灌。衡量一个作物是否适合安装滴灌，主要从经济角度及作物的种植方式上进行评价。成行起垄栽培的作物、盆栽植物、山地的各种作物、经济林、药材等都可以用滴灌。目前推广面积最大的是棉花、马铃薯、玉米、葡萄、柑橘、香蕉、花卉、大棚蔬菜、甜菜等作物。

五、技术模式

水源首部

比例施肥泵施肥

监控平台

过滤装置及电磁阀控制系统

主管铺设施工

滴灌管布局

（龚道枝，高丽丽）

山东胶东地区葡萄智慧水肥一体化技术

一、概述

葡萄智慧水肥一体化技术是基于物联网将灌溉和施肥精准结合，实现精准远程控制，使肥料有效被葡萄吸收利用，减少水分及养分流失，提高了水肥利用率，既满足了作物生长所需的水肥，又推动葡萄产业提质增效。

二、技术要点

（一）水肥一体化设备

水肥一体化系统包括首部枢纽、输配水管网、灌水器等部分。

1. **首部枢纽**　主要由动力机、水泵、施肥装置、过滤设施和安全保护装置等组成，过滤、施肥两个环节为首部枢纽的重要环节。

（1）过滤器选择　根据园区不同水源特点，选择不同过滤器组合，全部安装自动反冲洗装置（叠片式），确保水源无杂质，防止管道堵塞。使用地表水时，一般加装砂石过滤器；使用地下水，一般加装离心过滤器。

（2）施肥器选择和使用　采用压差式施肥罐施肥，将灌溉施肥制度中确定的肥料溶解到水中，配成肥液，倒入施肥罐，施肥罐与主管上的调压阀并联，施肥罐的进水管要达罐的底部，施肥时，拧紧罐盖，打开罐的进水阀和出水阀，罐注满水后，调节阀门的大小，使之产生2m左右的压差，使肥液吸入灌溉系统中进行灌溉，施肥时间控制在40～60min之间，防止由于施肥速度过快或者过慢造成的施肥不均或者不足。若采用文丘里施肥器，可以用水桶等敞开容器。若采用注肥泵，加肥前灌溉系统应先运行15～30min，待灌溉区所有灌水器正常出水后，再启动注肥泵向输水管中加肥。之后调节注肥泵压力，使之大于抽水机出水口压力，以保证肥液顺利注入灌溉水中，如果注肥泵最大压力小于抽水机出水口压力时，可通过扩大灌溉控制区域进行调节，即原来只开一个控制阀，此时开两个控制阀，增加出水量，从而降低出水口压力，再将肥料按要求溶于配肥容器中。最后通过控制加肥速率，使灌溉到果园的肥料浓度不超过千分之一。

2. **输配水管网**　一般由干管、支管和毛管等三级管网组成，毛管是滴管系统末级管道，其中安装灌水器，即滴头。施肥结束后，要及时清洗管道。

3. **灌水器**　滴头分为非压力补偿型滴头和压力补偿型滴头，胶东丘陵地区宜采用压力补偿型滴头。

（二）智慧化控制系统

1. 可视化管理　通过中控平台、电脑、手机等实时监控园区生产管理活动、葡萄生长发育及病虫害发生等情况。

2. 远程自动控制　田间土壤墒情监测系统及气象站监测的数据，上传至物联网平台，进行数据分析，实现田间灌溉施肥自动化控制。

（三）灌溉施肥

以山东省烟台招远市大户庄园亩产 2 400kg 葡萄园为例，根据葡萄生长发育周期及需肥规律制定并持续优化施肥方案，按照少量多次施肥原则，提高肥料利用率，减少肥料施用量，具体操作按表 1 施肥制度执行。

表 1　葡萄滴灌施肥制度（目标亩产 2 400kg）

生育期	灌溉次数	亩灌水定额（m³/次）	每次每亩灌溉加入的纯养分量（kg）				备注
			N	P₂O₅	K₂O	N+P₂O₅+K₂O	
收获后落叶前	1	30	4.8	6.0	4.4	15.2	沟灌
休眠期	1	15	0	0	0	0	滴灌
萌芽前	1	12	1.6	0.7	1.6	3.9	滴灌
萌芽期	2	10	1.6	0.7	1.6	3.9	滴灌
开花初期	1	10	1.6	0.7	1.6	3.9	滴灌
坐果初期	1	12	2.3	0.7	2.0	5.0	滴灌
幼果至硬核期	1	12	1.5	0.7	2.0	4.2	滴灌
浆果上色前期	1	12	1.0	0.9	3.6	5.5	滴灌
浆果上色后期	1	12	0	0.9	3.6	4.5	滴灌
合计	10	115	16	12	22	50.0	

三、应用效果

水肥一体化技术比普通灌溉施肥有明显的增产效果，同时省工节肥，大大降低了葡萄园区的空气湿度，可减少病害的发生。结合物联网技术，葡萄园产量平均提高 10% 以上，节肥 30%，节水 60%，每亩节约人工成本 180 元。

四、适用范围

适用于胶东地区葡萄种植区。

五、技术模式

过滤及配肥

物联网控制中心

智能灌溉控制系统

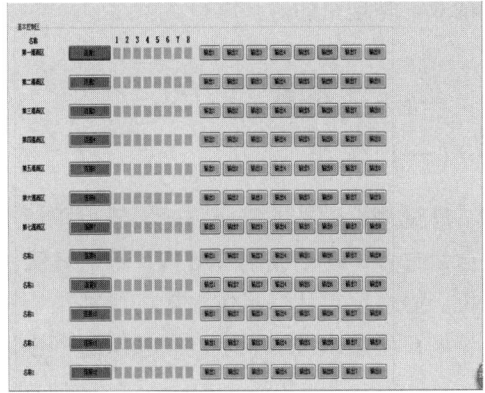

智能灌溉控制器

远程墒情监测站

田间长势

（李春燕，孙强生，于　蕾）

粉状水溶肥在葡萄水肥
一体化条件上的应用技术

一、概述

水肥一体化应用技术是结合水肥一体化设备，进行水溶肥在葡萄上的水肥搭配施用技术，相较于普通肥料，水溶肥具有溶解好、产品杂质少，并含有丰富中微量元素等特点。通过借助压力灌溉系统，将粉状水溶肥兑成液态肥，与灌溉水一起按比例定时、定量、均匀、准确直接地输送到葡萄根系附近的土壤，达到有效减少肥水用量，改善土壤环境，提质增效的管理目的。

二、技术要点

（一）水源

灌溉水水质必须符合农田灌溉水质标准的要求，如果水中铁、丹宁、硫化氢等矿化物质含量过多，易造成滴头堵塞，不适宜滴灌，需进行特殊处理；井水灌溉要测试水深、动水位、静水位，计算可供水量，特别是7～8月用水高峰季节的可供水量，保证作物旺盛生长期对灌溉水量的需求，灌溉保证率要达到85％以上。

（二）首部

首部包括加压泵（引水设备）、过滤设备、施肥设备和控制测量设备等。要根据水源的供水能力和将要灌溉的耕地面积来确定首部大小和组成；要根据水质，确定过滤系统的构成，水质差的要增加过滤级次，泥沙含量高的（如黄河水等），要建蓄水池和沉沙池，沉淀泥沙后方可灌溉；施肥设备有压差式施肥罐、敞开式施肥池、文丘里注入器、注入泵等，目前大田应用较多的是压差式施肥罐。

（三）管道

根据水源供水能力和首部控制面积，确定主管道、支管道的直径和承压能力；地下管道埋设要求从进水口向出水口方向以1/50左右的坡降倾斜，排水井一定要布设在最低处，从而保证排水彻底，防止冻裂管道；要充分考虑种植方向、种植密度、轮作倒茬、农机作业等布设地上管道；为了保证灌溉均匀度，每公顷安装1个减压阀。

（四）滴灌管（带）

滴灌管（带）的滴头有内镶式、压力补偿式、单翼迷宫式、蓝色轨道式等，一般土壤质地黏重的滴头间距要大，滴水量可以大些，土壤质地砂轻的滴头间距要小，滴水量也要小些；葡萄滴灌管径一般选择16mm，滴头间距与株距保持基本一致，滴头流量为1.5～2.5L/h。滴灌管（带）铺设长度不超过80m，以保证末端滴头灌水均匀度。

（五）肥料选择

示范田：成都云图控股股份有限公司生产的水溶肥（14-6-38）。
对照田：市场购买的18-6-24尿硫基滴灌水溶肥。

（六）施肥时间与量次

追肥应用主要在葡萄膨大期至着色期进行施用。4月初，葡萄开始新叶萌发，到5月中旬的幼果期，此阶段降雨较多，葡萄园要及时清沟排水，施肥以萌芽肥、钙肥与稳果肥为主。5月中下旬到6月中下旬，此阶段为果实膨大期，降雨适中，此时施用14-6-38肥与对照肥，约7d 1次，每次每亩用量10kg。葡萄6月下旬进入着色期到采摘期，减少用水，每亩追施磷酸二氢钾5kg/次。

三、应用效果

①在膨果期，使用14-6-38水溶肥后，土壤中的水解氮含量更高，相比于使用其他更高养分肥料的田块，膨大效果更好，增产5%以上。

②由于14-6-38肥料中的硝态氮吸收见效快，残留土壤中的氮元素较少，相比于使用其他肥料的田块，增糖上色期裂果率减少20%。

四、适用范围

14-6-38水溶肥适用于所有具备水肥一体化设施的葡萄果园。

五、注意事项

在葡萄生育后期停止使用，防止作物体内亚硝酸盐超标。

六、技术模式

首部

管道

滴灌管（带）

裂果减少（左）

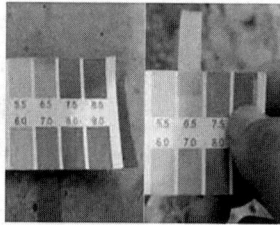

pH趋于中性（左）

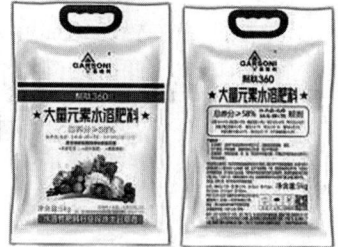

施肥

（杜彦红，朱洪霞，马　亮）

北京设施草莓精量滴灌施肥技术

一、技术概述

针对草莓生产存在水肥投入过量，果实品质有待提升的问题，研究集成草莓精量滴灌施肥技术。该技术是在有压水源条件下，利用施肥装置将配制好的水肥混合液肥通过微灌系统均匀稳定适时适量地输送到草莓根部土壤的一种高效灌溉施肥技术。

二、技术要点

日光温室草莓一般在 8 月底 9 月初定植，当年 11 月中旬至次年 5 月底采收。定植前需整地、施底肥（亩施腐熟有机肥 3～5m³、腐熟饼肥 150～200kg，可根据土壤肥力情况适当施入少量复合肥）。做高畦，畦宽 40～50cm，畦高 20～25cm，沟宽 30～40cm，每畦栽两行草莓，株距 17～20cm。每垄铺设 1～2 条滴灌管（带），滴头朝上。滴头间距一般 10cm、15cm 或 20cm。

（一）滴灌系统组成及施肥设备

1. 滴灌系统 滴灌系统一般由水源、首部、给水管、输配水管网组成。滴灌系统的规格和型号，根据生产实际进行设计。整地起垄后沿草莓种植方向铺设毛管（滴灌管或滴灌带）。主管道、支管和毛管连接好后要进行试水，检查有无堵漏现象并及时修复。推荐使用滴灌管，滴头流量 0.6～2L/h，黏质土壤可选择小流量滴头，轻质土壤可选择大流量滴头。有些地区如铁锰离子含量太高，容易氧化成为棕褐色沉淀堵塞滴灌管路，建议采用价格相对便宜的一次性滴灌带，1～2 个生长季更换 1 次。

2. 施肥器选择 一家一户每个温室装一个小的施肥装置（压差式施肥罐或文丘里施肥器），施肥罐容积不低于 15L，罐体最好采用深颜色的筒体，以免紫外线照射产生藻类堵塞滴灌系统。规模化园区可以在首部系统安装施肥机自动灌水施肥，或选择大的注肥泵统一施肥。

（二）滴灌肥料选择

建议使用滴灌专用肥，选择符合国家标准的大、中、微量元素水溶肥。要求常温下能够溶解于灌溉水，不产生沉淀，不会引起灌溉水酸碱度的剧烈变化，对滴灌系统腐蚀性较小。有条件的园区也可自配肥，常用肥料有尿素、磷酸二氢钾、硝酸钾、硝酸铵、工业或食品级磷酸一铵、硝酸钙、磷酸、硝酸镁等。

施肥应根据草莓的生长特性、土壤肥力状况、气候条件及目标产量确定总施肥量、各种养分配比、基肥与追肥的比例，进一步确定基肥的种类和用量，各个时期追肥的种类和用量、追肥时间、追肥次数等。

（三）滴灌施肥制度

坚持少量多次的原则。

草莓定植后每亩及时灌水 $10 \sim 25 m^3$，缓苗期视天气情况滴灌 5～7 次，每次每亩灌水 $2 \sim 3 m^3$。结果期建议冬季 7～10d 灌溉 1 次，每次每亩灌水 $3 \sim 5 m^3$，控制氮肥投入，增施磷钾肥，推荐施用商品水溶肥（16：8：34 或 19：8：27），每次每亩 3～5kg；春季 3～5d 灌溉 1 次，每次每亩 $1 \sim 2 m^3$，每亩施用水溶肥 1～2kg，如果是自己配制的营养液，EC 值可控制在 1.6～1.8mS/cm 之间。晴天上午喷施 0.1%～0.2% 的磷酸二氢钾，0.3% 的硝酸钙或糖醇螯合钙叶面肥，每 10～15d 喷施 1 次，采收前 4d 最好不灌水，以提高草莓糖度、硬度和耐贮运性。

（四）操作要点

每次滴灌施肥前先灌清水 20～30min 后再随水追肥，每次施肥结束后继续滴清水 20～30min，以冲洗管道。滴灌施肥系统运行几次后，应打开过滤器下部的排污阀放污，清洗过滤网。施肥罐底部的残渣要经常清理，每 3 次滴灌施肥后，将每条滴灌管（带）末端打开进行冲洗。

（五）配套措施

1. 选用抗病、优质、高产草莓品种　如红颜、章姬、圣诞红、随珠等。

2. 措施温度、湿度和光照控制　冬季时早上及时卷起棉被提高温室内温度，当温度升高到 28～30℃ 时及时打开风口放风，降低空气湿度。春季时可以中午放下棉被，或者棚面喷施立凉以降温，保持温室内的温度。控制温室白天 22～25℃，夜间 5～8℃ 为宜，增加干物质积累，提高草莓品质。大风天气注意及时关闭风口。

3. 土壤消毒和绿色防控　对于栽培多年的日光温室，应在夏季休闲期采用高温闷棚等方式对土壤和有机肥进行杀菌消毒。做好红蜘蛛、蓟马、白粉病、灰霉病等绿色防控措施，以及蜜蜂授粉、适宜的温湿度管理、地膜覆盖和合理的栽培管理等措施。

三、应用效果

（一）技术示范推广情况

近年来引进研发了自动滴灌施肥系统，研发不同生育期营养液配方，集成草莓精量滴灌施肥技术，与常规滴灌施肥相比，亩省工 80%～86%，省水 24%～30%，增产 6.5%～7.9%。

（二）提质增效情况

近 5 年来，在昌平建立草莓精量滴灌施肥示范区 2 575 亩，较常规灌溉节水 30%、节肥 20%左右，糖度提高 1～2 个百分点，增产 10%～15%，共计节水 17.7 万 m³，节本增收 742.9 万元。

四、适用范围

适用于京津冀地区日光温室草莓生产。

五、技术模式

首部过滤系统和排气阀等　　　草莓铺设滴灌带　　　西班牙全自动施肥机

（王志平，陈　雪，周　阳）

山东胶东地区设施草莓膜下滴灌水肥一体化技术

一、概述

草莓膜下滴灌水肥一体化技术是将肥料溶解在水中，借助滴灌系统使灌溉与施肥同时进行，将水分、养分均匀持续地运送到根部附近的土壤，实现草莓按需灌水、施肥，适时适量地满足草莓对水分和养分的需求，提高水肥利用效率，达到节本增效、提质增效、增产增收的目的。

二、技术要点

（一）水源准备

水源可以为水井、河流、塘坝、渠道、蓄水窖池等，灌溉水水质应符合有关标准要求。

（二）首部枢纽

首部枢纽包括水泵、过滤、施肥和控制测量等设备，同时安装压力表、逆止阀、空气阀等设备。根据水源状况及灌溉面积选用适宜的水泵种类和合适的功率；地下水作为灌溉水源选择离心过滤器＋网式或叠片式过滤器，地表水作为灌溉水源选用介质＋网式或叠片式过滤器；施肥设备宜采用注肥泵或文丘里等施肥器。

（三）输配水管网和滴灌管

输配水管网由干管、支管和毛管组成。日光温室内由支管和毛管组成，支管和毛管采用 PE 管，支管 $\Phi32\sim50mm$，毛管 $\Phi16mm$ 左右。滴灌管可选择壁厚 $0.2\sim0.6mm$，流量为 $1\sim3L/h$，滴头间距为 $20\sim30cm$。

（四）管道布设

设施草莓采用起垄栽培。支管与垄垂直，从支管上连接毛管，每个垄铺设一条或两条毛管，滴灌管铺设与垄平行并在垄上。铺一条毛管时，毛管应位于垄上两行草莓之间，铺两条毛管时，沿每行草莓铺设。毛管应保持平直，滴水孔朝上。

（五）田间管理

1. 施肥整地 每亩均匀施入腐熟农家肥 5 000kg 或商品有机肥 1 000kg，每亩基施硫酸钾型化肥 N 3.6kg、P_2O_5 6.2kg、K_2O 5.0kg。施肥后深耕耙平，按垄高 30~35cm、垄宽 40~50cm、垄沟宽 20~30cm 的规格起垄。

2. 移栽覆膜 移栽时间以 8 月下旬至 9 月上旬为宜，墒情适宜时移栽。根据品种不同，每亩 8 000~10 000 株。采用大垄双行，株距 15~18cm，行距 25~35cm。移栽后全垄覆盖地膜，破孔引苗。移栽后灌溉 1 次，每亩用水量 5m³。

3. 灌溉施肥 灌溉施肥应按照设施草莓滴灌施肥制度（表1）执行，果实膨大期和采收期灌溉施肥采取灌水隔次施肥方式。

表1 设施草莓滴灌施肥制度（目标亩产 3 000kg）

生育期	灌水次数（次）	亩灌水量（m³/次）	亩推荐施肥量（kg）		
			N	P_2O_5	K_2O
造墒/基肥	1	0~20	3~4	5~6	4~6
定植至现蕾	5	25			
现蕾至开花	2	10	2~3	1~2	1~2
果实膨大期	6	36	5~6	2~4	5~6
果实采收期	20	120	6~8	2~4	11~13
总计	34	211	16~21	10~16	21~27

三、应用效果

与传统灌溉施肥相比，可节水 30% 以上，增产 10% 以上，显著降低了棚内湿度，减轻了棚内病虫害。

四、适用范围

适用于胶东地区设施草莓种植区。

五、技术模式

首部系统

移栽

每垄两行（一）

每垄两行（二）

支管与毛管

果实膨大—采收期

（张建青，姜振萃，张姗姗）

山东鲁中山地蜜桃果园
精准配方水肥一体化技术

一、概述

鲁中山地蜜桃果园精准配方水肥一体化技术模式，在测墒补灌、新型软体集雨池的基础上，根据不同土壤、蜜桃不同生长阶段和目标产量，设计大量元素、中微量元素全元素科学配方，制定蜜桃果园分阶段配方方案进行灌溉施肥，可节约水肥资源，降低成本，提升产量和品质。

二、技术要点

（一）建设软体集雨池

软体集雨池是丘陵地区一种新型蓄水方式，采用新型材料热合成型的一种软体水池。软体集雨池由雨水集流收集系统、雨水过滤沉淀系统、雨水储存系统及蓄水高效利用系统组成。

施工步骤：现场勘查定点，放线开挖，池底周边铺设高密度无纺布，一次性安装软体集雨池，设计安装人工集雨坪集流系统，设计安装过滤网，配置水肥一体化管路互通设备。设置周边安全围护，确保安全使用。

（二）安装土壤墒情智能监测仪和智能控制系统

在代表性耕作地块安装土壤墒情智能监测仪，对土壤墒情进行全天候动态实时监测，并将实时监测的本地数据不间断传输到云端。用户可使用微信来读取和处理设备数据。

用户提前设定好土壤水分的标准值，当智能控制系统监测到土壤中的水分低于标准值，系统就能自动打开灌溉系统，当土壤中的水分达到标准值，系统又能自动关闭灌溉系统，整个过程实现自动化控制灌溉施肥。

（三）智能化或轻简化灌溉施肥设备

智能化灌溉施肥设备适用于大型果园。首部枢纽工程包括潜水泵、配套动力机、过滤系统（配有砂石过滤和叠片过滤两级过滤器，自动反冲洗）、施肥系统、泄压阀、逆止阀、水表、压力表等，输配水管网包括输水管道和田间管道，灌水器主要有滴灌和微喷。

轻简化水肥一体化设备适合小型果园。通过对摩托车车胎内嘴儿再利用，利用热化黏结技术实现进肥管道与浇水管道的连接，通过施肥泵将肥料母液输进出水管，实现高浓度肥料母液的充分混匀。

（四）蜜桃配方水肥一体化灌溉施肥方案

根据不同土壤、不同生长阶段和目标产量，设计大量元素、中微量元素全营养科学配方，制定全营养分阶段配方方案进行灌溉施肥。在不同成熟期蜜桃生长的关键阶段进行灌溉施肥，主要包括：花前肥、幼果肥、硬核肥、膨果肥、品质肥、月子肥、储存营养肥等。以临沂蒙阴为例，一般蜜桃果园地力：有机质 $6\sim20g/kg$，pH $5\sim6$，全氮 $0.75\sim1.5g/kg$，有效磷 $15\sim40mg/kg$，速效钾 $80\sim160mg/kg$，有效钙 $500\sim800mg/kg$，有效镁 $200\sim300mg/kg$。

1. 早熟蜜桃灌溉施肥制度　早熟蜜桃主要包括花前期、幼果期、品质期、月子期、储存营养期 5 个时期，具体灌溉施肥方案如表 1 所示。

表 1　早熟蜜桃灌溉施肥制度（目标亩产 1 500kg）

生育时期	灌溉施肥时间	灌溉施肥次数	每次灌水量（m³）	每亩每次灌溉加入灌溉水中的纯养分量（kg）				备注
				N	P_2O_5	K_2O	$N+P_2O_5+K_2O$	
花前期	4 月初	1	12	2	2	2	6	灌注
幼果期	坐果后	1	12	2	2	2	6	灌注
品质期	采收前一个月	1	12	1.5	1.5	3	6	灌注
月子期	采收后	1	9	1.5	1.5	1.5	4.5	灌注
储存营养期	8～9 月	2	12	2	2	2	6	灌注

2. 中熟蜜桃灌溉施肥制度　中熟蜜桃主要包括花前期、幼果期、硬核期、膨果期、月子期 5 个时期，具体灌溉施肥方案如表 2 所示。

表 2　中熟蜜桃灌溉施肥制度（目标亩产 2 500kg）

生育时期	灌溉施肥时间	灌溉施肥次数	每次灌水量（m³）	每亩每次灌溉加入灌溉水中的纯养分量（kg）				备注
				N	P_2O_5	K_2O	$N+P_2O_5+K_2O$	
花前期	4 月初	1	9	1.5	1.5	1.5	4.5	灌注
幼果期	坐果后	1	12	2	2	2	6	灌注
硬核期	6 月初	1	12	2	2	2	6	灌注
膨果期	立秋后	2	30	4	3	8	15	灌注
月子期	采收后	1	6	1	1	1	3	灌注

3. 晚熟蜜桃灌溉施肥制度 晚熟蜜桃主要包括花前期、幼果期、硬核期、二次膨果期、品质期5个时期，具体灌溉施肥方案如表3所示。

表3 晚熟蜜桃灌溉施肥制度（目标亩产4 000kg）

生育时期	灌溉施肥时间	灌溉施肥次数	每次灌水量（m³）	每亩每次灌溉加入灌溉水中的纯养分量（kg）				备注
				N	P_2O_5	K_2O	$N+P_2O_5+K_2O$	
花前	4月初	1	12 000	2	2	2	6	灌注
幼果肥	坐果后	1	24 000	4	4	4	12	灌注
硬核肥	6月初	1	18 000	3	3	3	9	灌注
二次膨果肥	立秋后	2	36 000	6	4	8	18	灌注
品质肥	9月中旬	1	18 000	2	3	4	9	灌注

4. 配方水肥一体化注意事项 不同种类化合物组成全元素肥料，钙元素的化合物和含磷的化合物要分开施用。在土壤相对干燥的情况下，浓度以0.1%～0.2%为宜。在雨季，应根据土壤含水量及降雨情况，适当加大施用浓度。

三、应用效果

山地蜜桃果园精准配方水肥一体化，实现了雨水收集，解决了山地果园容易缺水的问题；提高了水肥利用率，肥料利用率比土壤施肥提高了70%～80%，果园的灌溉水利用系数可达0.9以上。蜜桃果品质量指标提高了15%以上。

四、适用范围

适用于我国北方山地、丘陵地蜜桃种植地区。

五、技术模式

软体集雨池

土壤墒情智能监测仪

首部枢纽工程

微喷水肥一体化

田间管道网

配方水肥一体化蜜桃基地

配方水肥一体化精品蜜桃

（时连辉，闫　宏，于舜章）

江苏丘陵山区猕猴桃膜下滴灌水肥一体化技术

一、概述

猕猴桃膜下滴灌水肥一体化技术是集地膜覆盖、滴灌、配方优化施肥等为一体的现代果园节水省肥种植新技术。其原理是，在每行果树沿树行布置一条微灌系统，将可溶性固体或液体肥溶解在水中，在灌溉的同时将肥料配兑成肥液一起输送到果树根部土壤，均匀、准确、定时定量地供应水分和养分，实现猕猴桃按需灌水、施肥。同时，通过覆盖地膜，降低果园地表水分蒸发，为作物生长创造良好的水、肥、气、热环境，达到节本增效、提质增效、增产增效的目的。

二、技术要点

（一）猕猴桃种植

1. **产地环境**　果园地势开阔，周边水源清洁，产地环境符合《农产品安全质量无公害水果产地环境要求》（GB/T 18407.2）的要求。

2. **品种选择**　根据种植方式、时间合理选种。一般选用丰产、坐果率高、果实发育快、中型或者大型、抗病性强、高产优质的杂交一代品种。

3. **茬口安排**　一般在3月中旬春季大棚育苗，6月定植，也可以在年前1月底或2月沙藏，4月初定植。

4. **整畦施肥**　清除地表杂物，整地深翻。每亩施入腐熟有机肥3～5t、硫基复合肥（15-15-15）75kg作基肥，回土起畦，畦高20～30cm，畦宽350cm。每亩定植60～65株，株距290～300cm，同时铺设滴灌管网，覆盖地膜。

（二）灌溉水质

1. **水源**　水源必须清洁、无污染。灌溉水质应符合《农田灌溉水质标准》（GB 5084—2021）中生食类猕猴桃所要求的农田灌溉水质控制标准值。

2. **水质净化**　配套建设灌溉蓄水池，沉淀杂质。灌溉水引入蓄水池中澄清后使用。当灌溉水受污染、杂质多时，可根据污染物性质和污染程度在灌溉水中加入污水净化剂，将污染物分解、吸附、沉淀，确保灌溉水水质符合《农田灌溉水质标准》（GB 5084）的要求。

（三）设施安装

1. 管网系统

（1）给水管　一般使用硬聚氯乙烯（PVC-U）管材及管件，应符合《给水用硬聚氯乙烯（PVC-U）管材》（GB/T 10002.1）和《给水用硬聚氯乙烯（PVC-U）管件》（GB/T 10002.2）的规定。给水管先端宜安装止回阀，使给水管内一直充满水，方便水泵启动。

（2）输送管网　一般采用三级管网，即主干管、支管和滴灌带（或滴灌管，下同）。主干管、支管常用硬聚氯乙烯管材和管件，应符合《低压输水灌溉用硬聚乙烯（PVC-U）管材》（GB/T 13664）的要求。通常在整地起畦后铺设滴灌带，可沿畦中间铺设 1 条滴灌带或沿畦两边铺设 2 条滴灌带。滴灌带额定工作压力通常为 50～150kPa，滴灌孔流量一般为 1.0～3.0L/h。

2. 动力装置

由水泵和动力机构成。根据田间灌溉水的扬程、流量选择适宜的水泵，并略大于工作时的最大扬程和最大流量，其运行工作点宜处在高效区的范围内，选择好配套动力机。田间灌溉水流量一般为每亩 1～4t/h，供水压力以 150～200kPa 为宜。采用水压重力灌溉时要求供水塔与灌溉区的高度差达 10m 以上。

3. 水肥混合装置

母液贮存罐应选择塑料等耐腐蚀强的贮存罐，根据田块面积和施肥习惯选用适当大小的容器。施肥设备可根据具体条件选用注射泵、文丘里施肥器、施肥罐或其他泵吸式施肥装置。

4. 过滤装置

如果利用地表水进行灌溉，常使用叠片式过滤器过滤灌溉水，以使用 125μm 以上精度的叠片过滤器为宜。蓄水池的吸水管末端和肥料母液的吸肥管末端都宜使用 0.15mm 以上精度的叠片过滤器。

5. 控制系统

（1）手动控制系统　所有操作均由人工完成，如水泵、肥料母液贮存罐阀门的开启、关闭、灌溉时间，何时灌溉等。其成本较低，便于使用和维护。手动控制系统一定要安装压力表监测系统。

（2）自动控制系统　根据作物需水需肥的参数预先编好灌溉施肥的电脑控制程序，可长期自动启闭进行灌溉和施肥。系统主要由中央控制器、自动阀门组成。全自动控制系统还需安装水分传感器、压力传感器等。

（四）追肥

1. 常用肥料选择

根据土壤养分、猕猴桃品种及其生育期，选择适宜的可溶性肥料种类和养分配比，所选肥料与其他肥料混合不产生沉淀，不会影响灌溉水 pH。水溶性好的固体肥或高浓度的液体肥，如尿素、磷酸二氢钾、硝酸钾、硝酸铵、氯化钾等，或者使用经试验示范符合作物养分需求规律的系列水溶性肥料，或养殖场沼液等（选用沼液时需与水溶性肥料分开施用）。

2. 施肥方案

定植至开花期滴灌 2 次，第 1 次滴灌可不施肥，亩用水量为 8m³。第 2 次滴灌亩施肥量以氮、磷为主［≥50％（25-20-5）］的水溶性肥料 20kg 或 2m³ 沼液，兑水量为 9m³ 左右。结果期根据气温、土壤墒情，约每隔 15d 滴灌施肥 1 次，一般亩用水量为 8～10m³，以氮、钾肥为主，配施磷肥［≥50％（20-10-20）］水溶性肥料 20kg。果实采收期一般 15～20d 进行 1 次滴灌施肥，具体灌溉施肥时间依据天气、土壤墒情确定。一般亩施以速效钾肥为主［≥400g/L（100-50-250）］的水溶性肥料 20kg，用水量 10～12m³。气温高时，7～10d 浇 1 次水，亩用水量可增加到 12～15m³。

3. 追肥方法 追肥时先用清水滴灌 5min 以上，然后打开肥料母液贮存罐的控制开关，使肥料进入灌溉系统，通过调节施肥装置的水肥混合比例或调节肥料母液流量的阀门开关，使肥料母液以一定比例与灌溉水混合后施入田间。注意水肥混合液的 EC 值，宜控制在 0.5～1.5mS/cm 之间，不能超过 3.0mS/cm。

（五）设施维护

1. 过滤器 宜选用带有反冲洗装置的叠片式过滤器，否则应定期拆出过滤器的滤盘进行清洗，保持水流畅通，并经常监测水泵运行情况，一般过滤器前后压力相差应为 10～60kPa 之间，若超过 80kPa，表明过滤器已被堵塞，要尽快清洗滤盘片。

2. 滴灌带 滴肥液前先滴 5～10min 清水，肥液滴完后再滴 10～15min 清水，以延长设备使用寿命，防止肥液结晶堵塞滴灌孔。发现滴灌孔堵塞时可打开滴灌带末端的封口，用水流冲刷滴灌带内杂物，可使滴灌孔畅通。

三、应用效果

与传统灌溉追肥相比，灌溉水利用效率可提高 40%～60%，肥料利用率可提高 30%～50%，亩节省用工 18～20 个，增产 10%～20%，亩增效 1 360 元。

四、适用范围

适用于徐淮农区苏北、鲁南和安徽、河南东部丘陵地区等猕猴桃种植。

五、技术模式

采用"有机肥＋配方肥＋膜下滴灌"技术模式，或"有机肥＋配方肥＋膜下滴灌＋行间套种绿肥"技术模式。

沼液储存池

母液储存罐

砂石过滤器

滴灌

育苗

猕猴桃水肥一体化

（樊继刚，徐梅兰）

安徽沿江地区成年梨园
吊微喷水肥一体化技术模式

一、概述

成年梨园吊微喷水肥一体化技术是将吊微喷灌溉和施肥融为一体的农业新技术。它利用成年梨树树干或大的侧枝作毛管的支架，借助压力系统将可溶性的固体或液体肥料，与灌溉水一同加至装有过滤装置的注肥泵吸肥管内，将水、肥一并输入到梨树根际土壤的一种灌溉施肥方法。实现梨树按需灌水、施肥，适时适量地满足梨树对水分和养分的需求，提高水肥利用效率，达到节本增效、提质增效、增产增效的目的。它的特点是毛管架设在梨树树干或大的侧枝上，微喷头悬在毛管下，田间干管、支管埋于梨园边的土中，毛管、吊微喷头全部悬挂在空中，一次架设，终身固定，便于梨园割草机除草，也不易被割草机损坏，比滴灌、喷灌水肥一体化更加节约人工，更加延长使用年限。

二、技术要点

（一）微灌施肥系统组成

吊微灌施肥系统由水源、首部枢纽、输配水管网、灌水器四部分组成。

1. **水源** 包括库水、塘水、河水、溪水等。灌溉水要求水源水质无污染，有利于吊微灌施肥系统寿命的延长和肥料的高效水解。其次对水的酸碱度和硬度有一定的要求，许多水溶肥的溶解性差是由于水源的酸碱度不合适或者硬度过高引起，可以通过调节水的酸碱度得到缓解。

2. **首部枢纽** 包括水泵、过滤器、控制设备和仪表。水泵根据水源状况及灌溉面积选用适宜的水泵种类和合适的功率。过滤器选择要根据水源泥砂状况、有机物状况而定，配备自动反冲洗砂石过滤器和自动反冲洗叠片过滤器。施肥器要根据果园面积和施肥量多少选择三通道自动搅拌式智能施肥机。控制设备和仪表包括系统中应安装变频水泵控制柜、水泵灌引水系统、阀门、流量和压力调节器、水表、压力表、安全阀、进排气阀等。

3. **输配水管网** 输配水管网是按照系统整体需水量设计，由 PVC 或热熔 PE 管、灌溉专用抗老化 PE 管等管材组成的干管、支管、毛管系统。干管平原地区宜采用 PVC 管，山区宜采用 PE 管，采用地埋方式，管壁厚 5.4～9.5mm，管径 90～160mm，承压 10kg，主管铺设到每个作业单元。支管宜采用 PE 软管，管壁厚 2.5～4.0mm，直径为 40～63mm，支管与梨园行向垂直铺设，每个作业单元铺设一条。毛管宜采用 PE 软管，管壁厚 0.4～1.7mm，直径为 20～25mm，毛管沿梨树定植行向架设，并悬挂在梨树树干或大的侧枝上，高度离地面 90～100cm，具体高度以微喷水滴不喷洒梨树叶片为标准，每行一条。

4. 灌水器 灌水器采用微喷头。雾化微喷头倒挂高度距地面 40～50cm。雾化微喷头通过长 40cm 导管与毛管相连，布置间距与梨树定植株距相同，且在两株树中间，微喷头流量为 40～90L/h，喷洒半径在 0.5～1m，每株果树设 1 个微喷头。

（二）水肥一体化技术

1. 灌溉制度的制定 在沿江地区（以东至县为代表）多年平均年降雨量为 1 554.4mm，春季降水平均 433.3mm，夏季 4 457.4mm，秋季 209.6mm，冬季 151.2mm。春季气温低土壤蒸发量小，梨树处于萌芽开花阶段，叶面积系数小，树体蒸腾量也小。夏季梅雨季节，降水多，冬季梨树处于休眠期，因而春夏冬三季梨园灌溉少。唯有秋季沿江地区有"夹秋旱"现象，降水又相对较少，梨树叶面积系数大，因而秋季灌水多，否则易造成早期落叶，形成二次花，影响第二年花芽质量。具体灌水时期应根据梨树需水特性和土壤墒情而定，土壤墒情监测按照《农田土壤墒情监测技术规范》（NY/T 1782—2009）规定执行，灌溉时期主要包括萌芽前、果实膨大期、果实收获后和越冬前 4 个时期。

2. 施肥制度的制定 施肥包括基肥、追肥。基肥是秋季施入，以充分腐熟的农家肥为主。施肥量按每生产 1kg 梨施 1.5～2kg 优质农家肥计算，亩产量 2 500kg 梨园，一般每亩施 5 000kg。施肥时沿树冠外缘挖环状沟或条沟施入，沟深、宽各 50cm 左右，肥料与土混匀后回填并及时利用吊微喷水肥一体化系统灌水。追肥分土壤追肥、叶面追肥。土壤追肥：萌芽前以氮肥为主，花芽分化及果实膨大期以磷钾肥为主，果实生长后期以钾肥为主。利用吊微喷水肥一体化系统在灌水的同时施入。施肥量根据土壤和树体长势确定，全年追肥量可参照每生产 100kg 梨果施纯氮 0.3kg，氮、磷、钾比例 1：0.5：1 计算。土壤追肥肥料可选择：一是微灌施肥专用肥料。根据作物生育期选择不同配方的微灌施肥专用肥料，萌芽前肥料配方 N-P_2O_5-K_2O=27-9-9，果实彭大期肥料配方 N-P_2O_5-K_2O=15-8-22，果实收获后肥料配方 N-P_2O_5-K_2O=19-13-12。二是常规肥料。尿素、硫酸铵、硝酸钙、硝酸铵钙、磷酸一铵、磷酸二氢钾、硫酸钾、硝酸钾等，按各主要时期所需养分纯量进行配比。三是水溶肥料。预溶解过滤后施用。叶面追肥：结合喷药进行。一般花期喷 1 次 0.1%～0.3% 的硼砂，生长前期喷 2～3 次 0.2%～0.3% 尿素，中后期喷 2～3 次 0.2%～0.3% 磷酸二氢钾。

3. 灌溉施肥制度 灌溉施肥制度的拟合原则是肥随水走，分阶段拟合，即将肥料按照灌水时间和次数进行分配。在萌芽前 15～20d、果实彭大期、越冬前各吊微喷 1 次，果实收获后吊微喷 2 次。每次肥料配成饱和溶液，肥料通道调整为最大，先把肥料施下，再根据土壤墒情确定灌溉时间与灌溉水量。使用配方肥各期使用配方与用量见表 1，使用常规肥料按表 2 养分纯量折算配比。

表 1　梨树灌溉施肥（配方肥）制度

生育期	灌水次数	亩灌水量（m³）	推荐配方及亩施肥量（kg）N-P_2O_5-K_2O	千克	备注
萌芽前	1	15	27-9-9	7	吊微喷

（续）

生育期	灌水次数	亩灌水量（m³）	推荐配方及亩施肥量（kg） N-P₂O₅-K₂O	千克	备注
果实彭大期	1	15	15-8-22	26	吊微喷
果实收获后	2	30	19-13-12	4	
越冬前	1	30	农家肥	5 000	沟施

表2 梨树灌溉施肥（常规肥料）制度

生育期	灌溉次数	亩灌水量（m³）	亩施肥量（kg）				备注
			N	P₂O₅	K₂O	N+P₂O₅+K₂O	
萌芽前	1	15	2.02	0.68	0.64	3.34	
果实彭大期	1	30	3.87	1.98	5.84	11.69	吊微喷
果实收获后	2	30	0.81	0.55	0.51	1.86	
越冬前	1	30	农家肥			5 000	沟施

三、应用效果

通过两年研究应用，在成年梨园应用吊微喷水肥一体化技术，可较常规施肥节水45%～50%、节肥20%～25%、省工70%～80%、增产15%～20%、亩产值增加1 000～1 500元、净收益增加2 000～2 500元，同时也减轻了早期落叶现象，有效防止了二次开花，使来年产量得以保证，可在生产中大力推广应用。

四、适用范围

适用于成年梨园吊微喷水肥一体化生产。

五、技术模式

水肥一体化首部控制系统

吊微喷支管沿梨树行向架设

吊微喷头与毛管连接

梨园土壤墒情自动监测站

（吴传胜，曹阿翔，胡芹远）

浙南地区红美人橘树水肥一体化技术模式

一、概述

红美人橘树水肥一体化技术是灌溉与施肥融为一体的农业新技术。按土壤养分含量和红美人橘树的需肥规律特点，将可溶性固体或液体肥料溶解在水中，配兑成肥液与灌溉水，借助压力设备，通过可控管道系统，在每行橘树沿树行布置一条灌溉支管，使灌溉与施肥同时进行，将水分和养分均匀、定时、定量持续地运送到根部附近的土壤，满足橘树对水分和养分的需求，提高水肥利用效率。

二、技术要点

（一）品种介绍及目标产量

红美人是柑橘的一个品种，母本为南香，父本为天草，为橘橙类杂交品种。果面浓橙色，果肉极佳化渣，高糖优质，有甜橙般香气。红美人橘树成熟期在11月中下旬，12月上旬完熟，亩种植密度80棵，目标亩产4 000kg以上。

（二）肥料选择

在肥料种类上，基肥以选择有机肥、配方肥等为宜，追肥选择液体配方肥、硫酸钾、尿素、磷酸二氢钾、水溶性复混肥等。在施肥方法上，基肥结合翻耕沟施，追肥采用水肥一体化技术进行滴灌。喷施含钙、镁、硼等中微量元素的叶面肥，提高橘树的抗病能力和品质。

（三）水肥一体化方案

1. **滴灌水肥一体化设备** 红美人橘树滴灌水肥一体化设备包括水源工程、首部枢纽、输配水管网、灌水器4部分组成。水源工程：洁净河水。首部枢纽：水泵及动力机、过滤器等水质净化设备、施肥装置、控制阀门、进排气阀、压力表等设备组成。输配水管网：输配水管网包括干（7cm）、支管（5cm）和毛管（1cm）3级管道。灌水器：滴灌带。

2. **水肥一体化方案**

（1）基肥 冬季至初春时节，结合深翻改土，开沟每亩埋施有机肥（羊粪）1 000kg＋

钙镁磷肥 80kg（1kg/棵）。

（2）追肥

①催芽肥　3月初梢前，亩施用尿素 16kg（0.2kg/棵），施用氮、钾平衡型水溶肥（如 19-10-19＋TE 或相近配方），每 15～20d 施 1 次，施 3 次，每次亩用量 16kg（0.2kg/棵）。5月，结合叶面喷施磷酸二氢钾、硼肥等。

②壮果肥　7月初至中旬，施用氮、钾平衡型水溶肥（如 19-10-19＋TE 或相近配方）1 次，亩用量 20kg（0.25kg/棵）。7月底至 8 月初，亩施用硫酸钾 20kg（0.25kg/棵）。8～9月，结合喷施钙镁叶面肥 2 次。

③采果肥　10～11 月，结合喷施磷钾叶面肥 2 次。

（3）配套技术　红美人橘树冬季配套种植绿肥，如紫云英、黑麦草等，来年开春把绿肥直接翻压还田。

（四）注意事项

有机肥要充分腐熟发酵后再施用，结合深耕改土，开沟埋施。

在整个红美人橘树生长季节，根层土壤保持湿润即可满足水分需要，特别是果实膨大期，土壤含水量应尽量保持一致，如果土壤含水量波动太大，容易造成严重的裂果现象。一般在果实采收前 30d 左右停止灌溉。

每次施肥时，先用清水滴灌 20min 左右，确保管路通畅，之后打开肥料贮存罐开关使肥料进入灌溉系统，施肥结束后继续用清水滴灌 30min 左右，防止肥料残留堵塞滴灌管。包括滴灌管、肥料罐、施肥器、过滤器等的维护，应及时进行清理，防止堵塞，保证水流畅通。

三、应用效果

该项技术的优点是灌溉施肥的肥效快，养分利用率高。灌溉施肥体系比常规施肥节省肥料 50％左右，同时大大降低设施果园中因过量施肥而造成的水体污染问题。浙南地区红美人品质位于浙江省柑橘类前列，2020 年获得浙江省农业农村厅举办的"浙江之最"评比金奖。

四、适用范围

适用于浙南地区地势平坦，有井、水库、蓄水池等固定水源，且水质好，符合水肥一体化推广应用。主要适用于设施农业栽培、果园栽培等经济效益较好的作物。

五、技术模式

进水口　　　　　　　　　　　　　　　　　配肥站

水肥一体化区域

（张佳佳，张　禹，张　剑，唐启迪，黄祥玉）

设施果蔬垄作覆膜水肥一体化滴灌技术

一、概述

设施果蔬垄作覆膜水肥一体化滴灌技术，是在起垄覆膜种植的垄上、地膜下方、两行果蔬中间位置铺设滴灌带，通过可控管道系统供水，将加压的水经过过滤设施滤"清"后，与水溶性肥料充分融合，形成肥水溶液，同时进行灌溉与施肥，适时、适量地满足果蔬对水分和养分的需求，实现水肥同步管理和高效利用的节水省肥农业技术。

二、技术要点

该技术是起垄、覆膜与水肥一体化滴灌技术的集成，在整合常规微灌技术的同时，应用设施果蔬起垄覆膜定植、滴灌管带铺设、滴灌施肥设备、滴灌灌溉制度四项关键技术。

（一）起垄覆膜定植技术

采用垄作覆膜滴灌技术，加大垄肩宽度，减少垄沟（畦田）宽度，种植作物在垄肩上单垄双行插花定植，地膜覆盖到滴灌管带及整个垄肩，保水保肥，减少水肥在畦田的渗漏和蒸发。

（二）滴灌管带铺设技术

首部必须安装进排气阀防止滴灌毛管吸泥堵塞，滴头朝上铺设滴灌管带，用土尽量压紧地膜，避免日光灼伤滴灌管带或使用黑色地膜。灌溉季节过后，把管带顺直吊绑在设施棚室工作道的屋脊上，或者卷成圆盘归置到田边或室内集中放置；当碰到作物轮作倒茬时，可以更换微灌支管，或者在微灌支管上根据新的倒茬模式重新打孔安装管带，用旁堵堵住原有的旧孔。

（三）水肥一体化施肥设备

采用充电式"泵注肥法"方式进行均匀施肥，本设备授权保护的实用新型专利是一种用于灌溉系统的电动施肥泵。此设备可使用常规电动喷雾器替代，农户只需把喷药的喷头摘取下来，与原来微灌首部文丘里施肥器的小管或压差施肥阀的进出水管连接，即可形成简单便捷的充电式泵注肥法施肥设备。

（四）微灌灌溉制度

番茄定植后灌 1 次缓苗水，开花期灌水周期 7d 左右，亩灌水定额 $6 \sim 7 m^3$，果实膨大期灌水周期 4～7d，亩灌水定额 10～15m³，全生育期亩滴灌定额 140m³ 左右。黄瓜灌溉周期，苗期为 15d 左右，第一个瓜坐果以后 7d 左右，盛果期 3d 左右，亩灌水定额 13～15m³，全生育期亩滴灌定额 180～220m³。有条件的地区，也可以根据室内冠层蒸发皿的 1.0～1.2 倍蒸发量指导灌溉。

三、节水增效

采用本项技术，设施番茄和黄瓜全生育期亩均可减少灌水量 80m³ 左右，可节省施肥量 30% 左右。本项工程技术每亩一次性投资约 1 500 元，折旧费 270 元/年，每亩节电、省工和增产提质增效约 3 300 元/年左右，每亩纯效益增加 3 000 元/年左右。

四、适用范围

适用于河北省设施条播果蔬产区。

五、技术模式

黄瓜覆膜垄作滴灌

黄瓜水肥一体化

番茄垄作覆膜栽培

番茄膜下滴灌水肥一体化

（郭明霞，张泽伟）

旱区果园雨水集蓄深层入渗保墒技术

一、概述

干旱缺水是干旱区优势特色产业发展面临的共性问题，在农业水资源总量不足，增量有限的现状下，为缓解未来旱作农业用水供需矛盾，适水发展、量水而行，充分利用雨水资源，是解决旱区干旱缺水问题和推动旱区农业发展的有效途径，也是保障旱区果业可持续发展的关键。

《国家中长期科学和技术发展规划纲要（2006—2020 年）》明确指出，要把发展能源、水资源和环境保护技术放在优先位置，围绕制约经济社会发展的重大瓶颈问题，重点研发农业高效节水，开发灌溉节水、旱作节水与生物节水综合配套技术。自 20 世纪 80 年代以来，西北农林科技大学旱区农业绿色高效用水创新团队在国家"十五"重大科技专项、国家高技术研究发展计划（863 计划）课题、国家"十二五"科技支撑计划课题和国家自然科学基金项目等连续资助下，在揭示黄土高原干旱过程基础上，聚焦农田土壤有效水挖潜利用，考虑旱区地域特征、降水特点、水源工程条件、农户分散土地经营模式和投入成本等因素，融合土壤—大气和土壤—根系双界面水分调控思路，以坡面微地形覆膜集雨、垂向导流多孔侧渗和腐熟化有机物料填充为主体，建造的一种可实现根域中深层立体自适应补水、补肥的果园雨水集蓄深层入渗保墒技术系统。

二、技术要点

（一）水分来源

大气降水是旱作农业土壤水分补充的主要水分来源；旱期补灌水源可以为集雨窖、蓄水窖池等储蓄的降水资源。

（二）节水供肥原理

1. **雨水集蓄**　通过坡面微地形覆膜、鱼鳞坑等措施拦蓄降雨径流，实现汇聚雨水的目的。

2. **多孔入渗导流**　通过多孔入渗导流装置，直接将拦蓄汇聚的雨水、配制肥液或者灌溉水导入水肥坑内有机填充物料中贮存。

3. **保水保肥**　氨化多孔有机填充物料为有机营养基质经发酵形成的具有疏松多孔的特性，有机质中的有机胶体能够吸附大量的阳离子和水分子，兼具很好的保肥和保水作用。

4. **根区入渗**　有机填充物料与根区土壤接壤，其中保蓄的水分会与周围土壤形成水势差，从而将保蓄的水分和养分持续输送到果树根区土壤，供给果树根系吸收利用。

5. **水土保持**　通过拦蓄地表径流，减少水土流失。

（三）技术组成

包括：水肥坑、集雨布、过滤网塞、导流装置、氨化多孔有机填充物料、防渗层等，见图1。

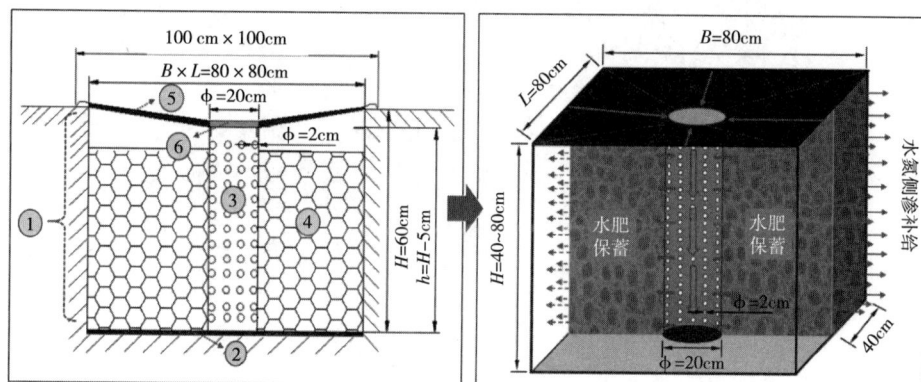

图1　雨水集蓄深层入渗保墒技术原理与工程图解
注：①水肥坑；②防渗层；③导流装置；④氨化多孔有机填充物料；
⑤集雨布；⑥过滤网塞。（按施工顺序排列）

（四）技术要求

1. **水肥坑**　单坑长宽分别为80cm，坑深为60cm的方形坑。

2. **防渗层**　水肥坑底部进行夯实处理或铺设不透水塑料布（推荐选择夯实法）。

3. **导流装置**　材料：Φ20cm PVC管；长度：55cm；管壁四周间隔2cm均匀开Φ2mm的孔隙。

4. **氨化多孔有机填充物料**　50%的粉碎玉米秸秆和杂草及树枝等混合有机物料、25%的腐熟有机肥、20%的果园土和5%的尿素按重量均匀混合后，再加入填充有机物料总重量0.5%的发酵剂（EM菌）。

5. **集雨膜**　采用可降解的黑色园艺地布，规格：厚度为0.1mm，裁剪大小为140cm×140cm。

6. **过滤网塞**　Φ20cm PVC地漏盖。

（五）田间布设

雨水集蓄深层入渗保墒技术的田间布设工作分别按照农业农村部2021年农业主推技术《黄土高原旱作果园雨水集蓄根域补灌技术》和《黄土高原果园雨水集聚深层入渗技术规范》（DB 61/T 1324—2020）的相关技术标准执行。具体如下：

1. **平地果园**　平行于果树栽植行方向，在两棵果树中间位置（树冠投影外围）挖掘水肥坑①，并对坑底做防渗处理②；将导流装置③放于水肥坑中央；四周用氨化多孔有机填充物料④分层（每10cm为1层）填充压实至坑口处，用土壤覆盖、踩实，修成凹面状（凹槽深10cm左右）；在距水肥坑壁10cm处起5cm高土垄；将符合要求的集雨布⑤覆盖于土垄上（园艺地布平铺于凹槽表面，中间开十字孔，用过滤网塞⑥固定在引流管口处），在土垄周边用土封住、压实，见图1和图2。

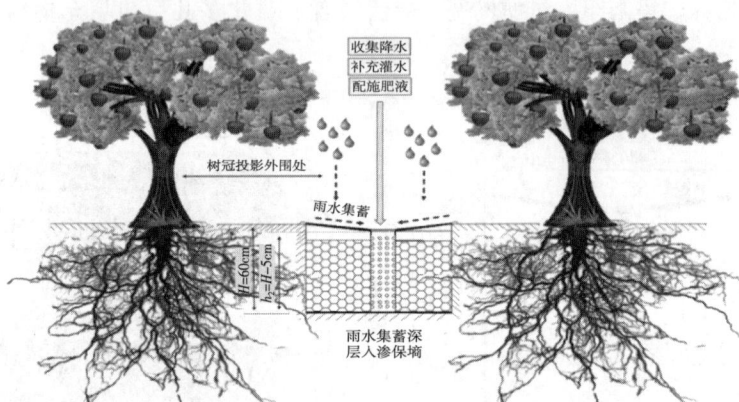

图2　平地果园雨水集蓄深层入渗保墒技术布设示意

2. 坡地果园　首先，围绕坡地果园果树修筑鱼鳞坑，在靠山坡一侧挖土成坑，在外侧堆筑截流挡水的堤埂，形成等高成行、上下交错分布的类似鱼鳞状的半圆坑。坑的规格及其间距视地面坡度、土壤性质、设计暴雨量等因素而定。鱼鳞坑规格和施工应按照GB/T 16453.2—2008的规定执行；果园坡度范围分别按照NY/T 441规定执行。

其次，在鱼鳞坑修筑完成后，在鱼鳞坑中央布设雨水集蓄深层入渗保墒技术，具体操作参照平地果园执行，见图3。

图3　坡地果园雨水集蓄深层入渗保墒技术布设示意图

（六）田间维护

①果实采收后，将有机填充物填入下陷的水肥坑，覆土修葺，覆盖集雨布。
②雨季应定期对深层导流装置底部淤积泥土及杂物进行及时清除。

三、应用效果

在地处黄土高原的陕西延安市、榆林市、宝鸡市、渭南市、咸阳市、铜川市等地苹果与红枣产业中大面积推广应用，抗旱节水、增产增收效果显著，已成为部分地区抗旱保墒主推技术。在陕西延安和榆林山地苹果多年定位试验发现，雨水集蓄深层入渗保墒技术与常规鱼鳞坑种植方式相比，苹果树根区（0～3m）土壤有效水储量平均提高 21.2%，根区土壤有机质含量平均提升 76.2%，亩产平均提高 17.9%，水分利用效率提高 25% 以上，降雨利用效率提高超过 40%，产出投入比高于 2:1。近 5 年，在西北苹果、猕猴桃和红枣等果园已累计推广应用 58.94 万余亩，累计增加经济效益 9.06 亿元，产生了显著的经济、生态和社会效益。

四、适用范围

适用于全国有效降雨量为 400～600mm 的黄土高原苹果产区和受水分胁迫的枣、桃、梨等旱地果园的节水管理。

五、技术模式

坡地果园：大坑套小坑模式

株间技术布设、行间耕作模式

树盘覆盖＋株间技术布设＋行间耕作模式

树盘秸秆还田＋株间技术布设模式

果园雨水集蓄深层入渗保墒技术应用效果

果园雨水集蓄深层入渗保墒技术应用

（赵西宁，宋小林）

半干旱区果园豆菜适水间作技术

一、概述

果园豆菜适水间作技术是在半干旱地区集中降雨期开始之际，在整地、施肥及作物品种筛选基础上，按照一定密度在果园行间人工种植大豆、油菜、黄花菜等一年生或多年生作物，并在其生殖生长旺盛期进行刈割覆盖还田，实现减少无效蒸发、增加降雨入渗、提高土壤有机质含量的一种农业绿色发展技术。

二、技术要点

（一）间作原则

配置要适当，坚持果树为主，优势互补的原则。

要筛选适合本地的特优的、前景好的间作作物品种。

果树与间作物株型高矮、生育期长短具有差异，间作物要以浅根性为主，对空间、时间和地力具有互补性。

加强田间管理，尤其是肥水管理，互促互利，控制矛盾，确保经济生态协同发展。

主栽果树和间作物无共生病虫害。

（二）品种选择

选用通过国家或省级登记，适宜本地区果园生长的有限结荚的早、中熟大豆品种（如临豆 10、中黄 13、中黄 37 等）；白菜型偏春性油菜（如青油 21、浩油 11 等）、甘蓝型油菜（如青杂 4 号、秦优 7 号等）和抗逆性强的黄花菜选择适宜本地种植、优质高产、抗逆性强的品种。种子质量应符合 GB 4404.2—2010、GB 4407.2—2008 的要求。果园土壤环境质量应符合 GB 15618 中的相关规定。

（三）大田准备

1. **施肥** 大豆、油菜和黄花菜施肥均以氮、磷为主，宜基施氮磷复合肥（$N-P_2O_5-K_2O$：18-46-0），推荐施肥量分别为 $100\sim150kg/hm^2$、$150\sim225kg/hm^2$ 和 $150\sim200kg/hm^2$，施肥原则应符合 NY/T 496 的相关规定。

2. **整地** 对树冠投影以外的行间土壤进行旋耕，耕深以 $15\sim20cm$ 为宜。

3. **机具准备** 选用多功能中小粒作物精量直播机。

（四）播种

1. **间作宽度**　间作作物应在树冠投影以外，且距离苹果树树干≥50cm。采用机械旋耕和直播的果园间作宽度应符合 NY/T 3684—2020 中的相关规定。

2. **大豆播种**

（1）播种方法　机械直播或人工溜行直播，行距为 25～30cm。机械播种方法按 NY/T 3662 的规定执行。

（2）播量　播量为 60～75kg/hm^2。

（3）播深　播深为 3～4cm。

（4）播种时间　适播期为 5 月 20～30 日，若遇干旱，可适当后延，宜雨后播种。

3. **油菜播种**

（1）播种方法　机械直播或人工溜行直播，行距为 25～30cm。机械播种方法按 NY/T 2208 的规定执行。

（2）播量　播量为 3.0～4.5kg/hm^2。

（3）播深　播深为 1.0～2.0cm。

（4）播种时间　适播期为 8 月 10～20 日。若遇干旱，可适当后延，宜雨后播种。

4. **黄花菜定植**

（1）定植方法　人工穴播株距×行距宜为 50cm×50cm，开穴种植，栽后覆土，压实，浇定植水，水渗完后覆土保墒。

（2）定植密度　定植密度为 24 000～30 000 穴/hm^2。

（3）定植深度　定植深度为 10～15cm。

（4）定植时间　适宜定植时间为 4 月 10～25 日。

5. **操作要求**　机械旋耕、施肥、播种作业质量应符合 NY/T 1229 的规定；人工撒播或顺行溜播应均匀一致。

（五）田间管理

1. **大豆**　在分枝期遇雨追施尿素 75～105kg/hm^2；大豆主要病虫草害防治应符合 GB/T 23416.7 的规定。

2. **油菜**　6～8 叶期遇雨追施尿素 75～120kg/hm^2；油菜病虫害防治应符合 NY/T 3638 的规定。

3. **黄花菜**　花蕾采收后，将老叶、枯薹于离地面 3～5cm 处割除，行间深耕 15～20cm，追施尿素 75～150kg/hm^2。黄花菜病害主要有根腐病、锈病、叶枯病、叶斑病等，虫害主要有红蜘蛛、蚜虫等。病虫害防治应遵循"预防为主、综合防治"的原则，坚持"农业防治和物理防治为主、化学防治为辅"的植保方针。农药使用应符合 GB/T 8321。

（六）刈割

1. **大豆**　7 月底至 8 月初刈割。

2. **油菜**　11 月上旬刈割。

（七）覆盖

将刈割后的大豆和油菜均匀覆盖在地表，用土压实。

三、应用效果

多年多地持续示范应用表明，该技术可使果园 0～200cm 土壤有效水含量提高 8％以上，0～20cm 有机碳含量平均增加 26％，平均增产 8％，水分利用效率平均提升 19％，有效缓解传统技术与果树争水的矛盾，同步实现了低成本适水种植与固土增碳协同。截至 2020 年底，在榆林市、延安市、渭南市、咸阳市和宝鸡市等果园大面积示范推广应用，累计推广应用 93.69 万余亩，累计增加经济效益 6.03 亿余元，产生了显著的经济、生态和社会效益。

四、适用范围

适用于 350～500mm 年降水量的半干旱地区果园间作豆菜生产，其他生态和栽培模式类似条件果园可参照执行。

五、技术模式

半干旱区苹果园间作大豆技术模式

半干旱区苹果园间作油菜技术模式

半干旱区坡地枣园间作黄花菜技术模式

（赵西宁，高晓东，宋小林）

华北地区果树覆膜精量灌溉技术

一、概述

果树覆膜精量灌溉技术是一项将地膜覆盖、水肥一体化输送和自动化控制相结合的技术。在果树表面土壤进行地膜覆膜，可起到减少杂草生长、提高地温和降低表土蒸发等作用。灌溉首部系统可使水分和肥料混合均匀，再由自动化控制系统控制灌溉管道和微灌灌水器，将水肥适时适量输送到果树根部附近土壤，满足果树不同生育期生长发育对水分和养分的需求。这项技术可增强果树水肥利用效率，改善果实品质，减小劳动强度，提高农户收入。

二、技术要点

（一）灌溉首部系统

微灌首部系统应具备过滤、施肥、控制、计量和监测等功能，应根据各类设备的流量与水头损失关系曲线确定首部系统设计水头损失。果园采用地下水灌溉工程设计保证率不低于90％，采用地表水等其他水源的不低于85％。果园灌溉水质应当符合国家标准《农田灌溉水质标准》（GB 5084）的有关规定。

集中统一管理的农业园区宜采用文丘里施肥器、比例施肥泵、灌溉施肥机等施肥设备，分散分布管理的果园宜采用施肥罐、文丘里施肥器等施肥设备。施肥罐、文丘里施肥器、比例施肥泵等施肥设备应采用旁接方式。

首部过滤装置应针对水源类型采用相应的组合过滤形式。地表水、雨水等灌溉水源宜采用砂石过滤器、筛网（碟片）过滤器两级过滤，地下水灌溉水源宜采用旋流过滤器、筛网（碟片）过滤器两级过滤。筛网（碟片）过滤器应安装于施肥装置出水侧，且筛网（碟片）过滤器不低于120目。

（二）田间布设

应当根据树龄、行距以及稀植、密植等栽培方式的不同确定微灌管（带）选型与布置方式，且果园节水灌溉工程轮灌区划分与控制首部设置应当根据集中管理、分散管理的特点进行设计。干管宜沿道路、渠系布置，支管宜结合田块、毛管铺设长度等情况优化布置。采用微喷灌、涌泉灌等灌水方式时，毛管宜沿行向布置，涌泉灌宜与树畦结合，树畦直径不宜大于行距的1/3。滴灌管（带）作为毛管时，宜采用滴灌管（带）行向布置形式。苹果、樱桃等成龄果树行距大于 3m，宜采用双行布置，葡萄、密植果树、幼龄果树等果树行距小于 3m，宜采用单行布置，滴灌管布设位置宜在树冠的 1/3～1/2 处。

地膜覆盖一般选用黑色塑料地膜或防草布，要求有一定弹性且抗拉强度高。地膜宽度应结合果树种类、树龄和树坑大小以及微灌田间管网选型与布置进行确定。地膜需将微灌毛管完全覆盖，以减少微灌毛管的损坏。

3 种典型覆膜微灌技术方式
（上：覆膜环状滴灌；中：覆膜双行滴灌；下：覆膜小管出流）

（三）灌溉施肥控制

1. 灌溉控制 微灌灌水器工作水头偏差率、流量偏差率、设计净灌水定额、设计灌水周期应符合 GB 50485 的要求。设计耗水强度应当由当地试验资料确定，无实测资料时，参考本规范中的推荐值（表1）来确定，未列出的其他果树可依据收获期状况、植株大小参考本规范确定。果园适应土壤水分上限范围、下限范围宜选择田间持水量的 95%~100% 和 65%~75%，灌水时机可选择土壤含水率达到土壤水分下限时，当灌溉至土壤水分上限时停止灌溉。果园节水灌溉计划湿润层宜依据表2选取，果园节水灌溉土壤湿润比宜依据表3选取。

2. 施肥控制 施肥制度（肥料类型、施肥量和施肥频率）应结合果树类型和树龄进行确定，选用水溶性肥料，遵循水肥一体化输送和少量多次的原则。全生育期内大致按照萌芽期—开花期、开花期—坐果期、坐果期—实膨大期为 20%、20%、60% 的比例进行养分供给。每次施肥时可按照"1/5 灌水—2/5 施肥—2/5 灌水"的方式进行施肥，即每次灌溉施肥的前 1/5 时间只灌水不施肥（湿润土壤），之后 2/5 的时间灌水施肥同步（水肥一体化输送），后 2/5 时间只灌水不施肥（冲洗管道）。

表1 设计耗水强度取值

果树类型	设计耗水强度（mm/d）
樱桃、葡萄	3.0~4.0
杏、梨、桃	4.0~5.0
苹果	5.0~6.0
设施果树	3.0~4.0

表2 计划湿润层取值

果树类型	土壤计划湿润层（cm）
葡萄	40~60
樱桃、杏、梨、桃、苹果	60~80
设施果树	30~40

表3 土壤湿润比取值

果树类型	土壤湿润比（%）
露地果树滴灌	25~35
露地果园微喷灌	30~45
设施果树微灌	30~50

（四）自动化监测及控制

1. 土壤水分监测　采用高频电容剖面多层次土壤水分传感器对土壤水分状况进行实时监测，探管式结构安装较为方便，可以大幅度避免原状土体的破坏，适用于果树这种长年生根系作物。应根据果树类型、树龄确定监测深度，监测深度一般应大于 60cm。

2. 自动化控制　可采用中央灌溉控制器和低功耗远程无线阀门控制器相结合的方式进行灌溉行为的自动化控制。自动化控制应以最优灌溉控制和施肥控制为基础，即通过对实时获取的气象、土壤水分、果树生长等信息进行灌溉决策，当达到灌溉和施肥要求时，系统自动控制水泵、施肥机和阀门进行灌水施肥，将相关信息及时发送给农户，由农户决定是否进行灌水施肥（图1）。

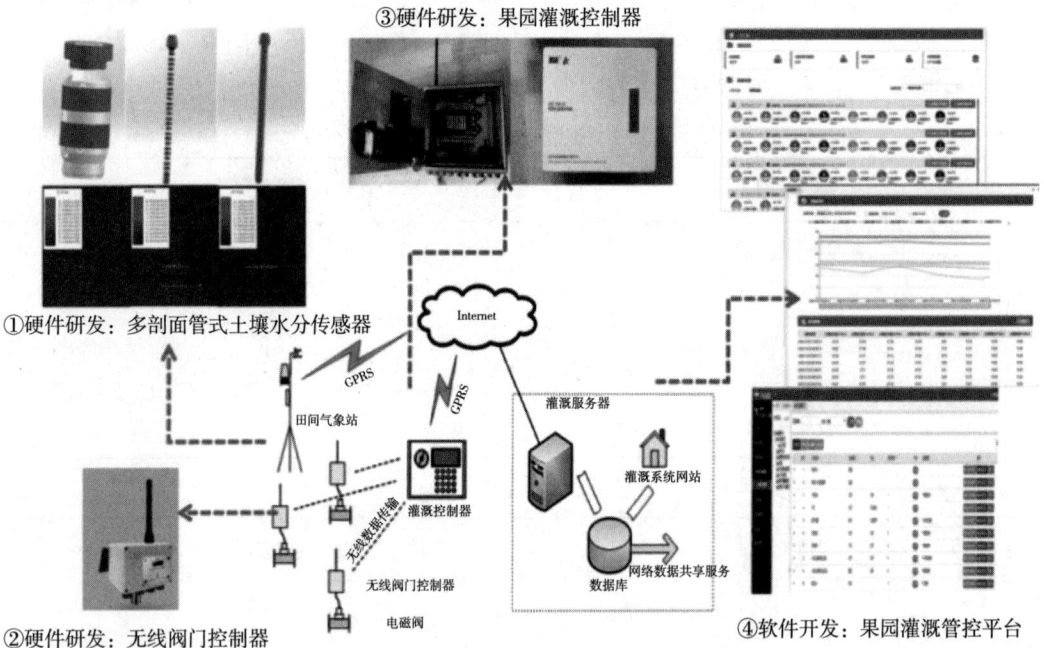

图1　自动化控制设备及软件管理系统

三、应用效果

人工效率提高 50% 以上，节水 15% 以上，增产 10% 以上。

四、适用范围

适用于华北地区果树覆膜精量灌溉生产。

五、技术模式

灌溉首部系统　　　　　　　　干管布设　　　　　　地膜覆盖

自动化监测和控制设备

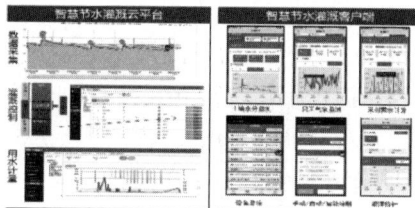

果树覆膜精量灌溉管理系统

华北地区果树覆膜精量灌溉技术模式

（郑文刚）

多类型果园节水增效技术

一、概述

水果耗水量较大，每亩年灌水量达 120～250m³。自然降雨难以满足水果生长，水果生产基本依靠抽取地下水。果园在大量消耗灌溉用水的同时衍生出了果实品质下降、肥料利用率低、土壤板结等系列问题。为扭转此局面，针对分散管理型、旱作雨养型、设施栽培型、规模化管理型等多种类果园，分别研究集成节水提质增效技术模式。

二、技术要点

(一)"沟灌＋覆盖"节水灌溉技术

1. **技术内容** 在树冠投影外缘向内顺行挖出灌水沟，树行两侧各挖一沟，沟深 20～25cm，沟宽为树冠半径的 1/3，沟长不超过 50m，并有微小的比降。在灌水沟内覆盖作物秸秆、绿肥、杂草等有机物，厚度 20～30cm。

2. **节水增效** 较常规管理果园节水 28％、节肥 20％。

3. **适宜范围** 适宜河北省燕山、太行山地区分散管理的果园。

(二) 地布集蓄降水雨养节水技术

1. **技术内容** 沿树干两侧，于树冠投影外缘处挖两条平行浅沟，沟间覆盖园艺地布，做成两边高中间低的形状。施肥时将水溶肥稀释至少量水中，直接浇灌于园艺地布上，肥水沿园艺地布的缝隙渗入土中。干旱时期每隔 10d 左右浇灌 1 次，少量多次。此模式可以充分利用降水，减蒸保墒。

2. **节水增效** 较常规水肥管理果园节水 82％、节肥 33％，产量提高 26％。

3. **适宜范围** 适宜河北省不具备灌溉条件、降雨量相对充足的果园。

(三) 设施果树"起垄栽培＋膜下滴灌"节水技术

1. **技术内容** 将果树栽植于覆盖地布的垄上，地布下铺设滴灌管。此模式可以有效增加土层厚度，防止冠下杂草生长，保水，利于控制棚内湿度。顺行向在树干两侧铺 0.8～1.0m 宽的地膜，利用灌溉系统设备，通过管道将水、肥输送到果园，借助埋设于地膜下根系主要分布区的滴头，实现植株的水肥供给。

2. 节水增效　较常规水肥管理果园节水 57％、节肥 24％，病虫害降低 8％。较常规技术亩增产 500kg、增加成本 640 元、节省用工 240 元、增加纯收益 2 600 元。

3. 适宜范围　适宜河北省燕山、太行山地区设施栽培果园或限域栽培果园。

（四）改良小管出流灌溉节水技术

1. 技术内容　采用改良小管出流灌溉系统，根据果园栽培模式选择不同的毛管铺设模式，可实现根、水、肥精准化同位同步施用。灌溉系统要选用智能化控制系统，根据水源状况，选用相应的过滤器。过滤器具备自动反冲洗功能；有加压条件，保证灌溉系统的水分压力。施肥系统采用泵入式供肥方式，容易发生反应的肥料可以分别放置。

为了保证田间管道与田间作业不发生矛盾，根据果园栽培模式选择不同的毛管铺设模式。

（1）小冠篱壁形果园采用毛管顺钢丝水平放置模式　采用小管出流灌溉系统，主、干、支管均铺设于地下，毛管沿株间在高为 1m 左右处铺设，距树干 20～50cm 左右处的树干两侧各安装 1 个灌水器。小树时灌水器毛细管自然下垂；树大时灌水器毛细管沿果树下部分枝向外围延伸分布于树干两侧，垂直于行向。出水口位于吸收根水平集中分布区的正上方。

（2）中冠纺锤形果园采用毛管顺树干垂直放置模式　采用小管出流灌溉系统，主、干、支管均铺设于地下，顺行建立毛管支架，毛管沿主干垂直向上到 1.5m 左右处，灌水器毛细管沿果树分枝向外围延伸分布于东南西北 4 个方向。出水口位于吸收根集中分布区的正上方。灌水器毛细管长度可根据果树冠径大小设定。

（3）大冠高干开心形果园采用毛管高架灌水器下垂模式　采用小管出流灌溉系统，主、干、支管均铺设于地下，顺行建立毛管支架或利用果园防鸟网支架，在树行两侧各铺设一条毛管（顺行水平铺设），高度 2m，位于根系水平集中分布区的正上方。根据树冠大小，每株树的两侧各均匀布设 2～4 个灌水器。灌水器垂直吊挂在毛管上，出水口正好位于根系水平集中分布区的正上方。

在萌芽期、花后、果实膨大期和果实成熟前期 4 个关键时期每隔 7～10d 灌水 1 次，其他时期根据降水和土壤墒情而定，年灌水 18 次左右，亩灌水量 60～90m³。施肥可结合灌水同时进行。

2. 节水增效　较常规水肥管理果园每亩节水 78.2m³、节肥 30％。另外，还节省用工，降低劳动强度，可提高果品质量。

3. 适宜范围　适宜河北规模化管理的果园。

（五）"三适一降"配套农艺技术

根据果树的需耗水规律和区域蒸散特征，集成配套应用"三适一降"措施，即"适时、适量、适位"灌溉和采取"提干控冠缩叶幕"、施用果树减蒸剂、定位施用保水剂等减蒸降耗技术措施，这样节水节肥效果会更加突出。

三、技术模式

沟灌施肥行间覆盖模式

地布集蓄降水雨养模式

起垄覆膜膜下滴灌模式

篱壁形果园小管出流节灌

改良小管出流节灌

（张忠义，郭明霞，徐灵丽）

其他作物和相关技术

南方旱地作物膜下滴灌技术

一、概述

膜下滴灌技术主要是由水源、首部枢纽、田间管网和灌水器（滴头或滴灌带）4 部分组成。该技术只用作滴水灌溉之用，肥料则采用常规的办法来施。膜下滴灌技术适用于土地为农户分散经营或同一片地内种植作物品种不一致，难以做到统一施肥的地方。同一个村屯或同一片地建立一套滴灌系统，由各家各户单独进行滴灌，这是目前高效节水灌溉的一项先进实用技术。在实行土地集约化经营、规模化种植、统一施肥条件具备之后，在滴灌系统的基础上增加施肥设施装置，也就可以进行膜下滴灌施肥，做到水肥一体化。

二、技术要点

（一）水源选择

可利用水库、河流、沟渠、湖泊、山塘、水井、蓄水池等作为水源。

（二）系统安装

包括抽水提水设施、过滤滴灌设施、田间输水管网和滴灌管（带）。这些系统安装全部按水肥一体化滴灌系统的做法进行。

（三）地膜覆盖

在地膜覆盖之前，应先起好垄，一般垄面宽 40～100cm，高 10～20cm，具体根据作物的种植规格而定，垄面平整做成中间低的双高垄，垄面窄的布置一条滴灌管，垄面较宽作物需水量大的可布置两条滴灌管。铺滴灌管后铺上地膜，在盖完地膜后，在其边上用泥土压住，以防止风吹掀翻，发挥地膜的功能效用。

（四）系统应用

主要是把握好灌溉时间。每种作物滴灌次数和滴灌数量的多少，要根据作物生长时期和天气干旱程度而定。灌水量过多过密或过少对作物生长都不利，只有用量合适，才能使作物正常生长。一般可用张力计或经验法指导灌溉。如结合播种第一次灌水，亩灌水量 8～10m³，以后每次亩灌水 3～5m³。

三、应用效果

膜下滴灌技术与农民常规技术相比亩均增产 12％以上，节水 35％～50％。该技术不仅节水节能、省工省时、增产增收，而且能控制地温，保持土壤湿润，缩短作物生长期，减少病虫害等。

四、适用范围

适用于南方丘陵地带玉米、蔬菜等旱地作物。

五、技术模式

蔬菜膜下滴灌技术

（于孟生，李　彬）

南方旱地作物水肥一体化技术

一、概述

水肥一体化技术是在滴灌系统中增加必要的施肥设施，形成完善的田间滴灌施肥系统，在作物需要水分和养分时，通过滴灌施肥系统，将水分和肥料滴到作物根部附近的土壤中，使灌溉和施肥做到一体化、精准化，发挥水肥的最大效益，从而显著提高作物产量。通俗地说，水肥一体化技术就是应用滴灌系统进行灌溉和施肥，把灌溉和施肥结合起来的一种高效、节能（低耗）旱作节水灌溉技术。

二、技术要点

（一）布设滴灌系统，保障作物的水分需求

首先是建立一套灌溉系统。在设计方面，要根据地形、田块、单元、土壤质地、作物种植方式、水源特点等基本情况，设计管道系统的埋设深度、长度、灌区面积等。水肥一体化的灌水方式可采用管道灌溉、喷灌、微喷灌、泵加压滴灌、重力滴灌、渗灌、小管出流等。特别忌用大水漫灌，这容易造成氮素损失，同时也降低水分利用率。

（二）配套建设肥料池（桶），安装施肥泵，将肥料配兑成肥液泵入滴灌系统，在灌溉时同步实现施肥

肥料池（桶）一般建在种植园的中心位置，方便管理，节省管道投入，大小、位置及个数要根据种植园的面积、源头水量、地面坡度等因素综合考虑。一般种植面积大、源头水量小的水池要建大些（种植园面积若为 100 亩，水源足水池则建 $60\sim80m^3$；水源不足则要建 $100\sim150m^3$ 或更大）。配肥池建设的大小、个数，根据使用系统面积大小来定（每100 亩一般建 $2\sim3$ 个 $1\sim2m^3$ 的配肥池）。

（三）布设墒情监控点测墒灌溉

每种作物滴灌次数和滴灌数量的多少，要根据作物的生长时期和天气干旱程度而定。灌水量过多过密或过少，对作物生长都不利，只有用量合适，才能使作物正常生长。一般可用土壤水分监测仪测定土壤墒情，也可用张力计或经验法指导灌溉。如结合播种第一次灌水，亩灌水量 $8\sim10m^3$，以后每次亩灌水 $3\sim5m^3$。

（四）根据作物需肥特性施肥

实行水肥一体化技术的施肥方法应遵循"少食多餐"的原则，施肥量在测土施肥确定的常规施肥用量的基础上减少三成到五成，也就是可节约用肥 30％～50％。特别要注意必须是选全水溶性肥料或将肥料溶解后经过滤再注入滴灌系统中，否则将造成滴头堵塞，严重的可致整套系统瘫痪。

（五）肥料选择

1. **肥料品种的选择**　应用水肥一体化系统进行滴灌施肥，必须选用全溶性肥料，溶解性好的肥料不容易造成滴头堵塞，溶解性差的肥料则容易堵塞滴头。一旦滴头被堵塞，整个水肥一体化系统就会瘫痪。解决滴头堵塞的唯一办法是重新更换滴灌管，损失会很大。因此，不能有什么肥料就用什么肥料来滴灌。适合用于水肥一体化的肥料品种如下（表1至表3）：

表 1　适合滴灌施肥的氮肥种类

肥料名称	养分含量（$N-P_2O_5-K_2O$）
尿素	46-0-0
硝酸钾	13-0-46
硫酸铵	21-0-0
硝酸铵	34-0-0
磷酸一铵	12-61-0
硝酸钙	15-0-0
硝酸镁	11-0-0

表 2　适用于滴灌施肥的磷肥种类

肥料名称	养分含量（$N-P_2O_5-K_2O$）
磷酸	0-52-0
磷酸二氢钾	0-52-34
磷酸一铵	12-61-0

表 3　适用于滴灌施肥的钾肥种类

肥料名称	养分含量（$N-P_2O_5-K_2O$）
氯化钾（白色）	0-0-60
硝酸钾	13-0-46
硫酸钾（水溶性）	0-0-50
硫代硫酸钾	0-0-25
磷酸二氢钾	0-52-34

随着滴灌施肥技术的推广应用，一些地方已研制生产出各种灌溉施肥专用肥，有固体专用复合肥，也有液体复合肥。有了专用肥，使用起来就比较方便，但在选购时，要注意质量保证的肥料产品，以防受骗上当。

固体有机肥经沤制过滤后，也可以直接应用于滴灌施肥。容易沤腐、残渣少的有机肥都适合用于滴灌施肥，如人、畜的粪尿极易沤腐，残渣很少，其清液经过滤后可直接应用于水肥一体化系统。

2. 选用肥料品种应注意的事项

（1）防止不同肥料混合产生沉淀　当多种肥料配成肥液使用时，由于液体中存在多种离子，离子间可能发生各种反应形成沉淀，从而影响养分的有效性，进而堵塞系统。肥料混合产生沉淀通常情况有：①含磷酸根的肥料与含钙、镁、铁、锌等金属离子的肥料混合产生沉淀。例如硝酸钙、硫酸镁、硫酸锌不能与磷酸二氢钾、磷酸一铵混用。②含钙离子的肥料与硫酸根离子的肥料混合产生沉淀。例如硝酸钙溶解性很好，但不能与硫酸镁、硫酸钾、硫酸铵混合，因为混合时钙离子与硫酸根结合，能生成溶解性很低的硫酸钙。

（2）防止磷肥产品含有不溶解物　用于水肥一体化技术的磷肥必须是完全溶于水的化合物，最适宜的磷肥是磷酸二氢钾，它可以同时提供磷素和钾素营养，但其价格较高。磷酸一铵也是常用的磷肥品种，但是市场上大部分磷酸一铵常含有少量不溶解物，必须经充分溶解并过滤后才能注入灌溉系统。少数结晶状磷酸一铵溶解性很好，可以直接用于水肥一体化施肥。磷酸二铵基本都是经固化造粒，不宜用于水肥一体化施肥。

（3）防止选用含有铁质等不溶解的钾肥　水肥一体化施肥选用的钾肥一般为氯化钾，它溶解速度快，钾含量高，溶解度受温度影响变化小，并且价格低，对于非忌氯作物，氯化钾是用于水肥一体化施肥的最好钾肥。需要指出的是，氯化钾仅指白色粉状氯化钾，如约旦、以色列产的白色氯化钾。加拿大、俄罗斯产的红色氯化钾因含有铁质等不溶物，不宜用于水肥一体化施肥。

3. 肥料用量的控制

按要求，在对作物进行滴灌施肥之前，必须根据每块地和每种作物的需肥情况制订好施肥方案，但要真正做到这一点也很不容易，可以借鉴多年来各地推广测土配方施肥得出的各种作物施肥量、施肥时间和施肥比例。实行滴灌施肥的肥料用量比常规的土壤施肥用量每次要减少三成到五成，也就是减少用量的 30%～50%。灌溉施肥也不是把所有用于作物的肥料全部进行滴灌施用。按正常要求，固体有机肥和大部分磷肥、全年氮肥和钾肥的 30%～40% 作基肥施用，60%～70% 的氮肥、钾肥和小部分磷肥随灌溉时滴灌施用。此外，滴灌施肥也不能代替一切，还要根据土壤和作物的实际需要，在叶面喷施一些中、微量元素肥料，才能达到高产高效的目的。

三、应用效果

通过水肥一体化技术的应用，农作物单产提高 10% 以上，节约肥料 20%～30%，亩节本增效 500 元以上。

四、适用范围

适用于南方地区甘蔗、玉米、蔬菜、水果、马铃薯、茶叶等旱地作物水肥一体化生产。

五、技术模式

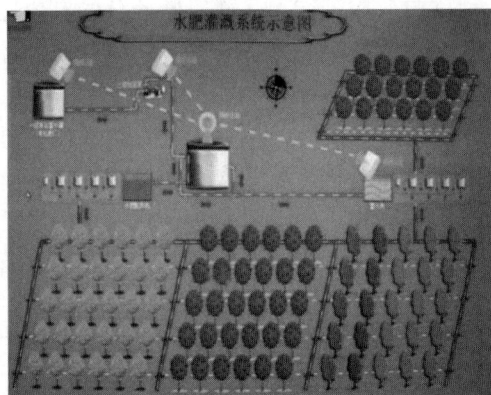

水肥一体化系统示意

水源

首部

配肥池

输送管道

滴水器

滴水器

（于孟生，宋敏讷）

南方旱地作物覆盖保墒技术

一、概述

农田覆盖是一项人工调控土壤和作物之间水分条件的栽培技术，是降低农田水分蒸发，提高水分利用效率的有效农田措施之一。在耕地表面覆盖塑料薄膜、秸秆或者其他材料和植被，能够有效抑制土壤水肥蒸发，减少地表径流，蓄水保墒，提高地温，培肥地力，改善土壤物理性状，因此耕地覆盖保墒技术对提高水肥利用率、促进作物增产有较好的效果。在广西推广应用的覆盖技术主要有：地膜覆盖栽培技术、秸秆覆盖技术、生草覆盖技术等多种覆盖技术。

二、技术要点

（一）地膜覆盖技术

1. **膜要求**　地膜的规格比较多，应根据不同作物选用适合的规格，如甘蔗适合采用宽幅 45cm 或 80cm，厚度 0.008mm 的地膜进行覆盖，每亩用量约 2kg。

2. **盖膜条件**　土壤中的水分不宜过湿或过干，判断土壤水分适宜应是土壤用手抓成团，松开即散。

3. **注意事项**　盖膜时要把膜拉紧，四周用细土封实，不能透风，以利于幼苗穿膜和防止风吹把地膜掀起。如发现地膜有破口的要及时用泥土埋封好，防止膜内温度下降和水分蒸发。

（二）秸秆覆盖技术

秸秆覆盖就是利用农作物秸秆如稻草、蔗叶、玉米秆、花生藤等作为覆盖物，将这些秸秆覆盖在下造作物行间或树盘周围的表土上，此举能有效地抑制土壤水分蒸发，防止土壤板结，改善耕层土壤物理性状，促进微生物活动。同时，还能减少地表径流，延长雨水入渗时间，减少水土流失。秸秆覆盖也是秸秆还田的一种方式，多年连续秸秆覆盖，还能增加土壤有机质，有利于培肥土壤。农作物秸秆中除了含有丰富的有机质之外，还含有氮磷钾等作物所需的养分，1t 农作物秸秆，相当于尿素 13.2kg，钙镁磷肥 13.5kg，氯化钾 23.8kg。据观测，在干旱情况下，秸秆覆盖比不覆盖的土壤含水量高 2~4 个百分点，也就是说，每亩可多保持水分 6~12m³，可延长抗旱 20~30d，作物可提高产量 10% 左右。以甘蔗为例，实行蔗叶覆盖的甘蔗每亩能增产 0.5~1t，亩增收 250~500 元。

1. 甘蔗秸秆覆盖栽培技术要点

①撒开：指的是在收砍甘蔗后，将蔗叶撒在宿根蔗地面上，形成全田覆盖状态。

②归垄：当甘蔗出芽长到3～5片叶后，以每两行甘蔗作为一垄，利用木棍将相邻的蔗叶归到垄上，形成一垄覆盖蔗叶，一垄清空，覆盖蔗叶的作为垄，以清空的行间作为破垄松蔸、施肥培土的作业沟。第二年又将作业沟改作覆盖垄，将原覆盖垄变为作业沟，如此交替进行。

③压实：当甘蔗需要破垄和施肥培土时，将沟里的泥土压在覆盖垄面上，尽可能将蔗叶压实，一来可防风吹掀翻，保持水土，二来可加速蔗叶腐烂变成肥料。

2. 玉米秸秆覆盖栽培技术要点

①放玉米秸秆：玉米收获后，不用耕翻，不灭茬，将玉米秸秆砍下隔行放在沟中。

②覆盖少量泥土：放好秸秆后，从空行中取土覆盖在秸秆上。

③种植下造玉米：下造玉米种植时，不用翻犁，直接在原种植行挖坑施肥、播种、盖土，其他管理办法按常规进行施肥、中耕和病虫害防治。连续两年免耕后，将原种植行翻犁，进行垄沟互换，如此年复一年，长期坚持，耕地就会越种越肥，抗旱能力大大增强，保障作物稳产高产。

3. 冬种马铃薯稻草覆盖技术要点

①起畦播种。在晚稻收割后直接起畦，畦面宽1～1.2m为宜，然后将消毒处理过的马铃薯种按"品"字形要求放好，一般每亩地种植5 500～6 500株为宜。

②施足肥料。基肥一般在起畦时亩施三元复合肥（含量25％）40～60kg、农家肥1 000～1 500kg。追肥则看马铃薯的生长情况而定，氮肥可少施或不施，钾肥每亩施硫酸钾20～30kg。

③覆盖稻草。栽种后趁畦面湿润立即覆盖稻草，或栽种时土壤比较干燥，覆盖稻草之后，灌一次透水。覆盖稻草的厚度为8～10cm，覆盖稻草后，最好用少量碎土压在稻草上，防止稻草被风吹走。

④其他配套措施。一是开沟排水。覆盖稻草之后，应及时把田中沟和田边沟开好，以防渍水。二是及时防治病虫害。

（三）生草覆盖技术

在旱耕地、果园耕作带及株行间裸露部分种植豆科作物、绿肥或者保留原地面长出的低矮杂草，减少秋、冬旱季土壤水分蒸发量，增加土壤湿度和土壤肥力，同时又能减少果树病虫害和水土流失。

三、应用效果

通过覆盖技术可有效提高耕作土壤有机质和保水保肥理化性质，一般覆膜土层的土壤含水量比非覆膜土壤含水量可提高2％～5％（重量含水量），产量提高7％左右，可提高地温2～4℃。

四、适用范围

适用于南方甘蔗、玉米、马铃薯、花生、蔬菜等旱地作物。

五、技术模式

花生地膜覆盖技术

柑橘地膜覆盖技术

蔬菜秸秆覆盖技术

果园生草覆盖技术

（于孟生，李 彬）

南方丘陵旱地作物保水剂应用技术

一、概述

保水剂是一种人工合成的具有较强吸水能力的高分子材料，又称吸水剂，它能吸持相当于自身重量几百几千倍的水分。我国目前已研制了改性聚丙烯醇、交链淀粉聚丙烯酸盐、交链聚丙烯酸盐、聚环氧乙烷、改性羧甲基纤维（CMC）、纤维接枝共聚体等近10个品种，并部分投入批量生产。用保水剂进行种子包膜，种子的吸水过程加快，对胚根、胚芽的生长有明显的促进作用，同时对促进根系发达，抵抗干旱能力也有一定增强作用。保水剂施加土壤中，增强了土壤的吸水保水能力，增加了土壤含水层，同时降低了降雨向下渗漏量，减少了灌溉次数，有明显的节水效果。

二、技术要点

（一）固体颗粒型保水剂

1. 沟垄施、穴施　每亩用1～2kg与5～10倍细土混匀撒于播种沟、垄或穴内，播种（定植）后浇足水覆土。

2. 撒施　每亩用量2～3kg，将其拌5～10倍细土或与有机肥混合均匀撒施，耕翻入土后播种覆土，播种时如果土壤比较干旱，播后则需浇透水。

（二）凝胶型保水剂

1. 拌种　把凝胶型保水剂兑水稀释5倍后加入需要拌种的种子中，一般按1kg保水剂拌种30～40kg，边加边搅拌，直到搅匀，堆闷4～5h，种子无黏连即可播种。

2. 浸种　将种子放入凝胶型保水剂中，浸种12h，阴干后播种，播种后浇透水。保水剂与种子的用量比例为1∶5～10。

3. 苗木蘸根　秧苗和苗木移栽时，将其根部去土蘸保水剂，浸蘸均匀后栽种。

4. 扦插蘸枝　对需扦插的枝蔓基部4～5cm处浸蘸抗旱保水剂，浸蘸均匀后栽种。

三、应用效果

采用保水剂的玉米地比不采用的节水20％以上，产量提高20％以上。

四、适用范围

适用于南方玉米等旱地作物。

五、技术模式

玉米保水剂技术

甘蔗保水剂技术

（于孟生，宋敏讷）

南方丘陵果树茶叶坡改梯和等高种植技术

一、概述

采用坡地改梯地和等高种植等技术，尽可能地拦截降雨使其就地入渗，延长降雨下渗时间，有效增加耕层土壤含水量，增强土壤抗旱能力，达到节水增收效果。坡地改成梯地以后，利用耕地承接和涵蓄雨水，减少地表径流，从而减少水土流失。石山地区将坡地修成梯地时，为了防止梯地崩坍，传统的做法是用石头砌挡土墙叫做砌墙保土。而在土山地区则宜采用坡改梯与营造生物篱技术相结合，在坡地修成梯地的基础上，在梯地的埂边种植一些根系发达、耐旱、耐瘠、矮生、萌芽力强、固土保水效果好的多年生植物，用其发达的根系来固土保水，减少水土流失。等高种植技术是指在坡度在 10°以下的缓坡地果园和坡耕地沿等高线横坡进行种植的一项耕作技术。与习惯的顺坡种植方法相比，能明显减少地表径流造成的水土流失，提高天然雨水利用效率。在实行等高种植的基础上，配合秸秆覆盖或实行间套种，在行间种植短期覆盖作物，则效果更佳。

二、技术要点

（一）坡改梯技术

1. 修整梯地　根据坡地的坡度大小，按 2~3m 的上下间距将坡地修成梯地，坡度大的梯面可做小一些，坡度小的梯面则做大一些。整平梯面，在梯面上种植作物，梯壁（边坡）要修成有一定的斜坡，以利于种植生物篱。

2. 种植生物篱　选用适应种植的黄花、木豆、桑树、茶树作生物篱。在梯壁 2/3 处横坡带状种植，每带种两行，行距 20~30cm，株距 20cm，呈"品"字形栽种。

（二）等高种植技术

1. 整地　需要翻犁整地的缓坡地，翻犁的方法是从坡底开始，自下而上横坡翻犁，在种植行可犁深一些，把泥土往外翻，尽可能使之形成梯状。在不需翻犁的缓坡地，则沿等高线直接挖坑。

2. 种植　在翻犁整地或挖好坑并施放基肥之后，即根据作物的种植规格进行横坡种植。

3. 覆盖　作物种植之后，有条件的地方可将作物秸秆进行覆盖或种植其他短期作物进行生物覆盖。甘蔗地还可以在甘蔗生长后期将老蔗叶剥下覆盖于行间。

三、应用效果

实践表明，此项技术的应用，雨水产生的地表径流量和泥沙流失量一般可下降 70% 左右，水分生产效率和作物产量可提高 10% 左右。

四、适用范围

适用于南方玉米、甘蔗等旱地作物。

五、技术模式

坡改梯技术

茶叶坡改梯等高种植技术

（于孟生，陆思思）

东北花生旱作节水全降解地膜覆盖技术

一、概述

花生旱作节水全降解地膜技术，是为了消除塑料地膜对农田土壤环境造成的"白色污染"，用全降解地膜替代老地膜的覆盖技术。该技术对增温、保墒、促生长和提高产量方面均有效果。适时适量地满足作物对水分和养分的需求，提高水肥利用效率，达到节本增效、提质增效、增产增效的目的。

二、技术要点

（一）播前准备

选择地势平坦、土层深厚、土壤理化性状良好、保水保肥能力较强的地块。前茬作物收获后，采取深松耕、耕后耙糖等措施整地蓄墒，做到土面平整、土壤细绵、无坷垃、无根茬，为覆膜、播种创造良好条件。

（二）降解地膜

全生物降解地膜是以 PBAT（聚己二酸/对苯二甲酸丁二酯）为主要原料，能在 1～2 个植物生长周期内完全降解，对土壤和农作物零危害，适用于多种作物的新型全生物降解地膜产品。该产品与传统的 PE 地膜产品相比，具有优异的保墒性能、机械性能和降解效果。PBAT 全降解地膜规格：宽幅 0.9m，厚度 0.008mm；宽幅 1.1m，厚度 0.08mm。用法：机器化一次性完成播种、施肥、铺设滴灌水带、覆膜。

（三）品种选择

为了促进高油酸花生在义县以及东北地区的健康、快速发展，辽宁久盛农业采取科学家＋企业家模式，搭建科学家与企业家无缝对接平台，本着实现科研、生产信息畅通，科技成果高效转化的原则，与国家花生产业技术体系遗传改良研究室、中国绿色食品协会花生专业委员会，以及省、市科研院所等进行科企战略合作，经过上述部门的科学论证与试验，选择了花育 668、花育 963、花育 965 等高油酸花生品种。

（四）种植模式

大垄双行、起垄种植、单粒精播。

采取了种子包衣、机械化精量播种，大垄双行、地膜覆盖、浅埋滴灌、单粒精播等一系列组合式优化技术措施。

大垄双行种植模式：花生一般垄距80～90cm，垄面宽50～60cm，垄上播2行，垄上小行距30～40cm，穴距13.5～18cm，每亩播8 500～11 000穴，一穴双粒。总之根据当地的情况，做到肥田不倒秧，薄地能封行的合理密度。大垄双行密植栽培模式由于在160cm宽的土地上能种出4行，常规种植模式在160cm宽的土地上只能种3行，这种种植方式在1亩的土地上花生株数是常规模式的1.3倍，大垄间通风透光良好，双行间距较近，有效地防止了土壤水分流失，使花生在整个生育期处于良好的生长状态，从而达到更高的产量。

起垄种植模式：足墒起垄。起垄时要有足够的墒情，干旱时应该先造墒再起垄。花生行距垄边至少保持10cm以上的距离，保证花生开花时周围有足够的土壤下针；对于需要抠膜的花生，要密切关注出苗时的温度以及顶土的时间，避免灼伤幼苗。目前也有播种覆膜加上膜上覆土的一体机，不需要抠膜。

单粒播种种植模式：在原来1穴2粒的情况下改为单粒，按照品种的合理密度，有利于形成高产壮株，不仅节种，而且显著提高了工效和肥料利用率，可明显提高花生植株抗倒伏能力，并能够适应气候条件，防避病虫害，提高花生群体质量，充分接受阳光和吸收养分，提高产量。花生单粒精播高产栽培取得高产高效的基础，就是要保证每一颗种子都能充分发挥生产潜力。因此要选用增产潜力大、综合抗性好、品质优良的品种。确保种子均匀一致，纯度≥98%，发芽率≥95%，净度≥98%。精选种子，确保种子发芽率在95%以上。

（五）田间布设

处理1：裸地对照处理，不覆地膜。

处理2：常规地膜。

处理3：PBAT全降解地膜。

各比对处理垄宽5m以上，试验田土壤条件基本一致，试验中各处理花生肥料、管理方式一致。

（六）种植密度

参见表1。

表1　种植密度

品种	床宽（cm）	行距（cm）	株距（cm）	亩用种量（kg）	亩保苗（穴）
花育965	85	25～30	10	13	15 680
花育963	85	25～30	10	14.5	15 680
花育668	85	25～30	10	13	19 600

（七）膜下滴灌

膜下滴灌是利用低压管道系统，一滴滴慢慢渗入花生根部周围，这种方法投资少，易操作。因为地膜更好地锁住了水分，能减少水分蒸发流失。

主管道埋入地下，埋深 70～120cm，每隔 50～90m 设置 1 个出水口。

田间铺设的地面支管道采用 PE 软管或涂塑软管，支管承压 ≥ 0.3MPa，间隔80～120m。

以地边为起点向内 0.6m，铺设第一条微喷带，微喷带铺设长度不超过 70m，与作物种植行平行，间隔按照所选微喷带最大喷幅布置。具体根据土壤质地确定，砂土选择 1.2m，壤土和黏土选择 1.8m；微喷带的铺设宜采用播种铺带一体机。

微喷带铺设时应喷口向上，平整顺直，不打弯，铺设完微喷带后，将微喷带尾部封堵。灌溉水利用系数达到 0.9 以上，灌溉均匀系数达到 0.8 以上。

（八）机收晾晒

9 月下旬，当花生达到完熟期时及时机械化收获、晾晒，降水防冻，确保颗粒归仓。

（九）地膜降解

收获前，降解地膜已降解 40%，经过一冬的降解，第二年播种前，地膜降解率能达到80%以上，解决了地膜回收难和"白色污染"问题。

三、应用效果

与不覆膜花生相比，全降解膜覆盖花生比裸地平均亩增产 29.6kg，增产率 13.4% 以上，与常规地膜产量持平。

四、适用范围

适用于东北半干旱区花生种植。

五、技术模式

（王永欢，尤　迪，王　姗）

大兴安岭南麓浅山丘陵区
大豆垄上四行膜下滴灌技术

一、概述

大豆垄上四行膜下滴灌水肥一体化技术，是在大豆常规膜下滴灌技术基础上优化衍生出来的新技术，将原来的大小垄种植方式（小行距 40cm、大行距 80cm）改变为 90cm 垄作，垄上 4 行苗带，行距为 10cm～30cm～10cm，滴灌带铺设于 30cm 行间。该技术通过缩小行距，扩大株距，优化群体结构，提高光能利用效率，充分挖掘作物增密潜力。通过地膜覆盖，增温保墒提高作物出苗率，同时抑制田间草害发生，减少农药的施用量。通过滴灌，实现水肥一体化，提高水肥利用效率。

二、技术要点

(一) 播前准备

1. **选地** 选用地势平坦，土层深厚，土质疏松，肥力中上等，土壤理化性状良好，保水保肥能力强的川甸地，或水平垄向的山根地和坡度在 15°以下的缓坡地，以及土壤中无石头或少量石块（直径小于 10cm）。

2. **轮作选茬** 与禾本科作物实行 3 年以上轮作，麦茬、玉米茬、糜茬比较适宜，不宜选绿豆茬和向日葵茬。

3. **整地** 前茬作物秸秆离田后，使用深松整地联合机一次性完成行间深层松土、旋耕整地、镇压等作业，深松深度达 30cm 以上，作业后要做到田面平整，不得破坏土壤结构层，土壤细碎，没有漏松，深浅一致，上实下虚，达到待播状态。

4. **种子处理** 播前精选种子，剔出破碎粒、病斑粒、虫食粒和其他杂质，精选后的种子用 1 000～2 000 倍的钼酸铵溶液浸泡 6～20h，之后将种子晾干，使用大豆专用种衣剂进行包衣处理。

5. **地膜选择** 选择幅宽为 1.7～1.8m，膜厚≥0.012mm 的 PE 膜或≥0.009mm 的生物质降解膜。

6. **播种密度** 耐密品种、积温较低地区亩播种 2.8 万～3.2 万粒，一般品种、积温较高地区亩播种 2.4 万～2.8 万粒。

（二）播种

当耕层 5cm 以上土壤温度稳定通过 8℃时，使用专用覆膜机一次性完成起垄、铺管、覆膜、播种、施肥等作业，机械作业幅宽 1.8m，每幅 2 苗床，苗床间距为 40cm，每床 4 苗带，苗带间距为 10cm～30cm～10cm，滴灌带铺设于 30cm 行间，幅间距为 60cm；播种时每亩施用配方肥（N-P_2O_5-K_2O：12-18-18）16～18kg、商品有机肥（有机质≥30％；N＋P_2O_5＋K_2O≥4％）40kg 作基肥；播种时均匀喷施除草剂，亩用 96％异丙甲草胺 100～150ml＋75％噻吩磺隆 2～2.5 克，兑水 10～12kg，与起垄、覆膜同步进行；播种后沿地膜每隔 1～2m 横压土腰带，防止大风揭膜。

（三）田间管理

1. 引苗 出苗后及时放出压在地膜下的幼苗，避免高温灼伤，注意放苗孔要小，及时用细土封严放苗孔。

2. 化学除草 针对裸露的地表采取苗后茎叶除草，在杂草 3～4 叶期进行，亩用 20.8％氟·烯乳油 125～150ml，兑水 7～10kg 喷施，或亩用 48％异噁草松 50ml＋25％氟磺胺草醚水剂 100ml＋15％精稳杀得 50ml（或 30％烯草酮 20ml），兑水 7～10kg 喷施。

3. 追肥 在开花初期和结荚期，利用滴灌设施，按照 7∶3 的比例每亩追施含氨基酸水溶肥（N＋P_2O_5＋K_2O≥180g/L，氨基酸≥100g/L，微量元素含量 Zn＋B≥20g/L）6kg。

4. 控旺 在开花初期和结荚期亩用 30％矮壮·多效唑悬浮剂 40～50g，兑水 15kg 喷施（可配合杀虫剂和含硼、钼等微肥一起喷施）。

5. 病虫害防治 灰斑病防治：在结荚初期和鼓粒期亩用 50％多菌灵可湿性粉剂或 40％多菌灵胶悬剂 500～1 000 倍液 15kg 喷雾。双斑莹叶甲防治：及时铲除田边、地埂、渠边杂草，破坏生存环境，选用 20％速灭杀丁乳油 2 000 倍液、25％快杀灵 1 000～1 500 倍液或 2.5％高效氯氟氰菊酯乳油，间隔 5～7d 再喷施 1 次，严禁在中午高温时间作业。

（四）适时收获

在大豆"摇铃"（叶片全部脱落、豆荚变成黑褐色、豆粒完全归圆、豆粒水分在 15％～16％之间）时适时收获，田间损失不超过 5％，破碎粒不超过 3％。

（五）滴灌带及残膜回收

大豆收获后，采用人工或机械回收滴灌带及残膜，减轻对土壤的污染。

三、应用效果

与露地直播相比较，垄上四行膜下滴灌水肥一体化技术，大豆平均亩增产 15％～20％，亩减少化肥施用量达 10％以上，亩减少农药施用量达 45％以上，亩节水 40％以上。

四、适用范围

适用于大兴安岭南麓浅山丘陵区大豆种植区域。

五、技术模式

播种作业

苗期田间长势

施肥一体化过滤及施肥设备

生育中期田间长势

（刘宝林，乌朝鲁门）

华北苜蓿圆形喷灌机水肥一体化技术

一、概述

苜蓿作为牧草中蛋白质含量最高的饲草，高效水肥管理是提高苜蓿产量和品质的重要措施。水肥一体化技术将灌溉与施肥相结合，利用喷灌、微灌等高效节水灌溉系统，定时、定量地提供苜蓿水分与养分。圆形喷灌机具有自动化程度高、控制面积大、适应性强等优点，在内蒙古、宁夏、河北等苜蓿主产区应用广泛。近年来，圆形喷灌机水肥一体化技术已应用在苜蓿高效栽培中，该技术核心是将可溶性的固体肥料或液体肥料溶于储肥桶内，通过施肥设备将储肥桶内混合均匀的水肥液注入灌溉管道内，通过喷头将水肥液精准地补充到苜蓿有效根区或叶面上，以调控苜蓿的营养生长和生殖生长，具有显著的增产、节水、省肥、省工优势。

二、技术要点

（一）圆形喷灌机机组布置

圆形喷灌机由中心支座、塔架车、末端悬臂和电控同步系统等部件组成，装有喷头的桁架支承在若干个塔架车上，各桁架彼此柔性联接，以适应坡地作业。根据苜蓿种植地块的地形、面积、土壤、供水流量、气象等进行圆形喷灌机的工程规划设计。国内圆形喷灌机整机长度多数在 $100\sim350m$，控制面积在 $3\sim38hm^2$，需要的入机流量在 $30\sim170m^3/h$。当单井（泵）流量不能满足喷灌机组入机流量情况下，可通过多井（泵）汇合供水。目前，圆形喷灌机普遍安装低压喷头，主要有 Nelson 公司的 D3000、R3000 喷头，Senninger 公司的 LDN、i-Wob 喷头，以及 Komet 公司的 KRT 喷头，同时在每个低压喷头进口安装 $69\sim138kPa$（$10\sim20$ psi）的压力调节器。为了扩大灌溉面积，可在圆形喷灌机的悬臂末端处安装尾枪，并根据需要配置增压泵。

（二）施肥设备选择

圆形喷灌机实施水肥一体化应用时，在机组中心支座旁或首部枢纽处配置施肥设备，包括注肥泵、储肥桶、过滤器及连接附件等。注肥泵宜选用柱塞式、隔膜式等容积泵（图1、图2），严禁使用压差式施肥罐等总量施肥方式，以确保注入喷灌机的肥液流量保持稳定，避免灌溉管道压力变化引起的注肥流量波动，实现精准喷灌施肥。

图 1　柱塞泵

图 2　隔膜泵

（三）过滤设备选择

一般情况下，圆形喷灌机灌溉作业不需要安装过滤设备。在水质条件较差的情况下，当水源为河渠、池塘、水库等地表水时，可在水泵进水管吸入口安装简单条状格栅、自清洗旋转滤网、重力溢流滤网等预处理设备，以防止水生植物、草、树叶、鱼、塑料袋（膜）等大颗粒杂质进入水泵。在首部枢纽安装的过滤设备分为旋流水砂分离器（又称离心过滤器）、砂石过滤器、叠片过滤器、筛网过滤器等。对于有砂粒的井水，可选用旋流水砂分离器作为一级过滤设备；对于含有藻类、悬浮物和有机杂质等地表水，可选用砂石、叠片过滤器作为一级过滤设备。当灌溉水源含泥沙很细且较多时，可采用沉淀池进行预处理。此外，为防止肥液中不溶杂质影响施肥设备的正常运行，在注肥泵的进液管安装网式过滤器。

过滤设备使用过程中需要定期进行检查清洗，通过观察安装在过滤设备进口和出口处的压力表数值，当压力差值大于 5m 时，需立即进行手动清洗或者自动反冲洗。

（四）肥料选择

圆形喷灌机水肥一体化应用时要求选择水溶性好、养分含量高的固体颗粒肥料或者液体肥料，氮肥常采用尿素、硫酸铵或磷酸二铵，钾肥可采用氯化钾、磷酸二氢钾或硫酸钾，或采用市场上销售的苜蓿专用肥。也可利用圆形喷灌机喷施叶面肥，如黄腐酸钾肥、海藻叶面肥、液体有机硅肥等，以补充苜蓿所需营养元素。磷肥常采用过磷酸钙或钙镁磷肥作为基肥施入。

（五）水肥一体化技术模式

1. 灌溉制度　根据苜蓿种植区气候条件、建植年限、刈割次数、各生育期需水规律、土壤特性等参数来确定灌溉制度，包括灌水时间、灌水次数及灌水定额（每次灌水量）等。苜蓿在播种期至苗期，一般不宜过早灌溉，要求株高超过 5cm 时再灌水，灌水定额以 10～20mm 为宜。华北地区苜蓿返青灌水多在 3 月下旬或 4 月初，全生长季内刈割 4 茬，根据各茬次内的苜蓿需水量、降雨量确定，推荐的灌溉制度如表 1 所示。苜蓿非生长季内通常在 11 月中下旬冬灌，灌水定额以 30～45mm 为宜。整体而言，华北地区苜蓿每年灌水次数为 10～16 次，灌溉定额为 330～445mm。

表 1 华北地区苜蓿全生长季内推荐灌溉制度

茬次	时期	需水量 （mm）	降雨量 （mm）	灌溉定额 （mm）	灌水周期 （d）	灌水定额 （mm）
第1茬	3月下旬—5月下旬	150～190	0～30	150～180	7～10	30～40
第2茬	6月上旬—7月上旬	110～200	10～90	100～120	7～12	30～40
第3茬	7月中旬—8月中旬	85～120	100～340	0～50	12～15	20～30
第4茬	8月下旬—9月下旬	85～120	50～220	0～70	10～12	25～35
	合计	490～600	240～560	300～400	—	—

注：①表中给出的降雨量为河北涿州地区不同降水年型下的降雨量范围。
②灌水周期、灌水定额可根据土壤质地、苜蓿建植年限等进行确定，当土质偏壤、建植年限较长时两者均取上限值，土质偏砂、建植年限较短时均取下限值。
③对于第三、第四茬，如每茬降雨量超过 150mm，可不灌水。

2. 施肥制度 根据苜蓿的需肥规律、土壤肥力以及目标产量确定合理的施肥制度，包括总施肥量、氮磷钾比例以及基肥、追肥比例。对于已成龄且生长茂盛的苜蓿，利用自身根瘤进行共生固氮，一般可不施或少施氮肥，每公顷施纯氮总量约 10～50kg。磷、钾肥施用量可根据种植地块的土壤磷、钾含量确定，表 2 给出了不同土壤基础地力条件下推荐的全年施肥量。此外，根据苜蓿的生长需要可以施用钙、镁、硫以及硼、硅等营养元素，在现蕾期喷施少量氮肥或专用叶面肥，以提高苜蓿品质。

表 2 华北地区苜蓿全生长季内推荐施肥制度

基础地力		亩施肥量（kg）	
	<3		≥9
	3～8		6
有效磷（mg/kg）	8～24	磷肥（P_2O_5）	3
	≥24		0
	<12		≥24
	12～32		18
速效钾（mg/kg）	32～87	钾肥（K_2O）	12
	87～239		6
	≥239		0

注：表中给出的推荐施肥量根据全生长季目标产量为 15t/ hm^2 制定，实际施肥量可根据目标产量进行调整。

采用水肥一体化技术后，可适当增加追肥次数，将苜蓿全年施肥量按照 2∶2∶1∶1 的比例分配到第一至第四茬内，在各茬返青期（再生期）进行施肥，及时补充苜蓿刈割所带走的养分，以提高养分利用效率。

3. 系统运行维护 圆形喷灌机水肥一体化技术应用中，施肥应与灌水同期进行。

当喷洒水肥液提供苜蓿根系吸收时，通常喷洒肥液深度小于所需灌水定额，此时有两种运行方案可供选择：①先喷洒水肥液，后灌清水，要求储肥桶配置的肥液浓度尽量高些，以减少水肥液喷洒时间，施肥结束后再清水灌溉剩余部分的灌水量，这种方案适合于塔架数不超过 3 跨的圆形喷灌机。②灌溉施肥一次完成，可降低储肥桶内配制的肥液浓度，适当延长水肥液喷洒时间，使施肥时间与所需灌水时间相同，无需再灌清水。

当喷洒水肥液作为叶面肥使用时，建议圆形喷灌机快速行走，百分率设定值取 80%～100%，结束后无需灌清水。同时，为防止灼伤苜蓿叶片，喷洒肥液浓度不能超过最大值，其中喷洒尿素肥液的质量浓度应小于 0.4%。此外，每次施肥结束后应用清水将施肥设备和灌溉系统内的肥液冲洗干净，同时对施肥设备定期保养、维护，提高施肥设备使用寿命。

三、应用效果

与传统灌溉施肥相比，可节水 30% 以上，提高化肥利用率 5.0～8.0 个百分点，苜蓿增产 10%～15%，增收 10%～15%，施肥效率是人工施肥的 10～15 倍。

四、适用范围

适用于华北地区苜蓿圆形喷灌机水肥一体化生产。

五、技术模式

圆形喷灌机水肥一体化设备

苜蓿返青期灌溉

苜蓿分枝期灌溉

苜蓿现蕾期灌溉

苜蓿圆形喷灌机灌溉俯瞰

苜蓿刈割俯瞰

（严海军，钟永红）

高海拔地区油菜地膜覆盖保墒增产技术

一、概述

本技术围绕高海拔地区油菜种植，利用地膜增温、保墒、除草、防虫等作用，在油菜机械覆膜穴播技术基础上，集成了"轮作倒茬、适时早播、选用良种、机械覆膜穴播、油菜配方肥、绿色防控、机械化收获"等关键技术为一体的组装综合配套栽培技术。

二、技术要点

1. **选地整地** 选择土壤平整疏松，适宜机械耕作的地块。前茬作物宜为小麦、青稞、蚕豆、马铃薯等。

2. **施肥** 播前施入商品有机肥和油菜配方肥，均作为基肥一次性施用。每公顷施商品有机肥 1 500～2 250kg、油菜配方肥 225～300kg（N-P_2O_5-K_2O：15-15-5）。

3. **品种选择** 按照不同生态区域选择优良品种。播种前用 70％锐胜可散性粉剂和 2.5％适乐时悬浮种衣剂，防止虫害的发生。

4. **地膜和覆膜穴播机的选择** 地膜宜选用宽度 120cm，厚度 0.010mm 的黑色地膜。播种机宜选用型号 2MBT-1/4 的春油菜覆膜穴播机。

5. **播种** 一般在 4 月中旬至下旬顶凌播种。亩播种量控制在 300g。

6. **播种要求** 每幅地膜播种 4 行，宽窄行（或等行）播种，行距窄行 30cm，宽行 40cm（或行距 25cm），每穴下种 2～3 粒，株距 10cm，播种深度 3～4cm。地膜覆盖平整，紧贴地面，膜边覆土 0.5～1.0cm，膜与膜间距 40cm。同一幅膜同方向播种，以避免苗孔错位。膜上每隔 2m 人工打一土腰带，防止被风吹起。

7. **田间管理** 播种后 15d 左右春油菜开始出苗，视出苗情况及时查苗、放苗。待幼苗真叶展开，长到 2～3 片真叶时，进行间苗、定苗，保证每穴 1～2 株，每亩保苗 2.5 万～3 万株。

8. **病虫害防治**

（1）**油菜黄条跳甲、茎象甲** 化学防治：于 5 月视田间黄条跳甲、茎象甲危害情况，分别在油菜子叶期、3 叶期，采用 35％毒氟微乳剂每亩 50ml 兑水 15kg 进行叶面喷雾防治。物理防治：可在油菜出苗后每亩悬挂黄色诱虫板 20～25 片。色板悬挂高度高于叶表面 15～20cm 为宜。

（2）**油菜露尾甲** 油菜现蕾开花期每亩悬挂蓝色诱虫板 20～25 片。

9. 杂草防治　覆盖黑色地膜可以有效抑制杂草生长，但仍需要及时除去穴孔中和未覆盖地膜区域（垄间）的杂草。

10. 收获　春油菜 90% 成熟时，采用联合收割机一次性机械化收获脱粒。一般在阴天或晴天上午露水未干时进行。

11. 残膜处理　收获后，人工或机械回收地膜，防止残膜污染。

三、应用效果

该技术可实现油菜节种 25%，省工 20%，亩增产 30～45kg 的目标，降低了生产成本，达到了节本增效的目的，促进了油菜产业的绿色发展。

四、适用范围

适用于青海等高海拔春油菜旱作种植区。

五、技术模式

油菜机械化覆膜播种

油菜破膜苗期

（陈广锋，王　生）

河北低平原区冬油菜旱作轻简化高效种植技术

一、概述

冬油菜旱作轻简化高效种植技术是通过选择抗旱抗寒性强的油菜品种，在旱作雨养条件下，能够安全越冬，春季能够正常返青、现蕾、抽薹、开花、结实。通过播种合理调控株行距，形成地面覆盖，抑制杂草，免施除草剂，并减少地面蒸发，提高雨雪及土壤水分利用率；播种时，施少量底肥可不追肥；选择抗虫品种，春季基本不用防治蚜虫等害虫，全生育期实现轻简化管理，达到节本增效的目的。

二、技术要点

（一）品种选择

河北省低平原区一般选择抗旱、抗寒性强的白菜型品种，冬前生长点较为靠下，匍匐生长，根系发达，地上生长速度较慢，越冬率应高于80%；春季开花早，抗倒春寒能力较强；早熟，一般不晚于6月初，避免干热风影响产量；河北省目前登记品种主要有衡油8号、衡油6号，适宜在河北省低平原区种植。

（二）播种时间及播种量

1. **播种时间** 一般在9月中下旬播种，最迟于9月底完成。

2. **播种量** 提倡机械精量播种，墒情好的地块亩用种0.25～0.35kg，墒情较差的地块可适当加大播量；雨养地块适期播种，亩播量可加大至0.4～0.45kg。行距20～25cm，株距8～10cm，播深2～3cm，播种时要沿播种进行镇压保墒，亩留苗2.5万～3.5万株。

3. **定苗** 一般采取一播定苗。如果播种过密，当油菜出现2～3叶时可进行间苗、定苗。

（三）田间管理

1. **施肥** 一般在播种时每亩一次性施20～40kg复合肥作底肥，缺硼地块每亩可配施1kg硼肥作底肥，或初花期用0.18%的硼砂、3%的过磷酸钙、2%的尿素混合液进行叶面喷雾，每隔7d喷施1次，一般喷施2～3次。

2. **除草** 在播种时调整好行距20～25cm，叶片冬前达到地面覆盖度80%以上，返青至成熟期一般可抑制杂草生长，不需防治杂草。如果行距过大，可采取中耕方式去除杂草。

3. 灌溉 冬油菜可雨养种植。有灌溉条件的地块可根据土壤墒情及时灌水，以提高产量。但在生长后期要减少灌水量，以免出现贪青晚熟和发生倒伏。

4. 防治虫害 薹花期及成熟期蚜虫、菜青虫等害虫对不同品种的危害程度有较大差异。目前，衡油8号、衡油6号虫害危害较轻，一般不用防治，个别年份有点片发生，可根据情况进行点片防治。

5. 机械化收获 冬油菜一般可在5月下旬至6月初进行机械化一次收获，收获期在75％角果呈蜡黄色、主轴基部角果呈枇杷色、种皮呈黑褐色时及时收获。收获后要及时晾晒或烘干，籽粒储藏的含水量要控制在10％以下。

三、应用效果

冬油菜具有覆盖地面、抑制扬尘、净化空气等生态效益；花期可观赏旅游，提高人们的幸福指数，可增加旅游收入，发展养蜂，实现一二三产业融合发展；油菜做绿肥，可培肥地力，减少土壤板结程度，增加下茬作物增产潜力；雨养条件下，籽粒一般年份亩产100kg，适宜年份亩产可达到200kg。

四、适用范围

适用于河北省中南部平原区及相似气候条件种植。

五、技术模式

苗期单株

冬季覆盖

返青期

盛花期

绿肥翻压

籽粒收获

（李爱国，张泽伟）

河北花生膜下滴灌水肥一体化技术

一、概述

利用管道灌溉系统进行灌溉与施肥，适时、适量地满足农作物对水分和养分的需求，实现水肥同步管理和高效利用。

二、技术要点

（一）种子包衣

每 100kg 籽仁用高巧（600g/L 吡虫啉）拌种剂 200～400ml＋卫福（200g/L 萎锈灵＋200g/L 福美双）350～500ml＋芸天力（0.01％芸苔素内酯）30ml 拌种。

（二）机械播种

连续 5 日 5cm 地温稳定通过 15℃后开始播种，高油酸花生连续 5 日 5cm 地温稳定通过 19 ℃后播种。选用能够一次性完成起垄、播种、镇压、铺设滴灌带、喷施除草剂、覆膜、膜上覆土等工序的多功能花生播种机不造墒播种。宜选用聚乙烯无色透明膜，厚度≥0.01mm、宽度 85～90cm，透明度≥80％，地膜规格应符合 GB 13735。推荐选用降解时间为 80～100d 的可降解地膜，厚度以 0.006～0.008mm 为宜。起垄幅宽 85cm，垄面宽度 55cm，垄上种植 2 行花生，行距 30cm，播种深度 2～3cm；滴灌带铺设到垄上中间位置，铺设时使滴灌带光滑面向上；播种密度：单粒播种密度每亩为 14 000～16 000 穴，双粒播种密度每亩为 8 000～10 000 穴。

（三）滴灌浇水、追肥

播种完成后立即滴灌浇水，以后分别在始花期和结荚期遇旱滴灌浇水。滴水定额每亩一般为 20～30m³，滴水周期苗期为 20～30d，其他生育时期一般为 15～20d。滴灌浇水同时滴灌追肥，一般滴灌每亩施肥总量为 N 9.5～12.5kg、P_2O_5 9kg、K_2O 1.5kg、CaO 2.5kg。在播种期、始花期和结荚期滴灌追肥，每次的追肥量分别占施肥总量的 30％、30％和 40％。

（四）化学调控

为防花生徒长，花针后期至结荚前期花生株高达到 30cm 后，可选用 15％烯效唑可湿性粉剂 300～600g/hm² 兑水 450kg 均匀喷施，7～10d 后当株高达到 40cm 时再喷施一次，可有效控制植株高度。

（五）叶部病害防治

花生开花后 30～35d，叶面喷施杀菌剂防治叶部病害。如亩用爱苗（300g/L 苯甲·丙环唑乳油）25～30ml 或阿米妙收（325g/L 苯甲·嘧菌酯悬浮剂）20ml 或 60%唑醚·代森联 60g，下午 3 点后喷施。每隔 20d 喷施 1 次，连喷 2～3 次。

三、应用效果

亩平均节约用水 30%，减少化学肥料和化学农药用量 20%。

四、适用范围

适用于有灌溉条件的轻壤或砂壤土，土层深厚、地势平坦、排灌方便的中等肥力以上地块的花生产区。

五、技术模式

播种覆膜铺带喷除草剂

滴灌首部系统

滴灌管网

滴灌带收卷机

（韩　鹏，宋亚辉）

内蒙古通辽市荞麦旱作
丰产标准化栽培技术

一、概述

荞麦具有生长周期短和较强的抗灾性能等优势,荞麦旱作丰产标准化栽培技术明确了荞麦的种植要求,从播种、施肥、病虫害防治等方面规范了荞麦栽培技术,以达到节本增效、提质增效、增产增效的目的。

二、技术要点

(一)选地

荞麦对土壤要求不高,且对旱地土壤适应能力比较强,但为取得高产,宜选择疏松的砂壤土、壤土以及排灌良好、有机质丰富的土壤。不适宜在盐碱地、涝洼地、黏重土壤等地块种植。实行合理轮作,前茬以豆类、马铃薯、糜谷类等为宜。

(二)整地

荞麦为直根系作物,根系不发达,提高耕作整地质量是保证荞麦苗全苗壮苗的主要措施,因此播前要浅耕灭茬,精细整地。每亩施腐熟有机肥500～1 000kg,配施过磷酸钙、钙镁磷肥等缓释肥20～25kg。深翻或深松20cm以上,耙平糖细。

(三)播种

1. 品种选择 选用优质、高产、商品性良好的荞麦品种,如库伦大黑三棱、小黑三棱、通荞系列、通苦系列、蒙1210-8、西农9909等品种。

2. 种子处理

(1)晒种 晒种可以增强种皮透气性,提高种子酶活性,增强发芽力,通过紫外线照射还可以杀死部分表面病菌。晒种应选择阳光充足的天气,晾晒1～2d。

(2)温汤浸种 使用35℃温水浸种15min或40℃温水浸种10min,去除漂浮的秕粒。再以百千克温水加入高锰酸钾100g、硫酸镁50g、硼砂30g、钼酸铵5g的混合溶液浸种30min,可以有效提高种子发芽力,还可以有效促进幼苗生长,捞出后晒干。

(3)种子包衣 选用专用的种衣剂进行包衣,或使用种子重量1%的40%五氯硝基苯粉拌种,可防治立枯病、轮纹病、褐斑病和白霉病。

3. 播种

（1）播种时间 通辽地区一般在 6 月中旬至 7 月上旬播种。宜抢墒播种，有墒宜早，无墒等雨，宁早勿迟，以早霜前能正常成熟为宜。

（2）播种方法 采用条播的方式，行距在 45～50cm。穴播时参照玉米播种方式，播种机调整到最小穴距，即 8～12cm。行距大时穴距应小些，行距小时穴距宜大些，每公顷保苗 75 万～90 万株。

（3）播种量 根据地力、品种、播种期确立适宜的播种量，肥力好的土地上宜稀植，肥力差的土地上宜密植；生育期长的品种宜稀植，生育期短的品种宜密植；种子精选度高、芽率高和精量播种的用量宜小，种子精选程度差、芽率低和传统播种的用量宜大些。一般情况下，亩播种量 2～4kg。

（4）播深与覆土 播种深度一般以 4～6cm 较为适宜，覆土 2～3cm。具体情况视墒情和土质而定，墒情差宜深，墒情好宜浅。砂性土宜深，黏质土宜浅。播后，墒情差或砂性大的土壤，要及时镇压。

（5）种肥 播种时按分层施肥播种要求，按每生产 100kg 荞麦籽粒需吸收氮 3.5kg、磷 1.5kg、钾 4.3kg，同时结合当地测土配方施肥数据科学施入种肥。需注意的是荞麦为忌氯作物，因氯离子常引起叶斑病的发生，施用的钾肥要使用硫酸钾。

（四）田间管理

1. 中耕除草 在幼苗株高 6～7cm 时进行第一次中耕除草，机具一般选用农户改装的悬挂式 3 行单铧耘锄，以四轮拖拉机为动力牵引，配合使用电子施肥箱，结合中耕施入速效氮肥。封垄前进行第二次中耕培土。

中耕机具进地前要视苗情调整耘锄铧尖与地面夹角，第一次中耕覆土较少，夹角应小些。第二次中耕将夹角调大些，利于带土和培土。

2. 病虫防治 通辽地区荞麦主要病害有轮纹病、褐斑病、立枯病、灰霉病、斑枯病等，主要害虫有蚜虫、蝼蛄、蛴螬等。防控应遵循"预防为主、综合防治"的植保方针，坚持以"农业防治、物理防治、生物防治为主，化学防治为辅助"的绿色防控原则。农业防治方式主要是选用优质、高产、抗病虫品种，播前进行种子消毒，合理密植，保持田间清洁，创造适宜的生长发育条件。生物防治可以选择适宜的生物药剂防控真菌性病害。化学防治优先选择生物制剂或高效、低毒、低残留、与环境相容性好的农药，喷雾器作业质量要符合国家规定，禁止使用国家禁止和限制使用的农药。

（1）病害

①荞麦轮纹病。发病时喷洒 0.5％波尔多液或 65％代森锌 600 倍液及 40％多菌灵胶悬剂 500～800 倍液，防止病害蔓延。

②立枯病。苗期常用 65％代森锌可湿性粉剂 500～600 倍液，复方多菌灵胶悬剂或甲基硫菌灵 800～1 000 倍液喷施。

③荞麦褐斑病。在田间发现病株时，采用 40％复方多菌灵胶悬剂，75％代森锰锌可湿性粉剂或 65％代森锌等杀菌剂 500～800 倍液喷洒。

④荞麦病毒病。用 500 倍液杀虫灵杀灭病毒传媒蚜虫，早发现早防治。用病毒灵 300

倍液喷施叶面，以防治病毒病在相邻叶片上和植株间的摩擦传染。

（2）**虫害** 秋收后深耕灭冬蛹。

诱杀成虫。可采取黑光灯或糖醋毒液等方法诱杀成虫。

药剂防治。用溴氰菊酯等菊酯类杀虫剂进行喷雾，或选用国家相关规定范围内的农药品种。

（五）收获

荞麦为无限花序，且籽粒成熟后易脱落，不能等到全株成熟时再进行收获，当植株上呈现本品种固有颜色，籽粒达到全株籽粒 2/3 时即可收获。通辽地区按照"霜前收荞"原则，一般在早晨或雨后收获为佳。如采用机械收获，一般采用常用的沃得、久保田、巨明等轮式或履带式全喂入自走式小麦或水稻联合收割机，对振动筛角度和孔径稍加改造即可。

三、应用效果

标准化栽培模式下的荞麦平均亩产可达 150～170kg，与农户粗放种植相比，增产30％以上。

四、适用范围

适用于通辽地区荞麦种植。

五、技术模式

播前整地

机械播种

苗期管理

中耕除草

机械除草

荞麦花期

籽粒成熟

机械收获

（辛　欣，薛彦飞）

山东胶东地区生姜微灌水肥一体化技术

一、概述

生姜微灌水肥一体化技术是借助压力系统将可溶性肥料与灌溉水一起，均匀、定时、定量浸润作物根系发育生长区域，使主要根系土壤始终保持疏松和适宜的含水量，真正做到科学灌溉施肥。

二、技术要点

（一）微灌施肥系统

1. 系统组成 微灌施肥系统由水源、首部枢纽、输配水管网、灌水器 4 部分组成。根据水源状况及灌溉面积选用适宜的水泵种类和合适的功率。地下水作灌溉水源宜选用筛网过滤器或叠片过滤器。库水及河水作灌溉水源时要根据泥砂状况、有机物状况配备旋流水砂分离器和砂过滤器。施肥设备选用文丘里施肥器、注肥泵等。系统中应安装阀门、流量和压力调节器、流量表或水表、压力表、安全阀、进排气阀等。

输配水管网干管宜采用 PVC 管或 PE 管，支管宜采用 PE 软管，支管与毛管垂直铺设，毛管宜采用 PE 软管，在每个窄行内铺设 1 根。灌水器采用内镶式滴灌带或薄壁滴灌带，流量为 1～3L/h，滴头间距为 20～40cm。

2. 系统使用 使用前用清水冲洗管道 15～30min，施肥后用清水继续灌溉 15～30min。按设备说明书要求保养注肥泵，每 30d 清洗肥料罐 1 次，并依次打开各个末端堵头，使用高压水流冲洗干、支管道。灌溉施肥过程中，若供水中断，应尽快关闭施肥装置进水管阀门，防止含肥料溶液倒流，建议安装逆止阀。大型过滤器的压力表出口压力低于进口压力 0.6～1 个大气压时清洗过滤器。小型单体过滤器每 30d 清洗 1 次。

（二）田间管理

1. 品种选择 选用绵姜、龙潭大姜。姜块应肥大丰满、皮色光亮、肉质新鲜、质地硬、无病害。

2. 姜种处理 播前 20～30d，洗净种姜上的泥土，平铺在草苫或干净的地面上晾晒 1～2d，傍晚收进屋里。晒姜结束后，将种姜置于室内堆放 2～3d，姜堆上覆盖草苫。一般采用"炕姜芽"或者保温箱催芽法，催芽前选用农用链霉素、2%阿维菌素浸种 5～10min，姜块的堆放厚度应控制在 50～60cm，姜堆上部盖上棉被或毛毯，约经 20～30d，幼芽长至 0.5～1.5cm 时播种。

3. 播种 亩用姜种 400～500kg，播种应选晴天，行距可在 60～70cm，沟深 23～30cm，姜沟长 20～30m 为宜。株距是 18～23cm，确保亩株数 5 000 株左右。播种后立即覆土，厚度 2～4cm 为宜，浇足底水，覆 1.5m 宽的地膜，使沟底与上端的距离保持 15cm 左右。

4. 肥水管理

（1）冬前整地施肥 冬前结合深翻，每亩撒施腐熟的有机肥 3 000～4 000kg 或施用优质商品有机肥 800～1 000kg，深翻 30～40cm。第二年春天种姜前 10～15d，将地耙细整平，浇水灌地，造足底墒。

（2）灌溉施肥 生姜水肥一体化技术要求选用溶解度高、溶解速度快、对灌溉设备腐蚀性小、与灌溉用水相互作用小的肥料。根据生姜生育期和灌溉施肥制度选择不同配方的微灌施肥专用肥料（表 1）。

表 1 生姜滴灌灌溉施肥制度

生育时期	灌水次数	亩灌水定额（m³/次）	每次每亩施肥的纯养分量（kg）				备注
			N	P_2O_5	K_2O	合计	
定植前	1	10	3	3	3	9	沟灌
苗期	5	12	4.2	0.7	4.2	9.1	滴灌
发棵期	3	15	3.8	1	3.8	8.6	滴灌
膨果期	6	12	1.9	0.5	5	7.4	滴灌
采收期	1	10	1.6	1	4.8	7.4	滴灌
合计	16	197	48.4	13.5	70.2	132.1	

注：目标亩产 7 500kg。

（3）根外追肥 发棵期每亩喷磷酸二氢钾叶面肥 100g，600～1 000 倍叶面喷施 2 次；膨果期每亩喷磷酸二氢钾叶面肥 150g，600～1 000 倍叶面喷施 2 次。

5. 栽培管理

（1）遮阴 当生姜出苗率达 50% 时，及时进行姜田遮阴。采用水泥柱、竹竿等材料搭成 2m 高的拱棚架，扣上遮光率 30% 的遮阳网，也可用网障遮阴，将宽幅 60～65cm、遮光率 40% 的遮阳网，东西延长立式设置成网障固定于竹、木桩上。若用柴草作遮阴物，要提前进行药剂消毒处理，8 月上旬及时拆除遮阴物。

（2）中耕除草 生姜出苗后，结合浇水除草，中耕 1～2 次，或用 72% 异丙甲草胺水分散粒剂或 33% 二甲戊灵水分散粒剂进行化学除草。

（3）培土 植株进入旺盛生长期，结合追肥、浇水进行培土，以后每隔 15～20d 培土 1 次，共培土 3～4 次。

6. 病虫害防治

（1）虫害防治 一是粘虫板诱杀。在田间大姜上方 10～20cm 处放置蓝色粘虫板，诱杀蓟马；放置黄色粘虫板，诱杀蚜虫、烟粉虱。二是防虫网隔离。在姜田安置密度 16～20 目的防虫网，高度 1.8～2m，四周圈围。

（2）病害防治 5 月下旬到 6 月中旬，防治细菌性烂心病，6 月下旬到 7 月下旬，防治烂脖子病，8月上旬到9月上旬，防治姜瘟病（青枯病、腐烂病），9月下旬到10月上旬，防治癞皮病。

7. 收获

（1）采收时间 在霜降前后采收，采用秋延迟栽培的可延后一个月采收。用于加工的嫩姜，在旺盛生长期收获。

（2）采收方法 收获前2～3d浇1次水，保持土壤湿润，保留2cm左右的地上残茎，摘去根，不用晾晒即可贮藏。

三、应用效果

比传统灌溉可节水40%以上，节肥30%以上，增产30%以上。

四、适用范围

适用于胶东地区大姜种植区。

五、技术模式

过滤及配肥

支管与毛管

毛管送水到根部

生姜三股叉时期

生姜测产

生姜收获

（赵文静，赵景辉，傅晓岩）

河南芦笋物联网水肥一体化滴灌技术

一、概述

芦笋物联网水肥一体化滴灌技术，基于农业大数据、云计算、物联网智能感知、自动化灌溉施肥技术，实现在芦笋生育期内依据墒情监测结果，按照芦笋生物学特性和需水需肥规律，制定科学的灌溉施肥计划，通过灌溉施肥系统，应用滴灌水肥一体化技术，适时、适量地为芦笋均衡供应水分和养分，促进水肥耦合。通过应用"物联网水肥一体化滴灌"技术，达到节水、节肥、省时、省工、增产、增收的效果，促进生态环境改善，推动资源永续利用和农业绿色高质量发展。

二、技术要点

（一）水源准备

水源可以为水井、河流、塘坝、渠道、蓄水窖池等，灌溉水水质应符合有关标准要求。一是注意水量能否满足灌溉需求。二是含盐量不宜过高，否则滴灌会造成盐分在湿润区边缘积累，造成土壤局部盐碱化，对芦笋生长造成危害。滴灌区建设应规避高含盐量土壤或咸水区域灌溉风险。三是要求含砂量不宜过大，如经过沉淀和化学处理仍不能满足水质要求，应设法寻求新的水源。

（二）工程设备

滴灌区建设气象墒情自动监测站 1 个，监测田间气候，应用测墒灌技术。主要监测 40cm 及 1.5～2m 两层空气温度、空气湿度数据，以及风速、风向、降雨量、太阳总辐射、大气压强气象数据。20cm、40cm、60cm、80cm 4 层土壤温湿度数据；建设水肥一体化系统物联网控制中心 1 套，支持现场监测控制，手机、电脑远程实时监测控制；首部系统，每套首部包括安装反冲洗砂石过滤器 1 组，网式过滤器 1 组，云施肥机 1 台，1 000L施肥桶＋搅拌电机 1 套，首部智能控制系统（恒压供水）1 套，供水信息监测系统 1 套（记录流量、压力数据）；作物长势可视化监测系统，远程视频实时监测作物生长情况，田间灌溉施肥情况；灌区智能控制系统，每个灌区智能控制系统可以控制两个电磁阀（轮灌区），支持现场手动控制，电脑、手机远程控制。

（三）田间布设

主管道采用 PVC90 国标给水管，承压 1.0MPa，安装时采用地埋方式，地埋深度 80cm；支管道采用 PVC75 国标给水管，承压 1.0MPa，安装时采用地埋方式，地埋深度 80cm；滴灌铺设内镶圆柱式 PE16 滴灌管，壁厚 1.0mm，出水滴头间距 30cm，单个滴头出水量 2～3L/h；安装时沿芦笋种植行平行铺设于地表，为保持首末端出水的稳定性及一致性，单条铺设长度 80m。

（四）水肥一体化技术模式

1. 灌溉施肥制度　芦笋是多年生作物，需水量较大，正常年份亩需灌水 300～400m³，芦笋年生育期内灌水达 10 次左右，甚至特殊干旱年份达 15 次之多。过去多采用人工管道漫灌，浪费水资源，耗费大量人工，常引起土壤板结，芦笋根腐，降低产量和品质，影响效益。物联网滴灌水肥一体化系统按照芦笋高产优质需水需肥要求，通过低压管道系统与安装在毛管上的灌水器，将水和芦笋所需养分均匀而又缓慢地滴入芦笋根区土壤中。一次性建设铺设管道，无需收管，多年连续使用。芦笋田滴灌水肥一体化技术的应用，可实现芦笋节水、节肥、高产、优质、高效，目前是最适合芦笋生长特性的灌溉方式。

早施萌发肥。在早春季采收前结合翻耕，在行间开沟，亩施入硝硫基复合肥 45%（N-P$_2$O$_5$-K$_2$O，22-6-12）30～40kg，施入生物有机肥 100kg。

勤施采笋肥。一般年 3 月 25 日至 5 月 20 日采集春笋，6 月 20 日至 8 月 20 日采集夏笋，10 月初视芦笋生长情况适当采集秋笋。采笋期间，水分养分消耗较大，要勤施采笋肥。最佳施肥方式是结合天气和芦笋生长状况，选用 44%（N-P$_2$O$_5$-K$_2$O，18－8－18＋TE）或相近配方的水溶肥，采用滴灌水肥一体化技术完成追肥，一般掌握在 15d 左右滴灌 1 次，防止干旱散头，降低品质。每次每亩灌溉用肥 5kg 左右，以保证绿笋产量和质量。

重施复壮肥。采笋造成芦笋贮藏根内营养消耗较多，10 月停采后为保证其正常生长，积累更多养分，需重施复壮肥，促进秋发复壮。在行间亩施入腐熟优质有机肥 3 000kg、45%（N－P$_2$O$_5$－K$_2$O，22－6－12）配方肥 50kg。

2. 灌溉制度的调整　由于年际间降水量变异较大，每年具体的灌溉制度应根据农田土壤墒情、降水和芦笋生长状况进行适当调整。土壤墒情监测按照《土壤墒情监测技术规范》（NY/T 1782）规定执行。

三、应用效果

比传统灌溉可节水 30%～50% 以上，比传统施肥节肥 30% 以上，增产 20%～30%，增收 30%，节省用工 35% 以上。

四、适用范围

适用于我国大部芦笋适生区水肥一体化生产。

五、技术模式

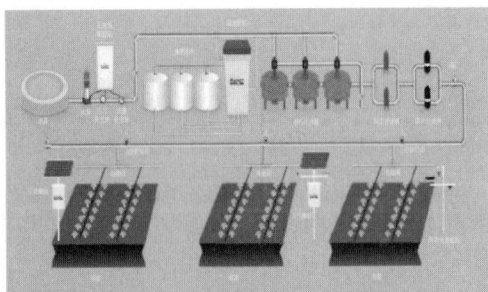

（司学样，黄锦灵）

湖南衡山县高山茶园喷灌水肥一体化技术

一、概述

衡山县是湖南省"一县一特"茶叶示范县，茶叶是域内优势经济作物。目前全县茶园面积2万亩以上，年产量300t左右，主要分布在县内丘岗坡地，坡度普遍＞15°，海拔高度280~800m，土壤类型以四季红壤为主，茶场农户具有白茶、绿茶、红茶的成熟制作技术。在国内外享有盛誉品牌的有湖南辉广皇金叶、皇芽、精品白茶，南岳云雾茶、衡山岳北大白、狮口雪芽等绿茶。为了进一步提高茶叶效益，解决丘岗山地茶园人工成本高、施肥难、抗旱难的问题，在茶园实施水肥一体化技术，把传统施肥灌溉方式改为可控微喷灌水肥设备，给茶叶生长提供精量供肥模式，达到高产高效的目的。

二、技术要点

（一）水源和首部要求

山坡地水源以水井、塘坝、河流为取用水源，在合适地形建立二级储备蓄水池，灌溉水水质应符合有关标准要求。

首部枢纽包括提水、加压、过滤、施肥和控制测量等设备。根据水源供水能力、耕地面积、灌溉需求等确定首部设备型号和配件组成；过滤系统采用初级过滤和砂石过滤两级过滤；智能水肥一体化施肥机（SF-16G/W型）电磁阀自动控制摇臂喷头固定喷灌系统；水泵型号的选择应满足设计流量、扬程要求，如供水压力不足，需安装加压泵。

（二）喷灌设施布设

1. **设计要求** 根据丘岗坡地茶叶种植间距、行距、高度、根系深度、山地坡度、土壤质地等具体数据进行设备设施的选用安装。工程设计符合《节水灌溉工程技术规范》（GB/T 50363—2006）、《灌溉与排水工程设计规范》GB 50288—99、《喷灌与微灌工程技术管理规程》SL/T 4—1999、《给水用聚乙烯PE管材》GB/T 13663—2000标准要求。根据设计规范和当地实际情况（茶园坡度达到33%），湖南辉广生态农业综合开发有限公司茶园节水灌溉方式采用摇臂喷头固定喷灌；节水灌溉控制方式为电磁阀自动控制灌溉模式；灌区采用180°喷洒矩形组合，选用PY1-10金属摇臂式喷头，喷头布置间距8m，喷头工作压力水头10m，喷头喷嘴直径0.003m，流量0.31m³/h，喷洒半径0.31m，雾化指标3 333hp/d。管网系统按干管、分干管、支干管三级布设，干管大致沿等高线布置，分干管垂直于等高线，支管沿等高线布置，支管选用 50PE 黑色耐腐蚀管，承压为 0.8MPa，地面支架喷灌。干管、分干管选用不同管径及公称压力，采用 PVC 管地埋，地埋深度为 0.7m。

2. 喷灌制度　水肥一体化是利用管道灌溉系统，将肥料溶解在水中，同时进行灌溉与施肥，适时、适量地满足作物对水分和养分的需求，实现水肥同步管理和高效利用。经科学测定与计算得出茶园喷灌设计参数日耗水强度 6.0mm，灌溉水利用系数 0.85，土壤湿润深度 50cm，土壤适宜含水量 22%，根据作物的实际需水要求和设计本身折算每亩茶叶最大灌水额为 25m³，灌水周期为 5.32d，喷头在工作点上一次喷洒时间为 7.6h，每亩灌水模数为 3.3m³/h。轮灌小区根据地形和生长情况划分按 10～15 亩设计。

（三）水肥一体化科学施肥

1. 施肥原则　有机肥为主，有机无机相结合，氮磷钾三要素配比合理，适当补充中量、微量元素；重基肥，适时追肥；以根际肥为主，根际与根外施肥相结合的原则。

2. 肥料品种与用量　按成年茶园每亩鲜叶产量 2 000kg 推荐喷灌施肥方案。有机肥主要以菜枯和当地畜禽粪便等为原料堆沤发酵腐熟，亩用量 1 500kg，或 50% 商品有机肥 500kg；水溶性配方肥或冲施肥作追肥。茶叶配方肥应符合下列要求：一是高度可溶性，二是溶液的酸碱度为中性至微酸性，三是没有钙、镁、碳酸氢盐或其他可能形成不可溶盐的离子，四是金属微量元素应当是螯合物形式，五是含杂质少，不会对过滤系统造成很大负担。茶叶配方肥选用含量为 50%N-P_2O_5-K_2O＋T（30：10：10）大量元素水溶肥和中微量元素冲施肥，每亩施用量 20kg。

3. 施肥方法　根据茶叶生长周期进行合理科学施肥。有机肥作基肥一次性施入，采用机械或人工开沟方式在离根际 15cm 的位置开深度为 30～40cm 条沟，按亩用肥量放入后盖土平整完成。水溶性配方肥或冲施肥作追肥，按不同生长期区别对待，通过喷灌管道灌溉系统，将肥料溶解在水中同时进行，灌溉施肥时，每次先用约 1/5 灌水量清水灌溉，然后打开施肥器的控制开关，使肥料进入灌溉系统，通过调节施肥装置的水肥混合比例或调节施肥器阀门大小，使肥液以一定比例与灌溉水混合后施入田间。每次加肥时须控制好肥液浓度，用便携式电导率仪测定 EC 值，施肥结束后要继续用约 1/5 灌水量清水灌溉，冲洗管道，防止肥液沉淀堵塞管网部件（表1）。

表1　茶园推荐喷灌施肥方案（鲜叶目标亩产 2 000kg）

生育期	施肥时间	施肥次数	亩灌水量（m³/次）	亩施肥量（kg）		
				N	P_2O_5	K_2O
越冬肥	秋茶采茶后 11～15d（每年 10～11 月）	离茶树根际 15cm 处开沟深度 30～40cm 条沟，施商品有机肥 500kg 或腐熟堆沤 1 500kg 后盖土平整				
萌芽肥	早春萌芽前 5～7d（2 月上旬至中旬）	1	1～2	1.5	0.5	0.5
春茶肥	茶树萌芽至 1 芽 1 叶期（3～4 月）	1	2～3	1.8	0.6	0.6
夏茶肥	春茶采收后至 2 叶 1 芽茶期（6～7 月）	2	4～6	1.2	0.4	0.4
秋茶肥	夏茶采收后至 2 叶 1 芽茶期（8 月）	2	6～8	1.5	0.5	0.5

（续）

生育期	施肥时间	施肥次数	亩灌水量（m³/次）	亩施肥量（kg）		
				N	P$_2$O$_5$	K$_2$O
总计		6	23～33	8.7	3	3

合理使用叶面肥 喷施芸苔素内酯、磷酸二氢钾或含氨基酸叶面肥，如使用10ml含量为0.01的芸苔素内酯乳油兑水25～50kg，分别在茶芽萌期或采摘后叶面喷施，有增加茶芽密度、百芽重和新梢多、枝叶茂盛等提质增效作用。

三、应用效果

衡山茶园水肥一体化施肥技术，通过在湖南辉广生态农业综合开发有限公司茶叶基地的连续2年施肥对比试验结果分析，采用茶园喷灌施肥管理每亩实现节水30%以上，亩节肥8～10kg，茶叶产量提高10%，减少人工3～5个用工量，亩增效益700元。

四、适用范围

根据湖南省产茶区分片，衡山县处于南岭和罗霄山脉宜茶区域，该施肥模式适用于湖南省丘岗山地安装喷灌设施的茶园推广。

五、技术模式

衡山县高山茶园喷灌系统首部控制系统

高山茶园的二级蓄水池

衡山县高山茶园坡度与支管布局

分组控制茶园片区轮灌施肥与浇水

（王桂芳，王际香）

云南曲靖食用玫瑰花水肥一体化技术

一、概述

玫瑰花滴灌水肥一体化技术是将肥料溶解在水中，借助滴灌带，灌溉与施肥同时进行，将水分、养分均匀持续地运送到玫瑰花根部，实现玫瑰花按需灌水、施肥，适时适量地满足作物对水分和养分的需求，提高水肥利用效率，达到节本增效、提质增效、增产增效的目的。

二、技术要点

（一）水源准备

水源为井水、河流、塘坝、水库、蓄水窖池等，灌溉水水质应符合有关标准要求。

（二）设备选择

1. 灌水器的选择

（1）滴灌管 选择非压力补偿滴灌管，滴头为内镶式结构，滴头在生产过程中直接"焊"于滴灌管的内侧壁上，最大限度地防止机械损伤。

（2）滴头 流道窄长，有效防止滴头堵塞，滴头间距 20cm，流量 1.20L/H，壁厚 0.38mm。

（3）压力/流量关系 流态指数 $x=0.45$，流量系数 $K=0.39$，$Q=K \times Px=0.39 \times 0.45P$。

（4）毛管材质 由低密度聚乙烯拉制而成。滴管材质的化学配方具有抗环境应力破坏的能力，例如极端的气象条件（高温、冰冻温度等）。同时内含有抗紫外线的添加剂，可防止暴露在田野中管线的老化，延长其使用寿命。

（5）偏差系数（0.03）

2. 过滤系统 自动反冲洗介质过滤器＋自动反冲洗叠片过滤器。功能：进出口压差达到设定值时进入自清洗程序，且能实现不间断供水。①自动反冲洗介质过滤器：介质过滤器是通过均质等粒径石英砂形成砂床，作为过滤载体从而进行立体深层过滤。其过滤精度视砂粒大小而定。过滤时水从罐体上部的进水口流入，通过介质层孔隙向下运行渗透，杂质被隔离在介质层上部。过滤后的净水经过过滤器底部的过滤元件进入出水口流出，即完成水的过滤过程。如果处理水量较大，应多台并联使用。②自动反冲洗叠片洗过滤：由过滤单元并列组合而成，其过滤单元是由一组带沟槽的环状增强塑料滤盘构成。过滤时，污水从外侧进入，相邻滤盘上的沟槽棱边形成的轮缘把水中固体物载留下来；反冲洗时，水自环状滤盘内部流向外侧，将截留在滤盘上的污物冲洗下来，经排污口排出。

3. 田间阀门　田间阀门采用减压阀。①优质工程塑料制造，高强度，抗老化；②腐蚀，能够适应于任何水质或肥水混合液，不生锈；③内置高强度、高灵敏性"隔膜"，永久不变形，使出水恒定，充分保证温室滴灌系统进水口压力恒定；④可以方便地手动调节阀后出水，压力调压范围 0.8～6.5kg，简单、耐用。

4. 空气阀　在灌溉系统田间网络部分设有 1″、2″ 空气阀，作用如下：①在系统开/关时排/进气以保护系统，避免滴灌管因负压产生倒吸现象。②消灭水锤的有效方法是让管道中的空气尽可能地流畅。

5. 施肥系统选择　智能施肥机＋施肥桶（带搅拌功能），采用大功率不锈钢电动水泵作为动力设备，保持施肥精确，确保吸肥稳定性、均匀性。正常工作压力为 1～5.5bar。

（三）工程施工

施工工艺为：测量放线→管槽开挖→管道铺设→土方回填。

1. 施工测量　管道工程开工前，应进行下列测量工作：测定管道中线及附属构筑物位置，并标出与管线叠压或交叉的地上、地下构筑物位置。核对永久水准标点，建立临时水准点。测设中心桩、方向柱、放挖槽边线、堆土堆料界限及临时用地范围。测量管线地面高程（机械挖槽）或埋设坡度（人工挖槽）。临时水准点应设置在施工不受影响而较固定的建筑物上。测定管道中线时，应在起点、终点、平面折点、纵向折点及直线段的控制点测设控制桩，桩顶钉中心钉。控制桩应妥善保护。在挖槽见底前和管道铺设前，应及时校测管道中心线及高程桩的高程。测量放线工作应有专人核对，原始资料应妥善保管，存档备查。

2. 管槽开挖　依照放线中心和设计槽底高程开挖。平坦地区布干、支管，管槽开口宽为 30cm 左右，地形复杂挖方较深工段，应视地质条件适当加宽开挖面，以达到边坡稳定，防止滑塌。管槽深一般为 60～70cm 左右，应视当地具体情况加深至冻土层以下，防止冻胀影响管道。管槽底部应当一次整平，清除石块、瓦砾、树根等硬质杂物。开挖土料堆放一侧，虚土不得堆得过高，以防塌入沟内造成返工浪费。为了便于排除管内积水，一般管槽应有 0.1%～0.3% 坡降；按照设计高程开挖土料，不得超挖；管槽通过岩石、砖砾等硬物易顶伤管道地段，可将沟底超挖 10～15cm，清除石块，再用砂和细土回填整平夯实至设计高程。沿管槽计划出水栓保护房，镇墩处必须按照设计标准一次做完土石方，四周留有余地，夯实、整平底部，方便下道工序施工作业。

3. 管道安装　对于塑料管，施工前应选择符合质量要求的管道，检查质量和内径尺寸。为了保证工程质量，对有破裂迹象、口径不正、管壁薄厚不匀、管端老化等管道不能使用。对于管道铺设，根据设计标准，由枢纽起沿主、干管管槽向下游逐根联结。连接管道时，可每距 8m 左右在绕开接头部位处先回填少量细土，压稳管位，以便施工。铺设聚乙烯管，应将管道沿管槽慢慢滚动把管子放在沟内，禁止扭折或随地拖拉，以防磨损管道。为了防止泥土进入管内，施工前应将管子两端暂时封闭。或将上端管口先与输水接口连接紧，再由上向下铺放管道。硬质聚氯乙烯塑料管对温度变化反映比较灵敏，热应力易引起热胀冷缩变化，宜采取安装伸缩节方法予以补偿，以免导致管道与设备附件拉脱、移位。附件安装包括出水栓及配件、分水三通、弯头、进排气阀等部件，根据设计要求在便于施工作业条件下铺设管道时一次组装，达到位置准确，连接牢靠，不漏水。

4. 冲洗与试运行　冲洗与试运行的目的是为了尽量避免泥土、砂粒和钻孔时塑料粉末等污物随水进入管道而堵塞灌水器，影响灌水质量，这也是考核微灌设备制造和施工安装质量的一种综合性检测方式。为此，在工程建成后未投入使用前，应对全系统进行水冲洗。①冲洗与试压：对已安装好的管道，应当集中时间抓紧冲洗、试水检测。一般是先冲洗后试压，冲洗时待最远处管内全部出清水，杂物彻底清除后方可堵上堵头。若工程较大首部流量不够时，可分区冲洗。发现质量问题必须及时解决，使工程尽快交付使用。②试运行：当全系统所有设备冲洗干净，试水正常后就可进行系统试运行。试运行时可使各级管道和管件及相应附属装备都处于工作状态，连续运转4个小时以上，选择有代表性的管道用仪表进行检测，对运行水压、均匀性等进行全面观测，并将结果进行计算评价。待全系统运转正常，基本指标都达到设计规定值，认定符合质量要求后，整个系统才可交付使用。③回填：全系统经冲洗试压和初次试运行，证明工程质量符合要求，才能将各级沟槽回填。

（四）灌溉施肥方案

灌溉施肥方案见表1。

表1　云南曲靖食用玫瑰花水肥一体化方案

生育时期	灌溉次数	灌水定额	每次每亩灌溉加入灌溉水中的纯养分量（kg）				备注
			N	P_2O_5	K_2O	$N+P_2O_5+K_2O$	
萌芽期	4	24	8.5	3.9	4.6	17	滴灌
现蕾期	4	24	2.5	4.2	4	10.7	滴灌
盛花期	5	30	2.5	2.5	2.5	7.5	滴灌
落叶期	1	6	0	2	1.4	3.4	滴灌
合计	14	84	13.5	12.6	12.5	38.6	

三、应用效果

一是增产。与传统种植相比，水肥一体化技术每亩增产鲜玫瑰花113kg，增长比例为25.6%；二是节水。与习惯灌水相比，食用玫瑰花采用水肥一体化技术每年每亩用水84m³，年可节水166m³，节水比例为66%；三是节肥。与习惯施肥相比，食用玫瑰花采用水肥一体化技术，每亩每年使用化肥38.6kg，亩节约35%；四是省工。与传统生产方式相比，食用玫瑰花采用水肥一体化技术每亩每年节约劳力5个。五是减轻病虫害发生。由于采用水肥一体化技术，水肥均衡供给，营养正常，植株健硕、长势强，病虫害发生轻，既节约了打药工，还减少农药用量。六是增效。采用水肥一体化技术，种植食用玫瑰花每亩每年纯收入增加2 695元，比传统种植模式增长23.8%。

四、适用范围

适用于云南省食用玫瑰花生产区。

五、技术模式

取水池

首部系统

控制系统

玫瑰花蕾期

示范样板

玫瑰花盛花期

（李聪平，赵德柱，王劲松，卢俊媛）

甘肃河西走廊棉花膜下滴灌水肥一体化技术

一、概述

棉花膜下滴灌水肥一体化技术是将肥料溶解在水中，借助滴灌带，灌溉与施肥同时进行，将水分、养分均匀持续地运送到根部附近的土壤，实现棉花按需灌水、施肥，适时适量地满足作物对水分和养分的需求，提高水肥利用效率，达到节本增效、提质增效、增产增效的目的。目前，敦煌市棉花膜下滴灌水肥一体化技术推广面积达到5 000亩以上，通过技术推广取得了亩节水200～250m³，亩节肥30％左右，增产15％左右，亩增收200～300元，节省用工40％以上的应用效果。

二、技术要点

（一）水源准备

水源可以为水井、蓄水池等，敦煌市一般为井水。灌溉水水质必须符合《农田灌溉水质标准》（GB5084）的要求。

首部枢纽包括提水、加压、过滤、施肥和控制测量等设备。根据水源供水能力、耕地面积、灌溉需求等确定首部设备型号和配件组成；过滤设备采用离心加叠片或者离心加网式两级过滤；施肥设备宜采用注肥泵等控量精准的施肥器。水泵型号的选择应满足设计流量、扬程要求，如供水压力不足，需安装加压泵。

（二）管网系统

包括各种阀门，如闸阀、球阀、蝶阀、输配水管网、滴灌管（带）、毛管、支管、干管、管道附件等，各部分又包含有不同规格和型号。

（三）滴头、滴灌带（管）

滴头是滴灌系统中最关键的部件，其作用是利用滴头的微小流道或孔眼消能减压。

滴灌系统常用的滴管有3种，单翼迷宫式、内镶式和压力补偿式滴头。其中单翼迷宫式为一次性薄壁塑料滴灌带，内镶式可为滴灌带或滴灌管，压力补偿式滴头一般安装在滴灌管上，可根据需要在流水线上安装，也可在施工现场安装。

（四）水肥一体化技术模式

1. 滴灌带铺设和播种覆膜　滴灌带的铺设和播种、地膜覆盖采用覆膜播种机一次性完成。播种深度 2～2.5cm，覆土厚度 1cm。滴灌带设置于窄行中，滴灌带的毛面朝上，即流道向上。播种、铺管、覆膜一次性完成，并压好膜，拉直并连接好滴管带。注意要在机车停下后拉出一截滴灌带，以防止滴灌带变短。同时要注意滴灌带的毛面朝上，既流道向上。

可以采用幅宽 2.05m 地膜，一膜三管种 6 行棉花，宽窄行种植，也可以采用 1.45m 幅宽地膜，一膜两管 4 行棉花。宽窄行种植。滴灌带铺设长度不超过 50m。

2. 科学灌水　棉花膜下滴灌全生育期灌水 8～12 次，亩灌水 250～300m³。滴灌时间不能太迟，以 6 月上、中旬为宜，第一次滴水要充足，地表土层渗透均匀，地面不能有注水和流动水出现为原则。棉花花铃期（7、8 月）要适当缩短灌水间隔，增加灌水量。灌水分配参考表 1 实行。

（1）苗期水（蕾期）　现蕾初期到开花（6 月上中旬至 6 月下旬）灌水 2～4 次，灌水间隔 8～10d，每次灌水 20～35m³。

（2）花铃期水　7 月上旬至 8 月中下旬灌水 8 次，灌水间隔 5～7d，每次灌水 25～30m³。

（3）吐絮期灌水　9 月上旬灌最后一水，灌水量 25m³。

表 1　棉花膜下滴灌水肥一体化生育期亩灌水分配

灌水分配	出苗—现蕾	现蕾—吐絮	吐絮—成熟
灌水次数（次）	1	6	3
灌水频度（d）	36	10～15	15～20
当次滴水量（m³）	20	30	20
阶段灌水量（m³）	20	2 700	60

3. 合理施肥　实施水肥同步，使棉花生长发育各阶段养分合理供应。全生育期共追肥 7 次，根据灌水期确定施肥时期。追肥以水溶性肥料为主，大量元素水溶肥料应符合农业行业标准 NY1107 标准要求。施肥量参照《测土配方施肥技术规程》（NY/T 2911）规定的方法确定，并用水肥一体化条件下的肥料利用率代替土壤施肥条件下的肥料利用率进行计算。氮肥总用量的 30% 用作基肥，70% 用作追肥，磷肥和钾肥的 50% 用作基施，采用水溶性肥料进行追施。小麦灌溉施肥总量和不同时期用量按表 2 执行。

灌溉施肥时，每次先用约 1/4 灌水量清水灌溉，然后打开施肥器的控制开关，使肥料进入灌溉系统，通过调节施肥装置的水肥混合比例或调节施肥器阀门大小，使肥液以一定比例与灌溉水混合后施入田间。每次加肥时须控制好肥液浓度。施肥开始后，用干净的杯子从离首部最近的喷水口接一定量的肥液，用便携式电导率仪测定 EC 值，确保肥液 EC<5mS/cm。每次施肥结束后要继续用约 1/5 灌水量清水灌溉，冲洗管道，防止肥液沉淀堵塞灌水器，减少氮肥挥发损失。

表 2　棉花不同生长阶段养分分配

肥料分配	基肥			出苗—初花			初花—吐絮			吐絮—成熟		
	N	P_2O_5	K_2O	N	P_2O_5	K_2O	N	P_2O_5	K_2O	N	P_2O_5	K_2O
用肥比例（％）	30	50	50	20	10	10	45	40	40	5	10	10
亩纯养分量（kg）	5.1	3	2.25	3.4	0.6	0.45	7.65	2.4	1.8	0.85	0.6	0.45

4. 灌溉制度的调整　具体的灌溉制度应根据农田土壤墒情、降水和棉花生长状况进行适当调整。

土壤墒情监测按照《土壤墒情监测技术规范》（NY/T 1782）规定执行。苗情监测方法：在苗期、现蕾期、开花期、结铃期等棉花的主要生长时期，每个监测样点连续调查10 株，调查各生育期的棉花苗情。

三、应用效果

该技术模式比传统灌溉模式实现亩节水 200～250m³，亩节肥 30％左右，增产 15％左右，亩增收 200～300 元，节省用工 40％以上。

四、适用范围

适用于敦煌市棉花种植区。

五、技术模式

棉花膜下滴灌首部系统

棉花膜下滴灌主管道安装

滴灌膜下棉花播种

棉花膜下滴灌田间副管及滴灌带

棉花膜下滴灌田间长势

棉花膜下滴灌吐絮期

（贺生兵）

大田作物—地埋式全自动伸缩喷灌水肥一体化技术

一、概述

地埋式全自动伸缩喷灌水肥一体化技术是将喷灌与施肥融为一体的国际先进农业新技术，主要是在原有的地埋可伸缩喷灌技术上改进喷灌设备，实现完全真正的自动化伸缩，并加入电子设备、电动控制设备、大数据控制平台等实现智能控制，从而达到既节约人工成本、节约土地，又不影响机械耕作的同时可以精准、高效地进行喷灌作业，并在喷灌作业的同时，将可溶性固体或液体肥料或者叶面喷施药物，按土壤养分含量和作物种类的需肥规律和特点，配兑成肥液与灌溉水一起，定时定量地通过管道和喷头形成均匀溶液喷洒在作物生长区域，使主要根系土壤始终保持疏松和适宜的含水量，把水分、养分定时定量，按比例直接提供给作物。是一种先进的灌溉方法，通过实施水肥一体化措施，能有效提升农民科学施肥水平，有效利用有限的水肥资源，可减少养分的深层渗漏和地表径流流失，减少农业面源污染，实现农业增产、农民增收和节能减排的目的。

二、技术要点

（一）水源

水源可以井水、河流、塘坝、渠道、蓄水窖池等作为喷灌水源，在小麦的整个生长季节，水源应有可靠的供水保证，同时，水源水质应满足灌溉水质标准的要求。

（二）首部枢纽

其作用是从水源取水，并对水进行加压、水质处理、肥料注入和系统控制。一般包括动力设备、水泵、管道增压泵、过滤器、施肥机、泄压阀、逆止阀、水表、压力表，以及控制设备，如自动灌溉控制器、衡压变频控制装置等。首部设备及配件的选型，可视系统类型、水源条件及耕地面积、灌溉需求等有所增减。水泵型号的选择应满足设计流量、扬程要求，如供水压力不足，需安装管道增压泵；过滤设备采用离心加叠片或者离心加网式两级过滤；施肥设备宜采用注肥泵等控量精准的施肥器；自动灌溉控制设备系统采用操作流程简洁、清晰明了的控制系统，便于使用者操作。

（三）地埋自动伸缩喷灌设备

在我国小麦以前通常采用移动式、半固定式管道喷灌系统。移动式、半固定式管道喷灌系统搬运管道困难，尤其是刚刚喷过的土壤，还容易伤苗和破坏土壤，所以尽量选用轻质管道，如薄壁金属管道和塑料管道。考虑在刚喷完的位置移管困难，一般设计时都采用一套或两套备用管道，因而增加了管道总用量。目前地埋自动伸缩喷灌设备很好地解决了现有技术的问题，同时还不影响耕作，灌溉时又能够省工和节省喷灌设备，同时还经济合理，经久耐用。

根据种植作物为冬小麦以及土壤、地形等因素，考虑到各种喷头的特性和适用范围，选择地埋自动伸缩喷灌设备型号 SD-03 地埋式全自动伸缩一体化喷灌设备。地埋式全自动伸缩一体化喷灌设备是将传统喷灌系统中的竖管、立管、升降式喷头集成于一体的喷灌设备，具有喷水和伸缩功能，无需田间寻找出水口位置，喷灌作业前后不需要再安装或者拆卸任何设施，喷头喷洒半径为 12~13m 的地埋自动伸缩齿轮喷头，喷管设备及喷头的性能参数见表 1 和表 2。整个喷头及伸缩装置埋设于地面下 0.40m 处，在水压力下自动伸出地埋进行喷灌，伸出高度为 0.8~1.5m。喷灌作业完成后可以自动回缩到耕作层以下（地表以下 40cm），该设备在喷灌期间无需对管拴实施套管或专用设施保护，大大减小了劳动强度，提高了工作效率。

表 1 地埋式伸缩一体化喷灌设备技术规格参数

| 设备名称 | 型号 | 外套管 | | 一级伸缩管 | | 二级伸缩管 | | 工作压力（MPa） | 进水口尺寸（mm） |
		长度（cm）	管径（mm）	长度（cm）	管径（mm）	长度（cm）	管径（mm）		
地埋式全自动伸缩一体化喷灌设备	DM2-1	150	60	150	32	无	无	0.3~0.5	32
	DM3-1	89	60	90	45	90	32		
	DM3-2	150	60	150	45	150	32		

设备名称	型号	套管材质	伸缩管材质	喷头名称	喷头材质	角度（°）	出地面高度（m）	产品埋深（m）
地埋式全自动伸缩一体化喷灌设备	DM2-1						0.8	2.2
	DM3-1	PE	304 不锈钢	一种可用于地埋的喷头装置	POMABS	23	0.9	1.6
	DM3-2						1.5	2.2

表 2 地埋自动式伸缩齿轮喷头

工作压力（MPa）	射程（m）	喷头流量（m³/h）
2	10.5	1.32
2.5	11	1.37
3	11.5	1.42
3.5	12.5	1.46

（四）喷灌工程管网设计

其作用是将压力水输送并分配到所需灌溉的种植区域。由不同管径的管道组成，如干管、分干、支管等，通过各种相应的管件、球阀或电磁阀、地埋自动伸缩设备等将各级管道连接成完整的喷灌工程管网部分。喷灌工程的管网多采用施工方便、水力学性能良好且不会锈蚀的塑料管道，如 PVC 管、PE 管等，根据地块性状、作物种植方向布置干管、分干与支管，干管、分干垂直作物种植方向，支管平行作物种植方向。考虑冬季防冻和耕作需要，将干、分干、支管埋于地下 0.8m。同时，应根据需要在管网中安装必要的安全装置，如进排气阀、限压阀、泄水阀等。喷灌工程的管道用量与水源位置、地块形状、地块面积、水源出水量、种植习惯等因素有关，其中主要因素为地块面积、水源出水量，根据《喷灌工程技术规范》（GB/T 50085—2007），在确定地块面积、水源出水量后，保证地埋自动伸缩喷灌设计不低于 90%，喷灌雾化指标 Wh≥3 000～4 000；灌溉水利用系数不低于 0.85，灌溉周期不超过 10d，以缓解水资源供需矛盾，50% 年份冬小麦灌 3 水，75% 年份冬小麦灌 4 水。

（五）水肥一体化技术

水肥一体化技术通过自动灌溉系统、喷灌工程、施肥设备组成，以智能控制系统装置为控制中心，通过参数设置，将水溶肥料和水均匀混合并控制田间轮灌组的控制阀门，实现水肥一体化自动灌溉功能。智能控制系统由互联网控制平台、微信小程序、灌溉控制主机、无线（有线）控制节点（解码器）、控制终端（如电磁阀、水泵、施肥机等）组成，如图 1。

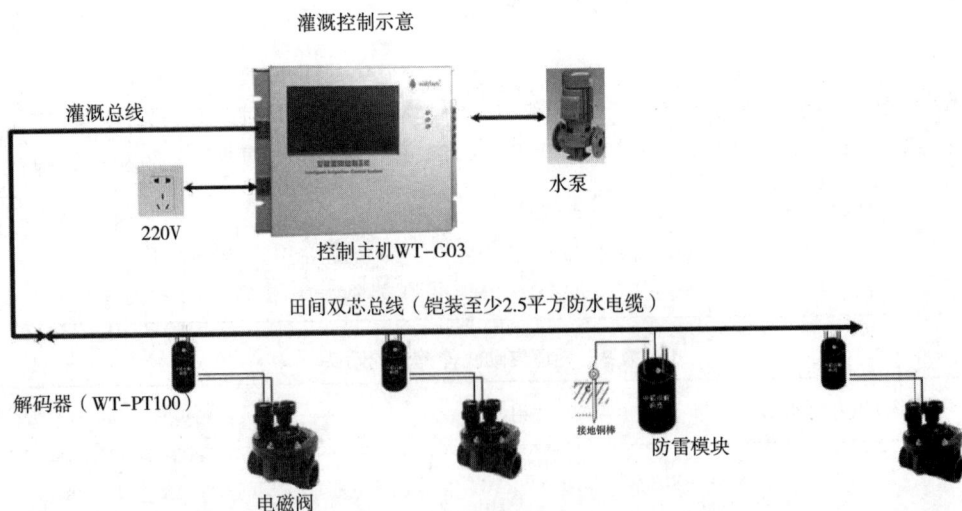

图 1　智能控制系统网络结构

每年足墒播种后，春季肥水管理关键时期分别为返青期、拔节期、孕穗期、扬花期、灌浆期。冬小麦全生育期喷灌 4～5 次。

冬小麦施肥：追肥可用水溶性肥料，大量元素水溶肥料应符合农业行业标准 NY1107

要求。施肥量参照《测土配方施肥技术规程》（NY/T 2911）规定的方法确定，并用水肥一体化条件下的肥料利用率代替土壤施肥条件下的肥料利用率进行计算。氮肥总用量的30%用作基肥，70%用作追肥，以酰胺态或铵态氮为主。磷肥全量底施或50%采用水溶性磷肥进行追施。钾肥50%底施，50%追施。后期宜喷施硫、锌、硼、锰等中微量元素肥料。小麦灌溉施肥总量和不同时期用量按表3执行。

喷灌施肥时，每次先用约1/3灌水量清水喷灌，然后打开施肥器的控制开关，使肥料进入灌溉系统，通过调节施肥装置的水肥混合比例或调节施肥器阀门大小，使肥液以一定比例与灌溉水混合后施入田间。每次加肥时须控制好肥液浓度。施肥开始后，用干净的杯子从离首部最近的喷水口接一定量的肥液，用便携式电导率仪测定EC值，确保肥液EC<5mS/cm。每次施肥结束后要继续用约1/3灌水量清水灌溉，冲洗管道，防止肥液沉淀堵塞灌水器，减少氮肥挥发损失。

表3　冬小麦不同生育期微喷灌溉施肥推荐量

生育期	亩灌水量（m^3）	亩施肥量（kg）		
		N	P_2O_5	K_2O
造墒/基肥	0~30	4.8~6	5~8	4~6
越冬	0~20	—	—	—
拔节	15~20	2.4~3.6	—	—
孕穗	18~25	1.8~2.7	—	2~4
扬花	18~20	1.0~1.6	5~8	2~4
灌浆	15	0.8~1.1	—	—
总计	66~130	10.8~15	10~16	8~12

在缺锌地区通过底施或水肥一体化亩追施一水硫酸锌2kg。

三、应用效果

（一）经济效益

1. **省水**　喷灌可以控制喷水量和均匀性，避免大水漫灌时容易产生地面径流和深层渗漏损失，大水漫灌一般每亩用水量为80m^3左右，而喷灌每亩只需要28m^3左右。

2. **省工省时**　尤其采用地埋式喷灌，可以节省大量劳动力，喷灌取消了田间的输水沟渠，减少了杂草生长，免除了整修沟渠和安装机器以及输水带的安装，按照大水漫灌每亩35元灌溉费用，地埋式伸缩喷灌包含电费也只是大水漫灌的1/3不到，而且灌溉时间是大水漫灌的5倍。

3. **省地**　喷灌利用地下管道输水，无需田间灌水沟渠和洼梗，一般100亩，干、支、斗、农、毛渠占地约总面积的10%~15%左右，相比较喷灌可增加耕地的10%以上，如果使用地埋式喷灌，在不影响耕种的情况下，耕地利用率更好。

4. **省肥、省药**　利用首部施肥系统，直接把肥料（药）利用管道送到田间，省去人工机械施肥费用，例如小麦返青肥，一般用户每亩用肥 25～50kg，喷灌只需 5～10kg，亩节省肥料费用 50 元左右。

5. 增产显著 喷灌可以对农作物进行浅浇勤灌，便于严格控制土壤水分；对耕作层土壤不产生机械破坏作用，可保持土壤团粒结构，土壤不板结，促进养分分解；可以调节田间小气候，增加近地表温度，夏天可降温，冬天可防霜冻，还可以淋洗茎叶上的尘土，促进光合作用；由于喷灌不产生地表径流，不会因为水的流动而传播病虫害，从而达到增产的目的，经各地使用效果增产能达到 10%～15%。

（二）社会效益

通过项目实施，可改善项目区基础建设条件，达到管理标准化水平，增强项目区可持续发展能力，增加收入，有效辐射带动全县水肥一体化进程，加速水肥一体化的应用。

（三）生态效益

通过采用水肥一体化设备，喷灌施肥克服了因灌溉造成的土壤板结，土壤容重降低，孔隙度增加，减少土壤养分流失，减少地下水的污染。

四、适用范围

适用于华北、西北地区冬小麦喷灌水肥一体化生产。

五、技术模式

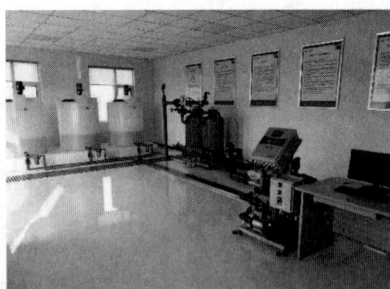

首部控制井房

水肥一体化设备

控制平台

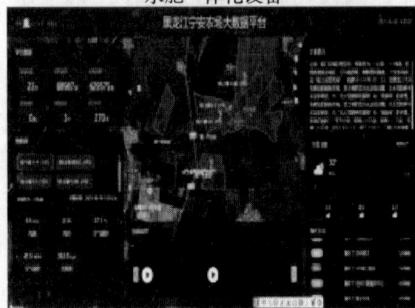

大数据平台

地埋伸缩喷灌一体化设备

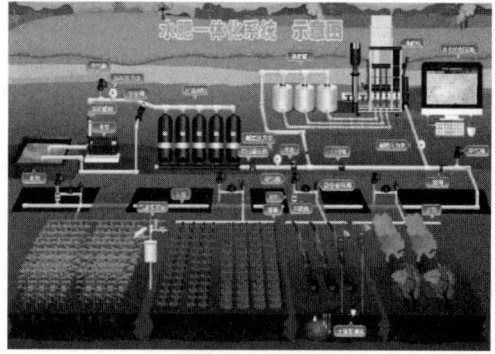

水肥一体化示意

（谢世友）

沼液还田灌溉综合解决方案与典型技术

一、沼液还田背景与意义

沼液是畜禽养殖过程中产生的废弃物，同时也是一种高效有机液态肥，实现沼液高效循环利用是推进畜禽粪污资源化利用的关键环节，也是实现农业绿色和生态循环发展的内在迫切需求。一方面沼液产生量巨大，中国目前畜禽养殖业的发展快，2010 年农业部统计数据显示，全国每年畜禽养殖产生沼液 4 亿 t。另一方面，大部分的沼液存在应用不完全和不科学的问题。以北京为例，调查结果显示，北京市有 80％的大中型沼气工程没有对沼液进行利用，而剩余的 20％也均为简单利用。沼液的随意排放造成了部分地区严重的面源污染、水源污染、环境污染等问题，已成为我国美丽乡村建设和农业绿色发展过程中亟须解决的问题。

沼液还田是目前沼液资源化利用方式中最有效的消纳途径，沼液还田方式主要包括沼液直接施入土壤、叶面喷施、配方施肥等。沼液中除含有较高的氮磷钾等大量元素外，一般还都含有铁锰铜锌钙等微量元素，另外还含有氨基酸、生长素、赤霉素等多类复杂的生物活性物质。沼液可以替代或部分替代化肥施用，能够改善土壤环境效应、提升农产品品质、抑制病虫害等，沼液作为肥料在种植业施肥上具有良好的应用前景。

二、沼液还田灌溉综合解决方案

（一）沼液还田灌溉总体技术流程

沼液还田灌溉高效利用的总体技术流程如图 1 所示，主要步骤从发酵后沼液开始（充分熟化发酵），通过固液分离设备，或经过至少两级过滤池过滤后（不低于 60 目过滤），进入沼液储存装置（软体窖或沼液池），随后，沼液、清水及其他肥料等按照一定比例进行混合稀释配比（可在另外一个软体窖或沼液池中进行），最终通过沼液注入系统（采用比例施肥机或比例注肥泵）和灌溉管网系统联通起来（灌溉系统配备的过滤系统目数不低于 100 目），进行还田灌溉利用。考虑到沼液在田间应用时存在的需求不确定性，可以在田间建设沼液调蓄池（储液池），便于与田间灌溉系统（喷灌、滴灌或沟灌等）进行匹配性追肥应用（有机肥替代部分化肥用量）。

（二）沼液还田前端预处理方案及其关键装备

1. **畜禽粪污（沼液沼渣）处理与收集装置**　首先要根据畜禽养殖规模测算沼液的处

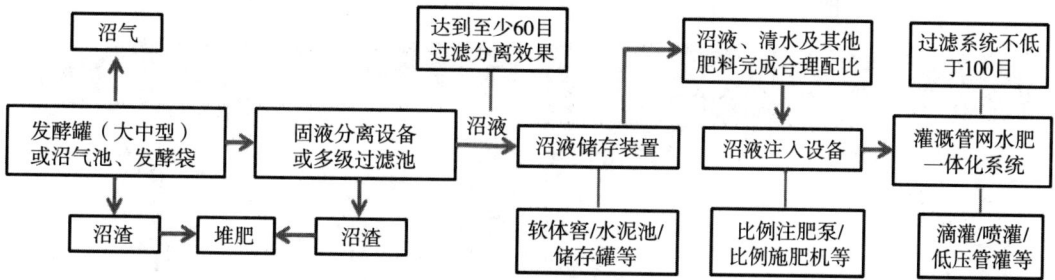

图1 沼液还田灌溉总体技术流程

理规模，沼液池建设规模的计算参数与计算过程可参考相关专业规范、标准和文献确定。

如：以某典型县规模化畜牧养殖场为例，按1万头牛或5万头猪为基本单位计算，采用湿清粪，每天产液约1 000m³沼液，考虑过滤回用，也有600~800m³/d，年产沼液约25万m³。

对于大中型养殖场，建议使用发酵罐收集畜禽粪污资源，对于中小型养殖场，可以采用发酵池（水泥池）或者软体禽畜粪污收集袋（简称软体发酵袋）（图2）收集禽畜粪污资源，同比而言，软体发酵袋可以方便快捷、低成本地建设粪污收集（沼气）池，且因密闭性强而不渗漏，且不破坏植被和生态环境，可以考虑优先使用。

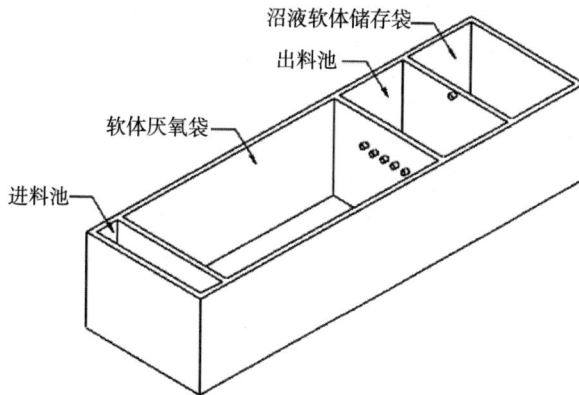

图2 软体禽畜粪污收集池（软体发酵袋）

2. 沼液过滤方案与沼液储存装置 畜禽粪污资源通过发酵罐或软体发酵袋充分熟化发酵后，首先需要通过至少60目的多级过滤池，或采用固液分离设备，对沼渣和沼液混合物进行过滤分离。如果采用多级过滤池的过滤方案，一般采取二级过滤，从沼液发酵罐（软体发酵袋）出来的沼液首先通过过渡池（过滤规格为20目），然后从过渡池到清液池进行二级过滤（过滤规格一般为60目），而后再进入沼液储存池或软体储存窖（软体窖）（图3）。需要提醒的是，当采用多级过滤池模式时，为防止过滤网的堵塞，在过滤网的底部，采用高压微泡曝气清洗过滤网。

当采用固液分离设备进行沼渣和沼液分离时，一般来讲，推荐采用离心式固液分离机，其过滤效率更加高效，固液分离后的沼液可达到60目甚至更高的过滤水平。分离出来的沼渣可以作为有机堆肥的原料，沼液则直接进入沼液储存池或软体窖（图3），进而在完成与清水和其他肥料或营养元素合理配比稀释后，借助灌溉管网进入田间。

图 3 软体储存窖（软体窖）

（三）沼液水肥一体技术与系统运行管护

1. 沼液水肥一体化主要技术参数 沼液经过多次过滤后（至少 60 目过滤），与清水、化肥和其他营养元素等的合理稀释和配比，通过专用施肥注入装置，如比例式施肥机或注肥泵（禁止用隔膜和柱塞泵），与已有或新建的灌溉管网系统联通，实施沼液水肥一体化灌溉还田利用。需要注意的是，已有或新建的灌溉管网系统建议配置 100 目以上过滤效果的过滤系统，鉴于沼液潜在的高堵塞风险，灌溉管网系统安装的过滤装置优先推荐采用具有自动反冲洗功能的过滤器，如自动反冲洗叠片过滤器等。沼液还田灌溉水肥一体化主要技术参数安全阈值主要与相应的灌溉方式密切相关。从沼液高效利用和安全还田的角度考虑，沼液水肥一体化技术参数需要重点关注两大方面：

第一，有机沼液替代无机肥比例。沼液中的大量元素肥主要为氮肥，由于不同发酵工艺与发酵原料所产出沼液的氮肥含量不同，据文献调研与实地考察，发现不同沼液纯氮含量在一定范围内，约为 $1\sim6kg/t$。因而在施肥前首先需要对沼液中的纯氮进行测定，再结合不同作物在传统无机肥上的用量确定出无机肥与有机沼液的纯氮总施入量，其中推荐沼液纯氮用量占总氮施肥量 50% 以上，甚至可以全替代，最大限度对沼液进行消纳，最后根据沼液纯氮用量求出沼液体积量。

第二，沼液与清水稀释配比。沼液由于具有大量的固定悬浮物，如果过滤处理不好，就会造成田间管道系统中的关键设备（电磁阀、灌水器、喷头等）无法正常工作，从过滤的角度考虑也需要对沼液匹配清水进行一定比例的稀释，从而满足田间系统关键设备的正常运行；另一方面由于沼液的电导率一般较大，直接还田会造成作物减产甚至绝收，为满足作物的正常生长需求也需要进行清水配比。因此，本技术方案在综合两方面的制约因素基础上，通过田间系统运行与田间作物生长情况实测考核，推荐沼液与清水合理配施比范围为 1∶4—1∶20，具体比例要根据沼液类型、沼液电导率本底值、管道关键设备抗堵性能以及作物类型等确定。

2. 沼液水肥一体化系统关键设备选型

（1）田间沼液存储装置 除了在系统首部安装沼液存储装置外，根据农田生产特点和作物灌溉施肥实时需求，可能需要布置多个沼液存储窖（池），便于开展沼液还田灌溉时的联动调节。考虑到建设周期与投资成本以及生态环境等因素，建议优选软体窖作为田间沼液储存装置，其建设数量和容积需要根据不同作物的施肥面积及补肥次数进行核算确定，此外，在沼液存储设备中需要布置若干鼓风机用以搅拌沼液与无机肥，实现快速均匀混肥，形成沼液液态复合肥。最后，推荐在管网系统中安装沼液输送计量设备，便于后续的效益监测和评估工作开展。

（2）沼液专用比例施肥机或注肥泵　沼液液态复合肥在软体沼液存储设备中被充分搅匀后，需要借助施肥设备将沼液注入管道系统中，实现沼液与清水的配比，由于沼液施加量较大，避免出现灌溉还没开始沼液仍在注入的情景，因而传统的施肥设备诸如文丘里施肥器、比例施肥器、压差施肥罐、传统施肥机已远远不能满足沼液注入系统，需要使用特制的大流量可调比例专用比例施肥机以实现快速精准注肥。

（3）沼液输送管网　沼液输送管网可以是已有的农田灌溉管网，对于这种情况，需要进一步增加沼液和管网的相关联通设备，比如通过注肥系统和现有灌溉管网进行连接。对于没有布设灌溉管网的农田，就需要参照灌溉系统管路设计思路，设计从沼液三级混合池中输送至田间（含田间储液池）的多级管道系统，考虑到沼液与传统清水的水质差异，推荐采用 PE 管材作为沼液输送管道。沼液输送管网系统的设计思路和流程类似于农田灌溉系统的设计，要综合考虑输送流量、地形高程、系统压力等参数。

3. 沼液水肥一体化灌溉系统运行管护方案　由于沼液成分的复杂性，沼液随灌溉管网还田灌溉，对水肥一体化系统的抗堵塞性能和运行管护提出更为严格的要求，借鉴目前国外已有的典型经验，沼液水肥一体化灌溉系统，尤其对于沼液滴灌系统，需采取加酸加氯的方式进行日常运行管护工作，管护处理应设在系统工作前或工作后进行，由于有效氯在弱酸环境中保持较高水平，因此加酸处理可单独进行，加氯处理需在加酸处理结束后进行。加酸加氯处理应根据现场实际情况，确定加酸加氯必要性、酸试剂和氯试剂的用法用量以及加酸加氯的周期等具体参数。

加酸目的在于缓解灌水器中盐类沉淀引起的堵塞以及为加氯试剂提供的酸性条件，增加氯试剂的有效性。加氯目的在于消除灌水器中因微生物黏附引起的生物堵塞，同时对残留在管壁及灌水器中大分子有机物进行氧化分解，缓解物理堵塞。

加酸原液及处理技术参数为：

加酸原液可采用工业级盐酸（推荐浓度 33%）、磷酸（推荐浓度 85%）、硝酸（推荐浓度 60%）和硫酸（推荐浓度 65%）。

加酸方式可采取定期注入模式，处理水 pH 在 5.5～6.5 范围内效果较好，该参数符合《农田灌溉水质标准》（GB 5084—2005）中对灌溉水 pH 的要求，若土壤 pH<5.5，则不建议采用 pH6 以下的处理水进行管网维护。系统运行管护过程中，单次加酸时长应不少于 30min，一般来讲，加酸处理设计 pH 调整为 4.0～6.5，加酸历时控制在 0.5～1h，加酸后静置 12～24h，再配合毛管冲洗，且流速不低于 0.45m/s，时间不少于 10min。

加氯原液及处理技术参数为：

加氯原液可采用二氧化氯消毒剂，浓度通常为 20 000mg/L，该氯液具有安全、高效、经济、制作简易且不产生致癌物质等特点，但配制二氧化氯应遵循现配现用的原则，且不可用透明或高透光性材料制作二氧化氯存储容器。系统运行管护过程中，单次加氯时长不少于 15min，一般来讲，加氯初始浓度为 1~5mg/L，且初始浓度随滴灌带长度的增加而增加，以保证末端灌水器二氧化氯浓度不低于 0.5mg/L，加氯结束后静置 12~24h，再配合毛管冲洗，且流速不低于 0.45m/s，时间不少于 10min。

三、沼液还田灌溉高效利用典型技术模式

（一）软体窖沼液滴灌技术模式

软体窖沼液滴灌技术系统组成示意图如图 4 所示，其主要特征是采用软体储存窖（软体窖）作为沼液的储存设备，沼液、清水和其他化肥或营养元素借助注肥系统（比例施肥机或注肥泵）可实现较为科学的稀释和营养配比，然后经过过滤系统后进入滴灌管网，滴灌方式可以是地表滴灌，也可以是地下滴灌，选用不同的滴灌方式，其对应的滴灌带（管）选择是不相同的。

软体窖沼液滴灌系统的主要部件包括以下部分：

①水源提水泵（或泵组）；②比例施肥机；③流量计；④过滤器（或过滤器组）；⑤滴灌输水管网；⑥控制阀门；⑦灌水器（地表滴灌用滴灌带、地下滴灌用滴灌管等）。

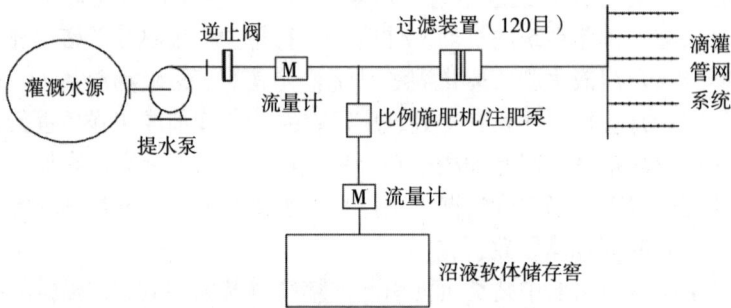

图 4　软体窖沼液滴灌系统组成

对于软体窖沼液滴灌技术模式，在实际的设备选型和运行管护中要注意以下一些细节：

1. 沼液、清水稀释比例的控制　一般水肥混合后的 EC 值应在 2mS/cm 以下，才能避免盐害的发生。同时不同的作物对 EC 值的要求也略有差别（表 1）。因此，控制沼液与灌溉水的混合比例非常关键，建议采用可自动调节沼液与灌溉水比例的施肥设备。沼液、清水稀释比例一般处于 1∶4~1∶20 范围内。

表 1　不同作物与 EC 值的要求

大田作物	100%适应		蔬菜	100%适应		果树	100%适应	
	ECe	ECw		ECe	ECw		ECe	ECw
大麦	8.0	5.3	辣椒、茄子	1.5	1.0	椰枣	4.0	2.7
棉花	7.7	5.1	生菜	1.3	0.9	葡萄柚（西柚）	1.8	1.2

（续）

大田作物	100%适应		蔬菜	100%适应		果树	100%适应	
	ECe	ECw		ECe	ECw		ECe	ECw
甜菜	7.0	4.7	萝卜	1.2	0.8	柑橘（柑和橙）	1.7	1.1
高粱	6.8	4.5	洋葱、大蒜、葱	1.2	0.8	桃	1.7	1.1
小麦	6.0	4.0	豆类	1.0	0.7	杏	1.6	1.1
大豆	5.0	3.3	芜菁	0.9	0.6	葡萄柚（西柚）	1.5	1.0
花生	3.2	2.1	甘薯（番薯）	1.5	1.0	核桃	1.5	1.0
水稻	3.0	2.0	西瓜、甜瓜、冬瓜	4.7	3.1	李子	1.5	1.0
玉米	1.7	1.1	南瓜	3.2	2.1	草莓	1.0	0.7
甘蔗	1.7	1.1	番茄、黄瓜	2.5	1.7	蓝莓、黑莓	1.5	1.0
马铃薯	1.7	1.1	蔬菜	2.0	1.3			
			芹菜、白菜	1.8	1.2			

说明：①100%适应表示对作物生长没有影响；②ECe表示土壤饱和溶液电导率；③ECw表示灌溉水的电导率。

2. 过滤环节　滴灌相比喷灌对灌溉水质要求更高，因此对于施用沼液的滴灌系统来说，过滤问题更为突出。过滤系统一定要达到100目以上的过滤精度要求才能保障滴头正常工作。

3. 滴灌带（管）类型的选择　不同类型的滴头对过滤沼液粒度的要求不同，推荐选用具有大流道高抗堵灌水器的滴灌管（带）。对于地表滴灌单季用滴灌带，从抗堵塞和经济性考虑，推荐选用一次性边缝迷宫式滴灌带，对于地下滴灌，推荐选用壁厚不小于0.6mm的大流道滴灌管。

4. 滴灌管（带）的铺设方式　滴灌管（带）的铺设方式一定程度上影响沼液肥的施用。应保证滴灌管（带）的滴头向上的铺设方式，以减小沼液絮凝和沉积所引起的滴头堵塞问题。

5. 在滴灌系统运行管理中　应采用滴灌时间内至少后1/4时间只滴灌清水的模式，避免沼液在滴灌系统内的留存，从而减少沼液絮凝和化学堵塞等现象的发生。对于多年用沼液滴灌系统，应定期进行滴灌管的冲洗，建议冲洗频率为每两个月一次。

（二）软体窖沼液喷灌技术模式

软体窖沼液喷灌技术系统组成示意图如图5所示，其主要组成部件包括以下部分：

①水源提水泵（或泵组）；②比例施肥机；③流量计；④过滤器（或过滤器组）；⑤输水管网；⑥控制阀门；⑦灌水器（大中型喷灌机组喷头、固定摇臂喷头、微喷头）。

对于软体窖沼液喷灌技术模式，在实际的设备选型和运行管护中要注意以下一些细节：

1. 关键设备选型

（1）流量计　根据首部管道大小确定尺寸，通讯采用485或4~20mA信号。

（2）比例施肥机　比例施肥机严禁采用柱塞泵或隔膜泵。建议采用离心泵，过流部

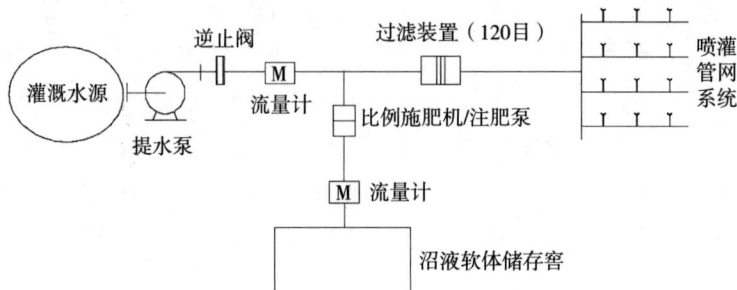

图 5　软体窖沼液喷灌系统组成

件具有防弱酸碱腐蚀功能。水泵额定扬程至少大于首部压力 10m 水头。流量根据肥水混合比最大比例确定（即分母小的比值），一般喷灌水肥一体化沼液肥水混合比例为 1：4～1：20。比例施肥机可以根据主管上流量计的反馈数据，按设定比例自动调节沼液的注入量。

（3）过滤器　通常采用喷灌机组或摇臂喷头对过滤器的要求不高，地表水水源在泵进水口做 20 目过滤即可，如沼液初过滤达到 60 目，后面过滤器可取消。对于微喷灌来说，过滤器的过滤精度要达到 100 目，建议采用自动反冲洗过滤器组。

2. 运行技术参数与注意事项

（1）肥水混合比例　根据作物对水溶盐的敏感程度（即作物对灌溉水 EC 值适合生长的程度），通过混合后的 EC 值来确定肥水混合比例。

（2）沼液施用制度　根据作物在不同生育期对各种营养的需求，计算出需要的沼液用量，进而制定出各不同生育期沼液施用制度。严格控制沼液喷施总量，避免造成土壤的次生盐碱化。

（3）其他注意事项　沼液喷洒异味问题。一般沼液通过充分发酵后，异味非常小，再通过与灌溉水混合后，异味的影响可以忽略。如测试沼液混合后还有异味影响，需进行除异味处理。

喷灌系统施沼液，最好每次结束后用灌溉水喷洒几分钟，对管网和喷头进行清洗，避免沼液在管网和喷头内存留而引起富营养化。

四、沼液还田灌溉关键指标监测与应用效应后评估

监测沼液还田后在增产增收、提质增效、化肥减量、地力培肥等方面的作用，为科学评价试点实施效果、探索绿色种养循环模式提供数据支撑。取样监测时间包括沼液使用前期、作物生育期施用沼液阶段、作物收获后等，主要的监测指标如下：

（一）前期调查指标

包括土壤物理性状（土壤有机质含量、全氮、全磷、全钾、pH、土壤容重等）和肥料施用情况（有机肥的种类、肥源、养分含量、施用量、施用方式、施肥时期；化肥的种

类、养分含量、施用量、施用方式、施肥时期等）等。

（二）生育期监测指标

包括作物种类、收获期、灌排配套、自然和人为因素等基本情况，病虫害发生及防治、自然灾害应对等田间管理情况，各种处理的肥料品种、养分含量、施肥时期、施肥次数、施用方式等施肥情况。

（三）计产和土样测试指标

包括计产、土样分析测试（有机质、全氮、全磷、全钾、pH、土壤容重等）和品质分析测试，品质分析指标根据实际情况确定。

通过相关数据的监测和分析，定量评估分析沼液还田灌溉后的应用效应，主要包括化肥施用减少量、有机肥增施量、消纳畜禽粪便量和有机肥替代化肥比例、土壤物理性状变化、农作物产量与品质变化、投入与相应效益情况等。

（王建东，仇学峰，白勇兴）

能广域应用的旱作节水智能灌溉系统

一、概述

托普云农智能灌溉系统综合气象监测参数、土壤墒情变化、作物生长信息三大因子，遵循作物蒸腾和土壤蒸发机理，形成一套基于作物需水的科学灌溉制度和精准灌溉系统。根据作物各层根系土壤水分的变化和作物生长状况智能判断作物的水分需求，以天为单位跟踪作物的耗水规律，借助喷灌、滴灌等灌溉技术，实现了农业干旱预警、农作物适时适量灌水，有效减少了无效灌溉和水资源浪费，达到节本增效、提质增收的目的。

二、技术要点

(一) 气象监测系统

气象监测系统能实时监测并获取空气温度、空气湿度、辐射强度、风速、风向、降雨量等气象参数，利用气象参数通过 FAO Penman-Monteith 公式构建作物需水模型，计算作物的参考腾发量 ET_0。在实际应用中，结合种植区域地形环境等因素，农业种植区域内应安装至少一台气象监测系统，其气象数据要能基本代表本地的实际气象环境。本系统拥有多年历史数据，可以为各种植区域提高极端气候预警与气象分析，降雨预测等服务(图1至图3)。

图1　气象监测系统在节水灌溉中的应用场景

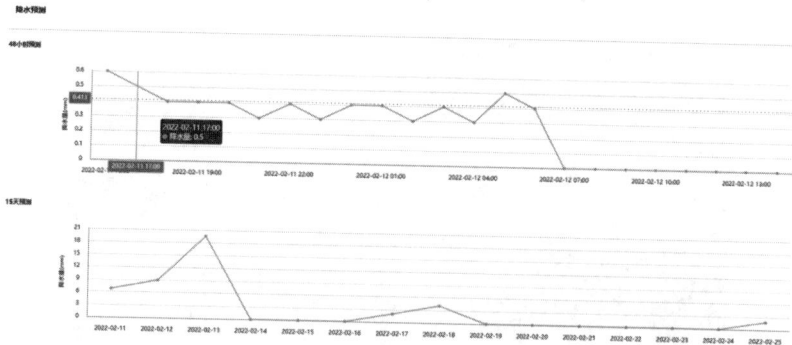

图 2 气象监测系统对降雨量的预测分析

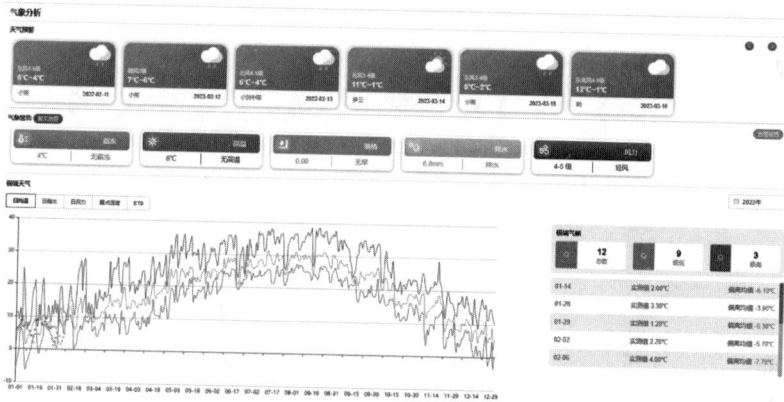

图 3 气象监测系统对极端气候的分析

（二）墒情监测系统

墒情监测系统可实时监测并获取土壤多层水分值（0～20cm、20～40cm、40～60cm、60～100cm），并自动换算成相对含水量，用于分析土壤的墒情变化趋势。通过各层土壤水分的变化情况，对根系生长深度分布进行预测，结合农业墒情要求判断当前土壤水分是否满足作物生长需求。此外，可设置土壤水分临界阈值，实现作物出现水分胁迫时的系统预警和自动启停控制。

墒情监测站点的位置需考虑种植区域的地形地貌和作物类型，智能灌溉系统的实现对墒情监测站点的数量和位置要求较高，需具有安装地点片区土壤墒情变化的代表性，故在实际应用中应使用多个墒情监测点（图 4）。

（三）作物需水模型

作物需水模型是基于 FAO Penman-Monteith 公式，其计算程序均能够通过可获取的气象资料和时间尺度计算得以标准化。根据单作物系数法计算作物日耗水量 ET_c，将土壤蒸发和作物蒸腾的影响结合到单作物系数计算模式中。将各种气象因素整合到 ET_0 中，作物各种特征整合到 K_c 中，计算作物每日蒸发蒸腾量 ET_c（$ET_c = Kc \times ET_0$），寻找

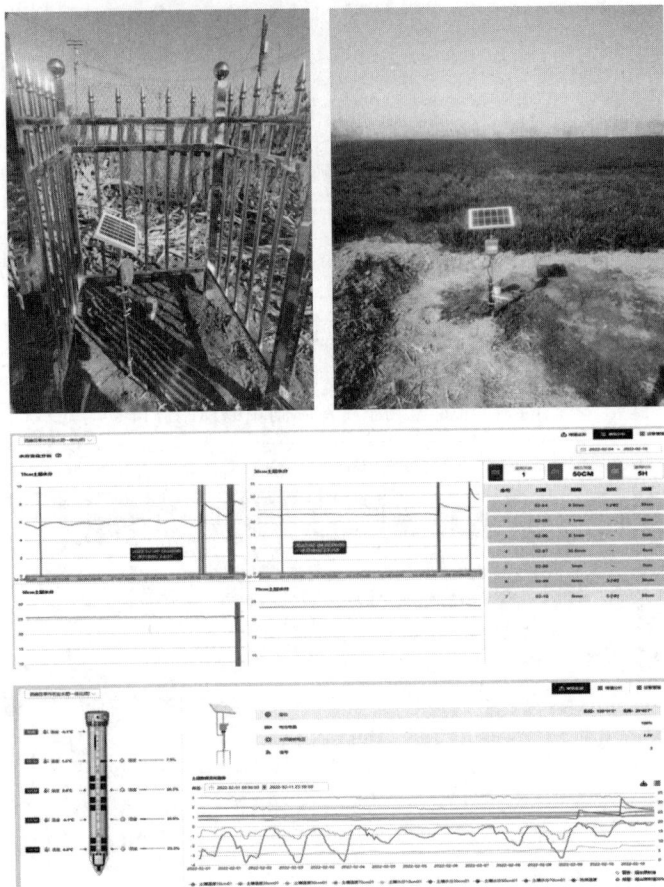

图 4　墒情监测系统在节水灌溉中的应用与需水分析

作物需水规律。

其中，在参照腾发量 ET_0 和作物系数 K_c 的计算过程中，涵盖了作物生长环境中的温度、湿度、辐射等日变化，土壤质地、地面湿润（降水或灌溉）的频率和深度，作物各生长阶段特征（生长周期、生育期占比、成熟期株高）等因子的计算及修正，使得最终结果能更接近实际情况。

（四）科学灌溉制度

对作物设定相应的土壤水分区间（干旱、不足、适宜、过多），结合墒情监测系统监测多层土壤水分日动态变化，可实时对各层土壤的墒情等级进行分析评价。

根据各层土壤水分的日动态变化，自动计算作物根系分布深度，在执行灌溉程序时将以此作为灌溉深度。

通过模型计算作物的日耗水情况，以此来预测未来一周的土壤墒情变化趋势。

土壤水分低至干旱区间，则给出干旱预警提醒，结合土壤水量平衡方程，给出合适的灌溉建议时间和单位面积灌溉量，以此结果自动执行灌溉程序，即水分不足时自动灌溉作物需要的水量，达到最适土壤含水量自动停止（图 5、表 1）。

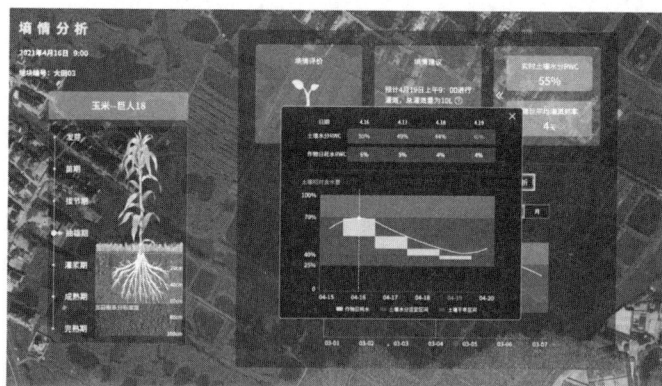

图 5 智能灌溉系统界面—墒情变化趋势

表 1 智能灌溉系统的关键要素

关键词	释义	说明
田间持水量	土壤经充分吸水充分渗漏后可保持的土壤含水量	单独测定
凋萎含水量	使植物永久性凋萎的土壤水分	默认为 25% 田间持水量
最适含水量	指最适宜植物生长的土壤水分	默认为 75% 田间持水量
最低含水量	指植物刚出现干旱胁迫的土壤水分,表现为视觉上叶片轻度萎蔫	默认为 30%~40% 田间持水量

说明:上述各水分值均可根据实际种植情况设定更改。

(五)水肥一体化

水肥一体化设施系统应包括水源、水净化系统、肥料(母液)罐、肥料(营养液)配备系统、管网(管道)系统、水肥回收利用系统等子系统,各项子系统均由多种专业精准设备及配件组成,应符合相关国家标准要求。根据种植面积、地区耕地类型、水源供水能力、灌溉需求等确定系统设施设备型号和配件组成;采用离心加叠片或者离心加网式两级过滤设备;施肥设备宜采用注肥泵等控量精准的施肥器。水泵型号的选择应满足设计流量要求,如供水压力不足,需安装加压泵(图 6)。

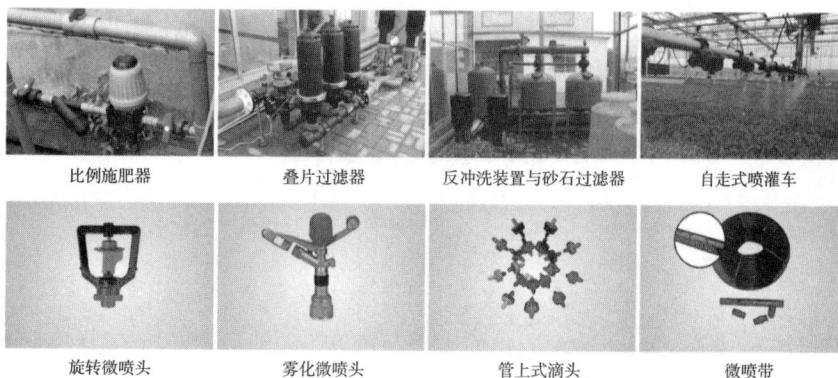

比例施肥器　　　　叠片过滤器　　　反冲洗装置与砂石过滤器　　　自走式喷灌车

旋转微喷头　　　雾化微喷头　　　管上式滴头　　　微喷带

图 6 常见水肥设施系统及配件

三、应用效果

托普云农智能灌溉系统以作物需水模型为基础，根据不同作物生长的发育需求，对灌溉时间和灌溉量做了深度定义和计算，同时结合作物耗水情况，利用传感器实时监测，系统自动分析后按需灌水，针对根系发育深度实现适时适量灌水，减少多余水分的深层渗漏和无效蒸发，灌溉水利用系数可达 0.9 以上。比传统灌溉可节水 10％以上，节省用工 30％以上。

四、适用范围

托普云农智能灌溉系统对装备智能化程度要求较高，如水肥一体化设施、管道系统、气象监测站、墒情监测站等设备的管理和自动化控制，适用于现代农业标准化程度高、集约型较强的产业种植区域或农业综合示范园区。

五、技术模式

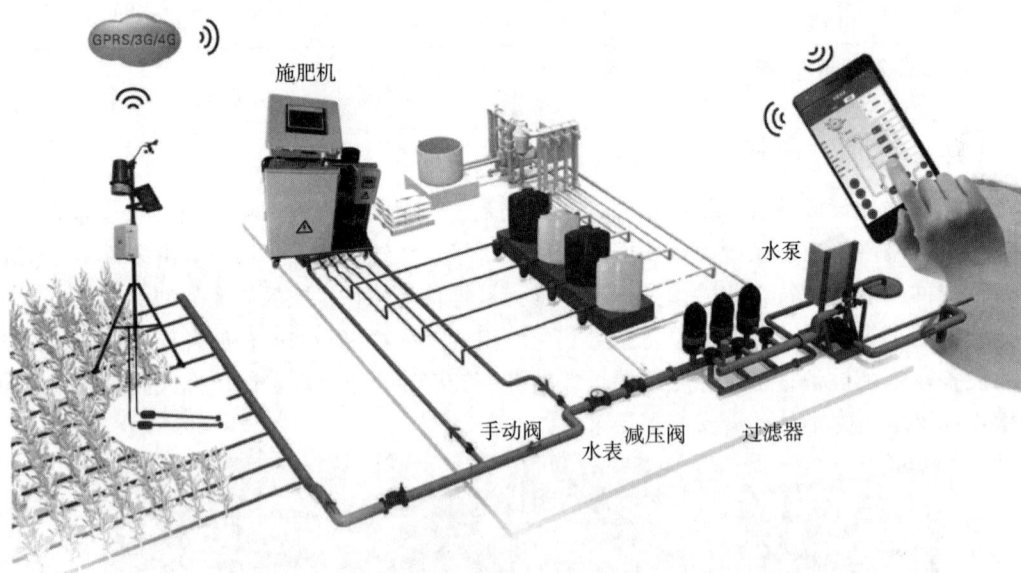

托普云农灌溉系统布局

墒情变化趋势预测图

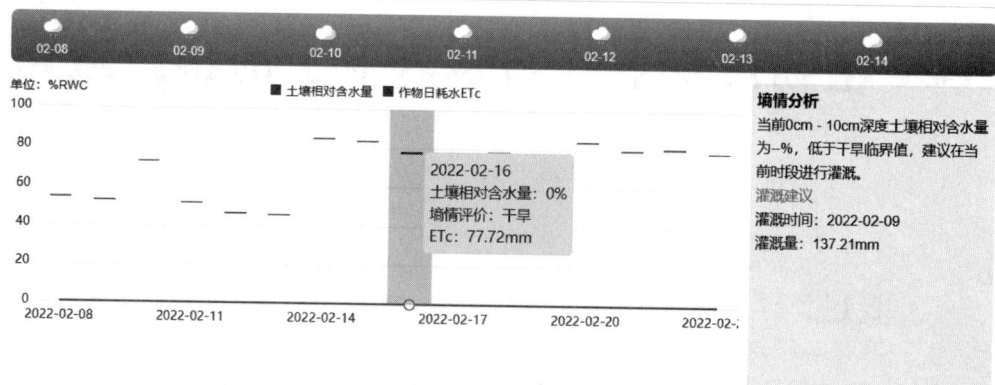

托普云农智能灌溉分析决策界面

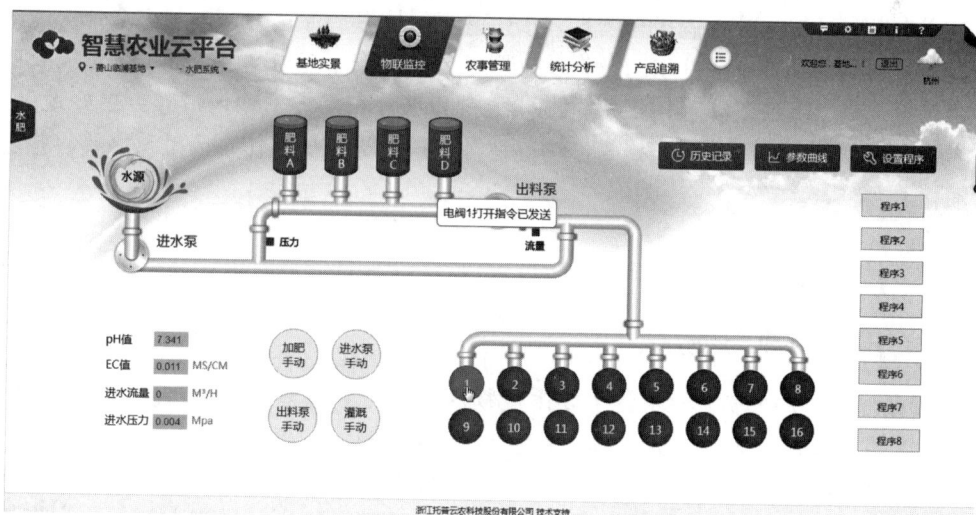

灌溉系统操作界面

（陈　曦，朱旭华）

Act 植物活水器在节水农业上的推广应用

一、概述

Act 植物活水器是根据植物生长特性研发的一种新型活化灌溉水的活性水处理器，水在处理器特定场强的磁场散发出的磁力线切割，水分子间链接键"氢键"断裂或扭曲，长分子链变为短分子链水分子偶极矩增大，水中含氧量增多，渗透力、溶解力增强等激活水的活性，增强生理功效。活性水与肥料及土壤养分物质作用能力增强，如溶解度、反应速度等。显著改良土壤或基质理化性状，提高肥料和水分利用效率，携带养分更好地融入，促进作物吸收、刺激植物生长、提高作物抗逆性，进而显著提高作物产量及品质，修复土壤盐渍化。

二、技术要点

(一) 设备组成与使用

1. 设备组成 Act 植物活水器主要由植物活性水主处理器、plc 控制系统、传感器、电磁阀、流量计及压力表等组成，植物活性水主处理器为核心部件。

2. 设备使用 设备进水口与过滤器出水口连接，设备出水口与棚内喷滴管设施输配水管网连接。可与施肥设备串联结合使用，实现灌溉施肥一体，使用方便，节省灌溉时间，节省人工。

3. 操作方法 采用全自动控制系统。使用过程中只需开启"开始电动开关"，设备日常正常情况下设置常开状态，为避免雷击，遇雷雨天气需断电。

(二) 设备选择与应用

Act 植物活水器根据不同的水源供水能力、栽培方式、灌溉面积等确定不同场景的灌溉模式，具体如下。

1. 育苗系统 流量在 $2.4 \sim 4.8 \mathrm{m}^3/\mathrm{h}$，设备安装在自走式洒水车上。

2. 单棚小流量模式 适合北方 $400 \mathrm{m}^2$ 的标准暖棚或冷棚，安装方式一棚一台，可采用 $4.8 \sim 6 \mathrm{m}^3/\mathrm{h}$，安装在滴灌或喷灌系统的进水口处，对灌溉水进行活性处理。

3. 园区中流量模式 $4\,666 \sim 13\,334 \mathrm{m}^2$ 园区灌溉，园区一般会设有若干轮灌组，每个轮灌组都会配置一台施肥机，Act 植物活水器安装在每台施肥机前后均可，流量在 $14 \sim 20 \mathrm{m}^3/\mathrm{h}$，对肥液进行活性处理后输送给植物。

4. 规模种植大流量模式　针对地块面积大、建有一个或多个首部的灌溉系统，Act植物活水器可作为中央活化水处理设备，安装在每一个首部过滤系统后，流量在58～200m³/h，对灌溉水源进行活性处理。该模式多为多个种植大棚共用一套Act植物活水设备，通过轮灌，能够产生更大的经济收益。

（三）其他要求

设备进水口压力范围在0.3～0.6MPa。

水源采用符合灌溉标准要求的天然水（自来水、江河水、雨水、地下水等）。

活性水不适宜长期保存，过流后直接灌溉。如放置桶内稀释肥药等，需在6个小时之内用完。

三、应用效果

Act植物活水器在全国10多个省份进行试验示范和推广，累计推广面积达200万亩次，显著提高了作物育苗的发芽率、繁苗系数和繁苗数，显著增加了根系数量、长度和根表面积，提高了黄瓜、番茄、生菜、草莓、水稻等作物的育苗发芽率，提高14%以上，平均增产15%以上，平均营养物质提高5%以上，平均节肥减药10%以上，延长保鲜期3～5d。

四、适用范围

适用于草莓、黄瓜等育苗，蔬菜、果树等各类农作物水肥一体化生产。

五、技术模式

Act植物活水器样式

不同处理根系长势照片

不同处理黄瓜长势

不同处理番茄长势

不同处理育苗

不同处理保鲜

（马　燕，侯　爵，王永欢）

臭氧雾化环保植保技术在
设施农业中的应用

一、概述

传统设施农业解决了北方地区冬季寒冷无法种植蔬果的问题，但也使得原本难以越冬的病菌、菌核、虫源等在温暖的大棚内存活，侵染下一季生长作物，长期积累导致棚内病虫害高发。为了保证作物的生长，广大农户普遍采用农药防治，病菌等逐步产生抗药性，如此往复，病害越来越多，农药用量也越来越大，农药残留也越来越高，不仅污染环境和土壤，也危害人类健康。

臭氧是一种强氧化剂，其分子极不稳定，能分解产生氧化能力极强的单原子氧（O）和羟基（OH），是独有的融菌型制剂，可迅速融入细胞壁，破坏细菌、病毒等微生物的内部结构，对各种致病微生物有极强的杀灭作用。

通过高压将适宜浓度臭氧水溶液通过特制的雾化喷头形成水雾，快速弥散到整个空间，在作物的茎、叶、果实和土壤表层都包裹一层含臭氧的水雾，杀死病菌和虫卵，达到防治病害的效果。

二、技术要点

（一）应用成本低

一套臭氧雾化系统可服务 20～30 亩大棚，系统可使用 5 年以上，亩均投资不高；传统种植中，每亩喷施农药防治病害大约需 1h，喷淋系统 10min 完成，大幅减少农药用量，节约喷施农药的人工。

（二）安全可靠

一是臭氧雾化喷淋无毒无害，无二次污染，还可降低农药残留；二是避免菜农施用农药时对自身身体的损害。

（三）适用范围广

臭氧具有广谱抗菌作用，可用于不同地区、各种室内菌类环境和品种，不仅可以用于蔬菜、果树、中药材、花卉等种植，还可用于鸡舍、猪舍、鱼塘等，预防传染病害。

（四）操作简单

插电通水即可使用，可按作物生产阶段选择喷淋时长。

（五）防控彻底

臭氧雾化系统是将浓度均匀的臭氧水通过密闭黑暗管道运送到作物上方，雾化弥散在整个密闭空间，整体包裹植株，作用均匀，可实现棚内整体病害防控。

三、应用效果

（一）微调生长环境

作物生长受温度影响大，夏季棚内温度高会抑制作物生长，冬季气温低作物易遭受霜冻灾害、冻伤。臭氧雾化喷淋系统形成的水雾在蒸发和凝结成水珠的过程中，会起到微调棚内温度的作用，在作物生长关键期，通过人工干预，可促进作物正常生长，保证作物品质和产量。2019 年 7 月 24 日在山西阳曲县大棚里经测试，安装臭氧雾化系统，喷洒 5min 棚内温度由 44℃降至 34℃，促进作物正常生长。2019 年 1 月在云南建水葡萄试验地实验，用雾化喷头喷洒 3～5min，可以提高棚内温度 5℃左右，降低冻害的程度。

（二）提高作物品质

果蔬用农药多时，口感会变差，经济效益也会降低。而用农药少的果蔬，自然果香浓郁。实验验证，经常使用该系统植株，果实所散发的芳香类物质含量更高，果香更浓郁，消费者喜爱，经济价值也相应更高。

（三）提高产量

因臭氧极强的氧化性，与空气中的氮气结合产生一定氮氧化物，可作为一种气肥，另外，作物棚内少菌，环境清洁，降低作物药害，都对作物植株生长有益。实践表明，番茄种植中，经臭氧水喷淋辅助生产后，果实畸形果少，颜色更好，固形物更多，有一定增加产量的作用。

（四）利于采后保鲜

常用臭氧雾化水喷淋，植株及果实菌少，有利于保鲜，同时，杀菌后使蔬果在流通环节霉变少，损失少。

四、系统构成及工作原理

1. 系统构成 臭氧雾化环保植保系统主要包括：

首部系统：臭氧雾化设备及控制系统。

管道系统：混合系统，承高压管道及管件。

雾化系统：不同流量和射程的高压雾化喷头。

2. 工作原理 通过高压将适宜浓度臭氧水溶液通过特制的雾化喷头形成水雾，快速弥散到整个空间，在作物的茎、叶、果实和土壤表层都包裹一层水雾，杀死病菌和虫卵，达到防治病害的效果。

该系统可以整套使用，也可以根据需要分开使用。整套使用可以实现大幅度降低农药使用量甚至替代农药使用的效果。分开使用时，不启动制备臭氧功能，雾化喷洒农药水，代替人工作业，也具有降低农药使用量的效果（图1）。

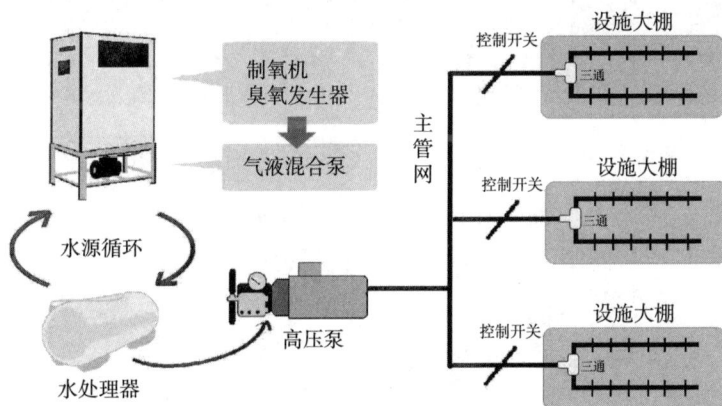

图1 臭氧雾化环保植保系统示意

五、适用范围

适用于设施农业的农作物。

六、技术模式

（谢世友）

图书在版编目（CIP）数据

中国旱作节水农业典型技术模式／全国农业技术推广服务中心编著．—北京：中国农业出版社，2024.7
ISBN 978-7-109-31998-1

Ⅰ.①中…　Ⅱ.①全…　Ⅲ.①旱作农业－节约用水－研究－中国　Ⅳ.①S275

中国国家版本馆 CIP 数据核字（2024）第 103837 号

中国农业出版社出版
地址：北京市朝阳区麦子店街 18 号楼
邮编：100125
策划编辑：贺志清
责任编辑：史佳丽　贺志清
版式设计：王　晨　责任校对：张雯婷
印刷：中农印务有限公司
版次：2024 年 7 月第 1 版
印次：2024 年 7 月北京第 1 次印刷
发行：新华书店北京发行所
开本：787mm×1092mm　1/16
印张：26.75
字数：635 千字
定价：150.00 元